TRAITÉ COMPLET

DES

PIERRES PRÉCIEUSES

PARIS. — TYPOGRAPHIE MORRIS ET COMPAGNIE

Rue Amelot, 64.

TRAITÉ COMPLET

DES

PIERRES PRÉCIEUSES

CONTENANT

LEUR ÉTUDE CHIMIQUE ET MINÉRALOGIQUE

les moyens de les reconnaître sûrement
leur valeur approximative et raisonnée, leur emploi
la description des plus extraordinaires
et des chefs-d'œuvre anciens et modernes
auxquels elles ont concouru

PAR

CHARLES BARBOT

ANCIEN JOAILLIER

Inventeur du procédé de décoloration du Diamant brut
Collaborateur au *Dictionnaire des Connaissances humaines*
Membre honoraire et Vice-Président de la Société des Sciences industrielles,
Arts et Belles-Lettres de Paris, etc.

OUVRAGE INDISPENSABLE

AUX LAPIDAIRES, JOAILLIERS, BIJOUTIERS, ORFÈVRES-ARTISTES,
NÉGOCIANTS EN PIERRERIES, MINÉRALOGISTES,
ANTIQUAIRES, AMATEURS, GENS DU MONDE, ETC.

PUBLIÉ EN 25 LIVRAISONS
Sur papier Jésus satiné, avec un Atlas de planches

Comprenant 178 Figures représentant les Diamants les plus célèbres de
l'Inde, du Brésil et de l'Europe, bruts et taillés, et les dimensions
exactes des Brillants et Roses, en rapport avec leur poids, depuis un
Carat jusqu'à cent Carats.

PARIS

TYPOGRAPHIE MORRIS ET COMPAGNIE
RUE AMELOT, 64

1858

ARTICLES

Traités dans l'ouvrage.

Tableau

Des pesanteurs spécifiques des pierres précieuses.

—

AVANT-PROPOS.

CONSIDÉRATIONS GÉNÉRALES

SUR

LES PIERRES PRÉCIEUSES

L'extension extraordinaire qu'a prise le commerce des pierres précieuses, par leur emploi presque forcé dans tout ce qui tient aux parures des deux sexes, motive suffisamment l'apparition de notre ouvrage.

A cette époque de progrès, il nous a semblé que nous pourrions aussi apporter notre pierre au noble et grand édifice de l'industrie, et nous avons voulu mettre au service des praticiens le fruit de nos quarante années d'expérience, d'observations et d'études dans l'emploi général des pierreries. On ne sera pas surpris, nous l'espérons, de ce que nous avons rangé nos articles sous forme alphabétique, sans nous occuper de prétendus rangs, sujets tous à la controverse : c'est afin qu'on puisse les trouver et les compulser plus facilement.

N'ayant pas écrit pour la science, mais seulement pour les praticiens et les gens du monde, nous avons dû exclure de notre livre les systèmes, les méthodes, les classifications auxquelles on n'aurait rien compris, vu leur nombre et leurs différences forcées.

Et il ne peut en être autrement ; car il est plus qu'impossible que le joaillier, le lapidaire, le chimiste, le minéralogiste, le physicien, le géomètre, partant individuellement et pratiquement ou scientifiquement du point de vue de l'art qu'il exerce ou de la science qu'il professe, puisse considérer ou admettre tel système ou telle classification non en rapport avec ses idées préconçues d'après la nature de son talent ou de sa position scientifique.

Ainsi, le joaillier juge une pierre précieuse d'après son aspect et sa couleur ; le lapidaire d'après sa conduite à la meule ; le chimiste et le minéralogiste d'après ses principes constituants ; le physicien croit devoir s'attacher aux causes de la formation, aux pesanteurs spécifiques, aux résistances au calorique, et le géomètre à l'examen des formes cristallines. Il est donc impossible, pour le praticien, d'adopter tel ou tel système de classification, à moins de s'inféoder, de parti pris, à l'un plutôt qu'aux autres, ce qui, dans tous les cas, sera toujours une source d'erreur.

Examinons maintenant si, quittant les systèmes humains, nous pourrions arriver, en scrutant la nature et les propriétés des pierres précieuses, à une classification claire et exacte en tous points. Hélas! non. La diversité des qualités occultes ou apparentes des pierres est un obstacle invincible, ainsi qu'on va en juger.

Quelles sont les qualités physiques constantes ou accidentelles des pierres précieuses, qui pourraient principalement permettre de les classer?

1° La dureté;

2° La couleur;

3° L'éclat;

4° La pesanteur spécifique;

5° La composition chimique;

6° La forme des cristaux;

7° La rareté;

8° La mode.

Si nous prenons pour point de départ la dureté, la diamant sera bien, comme il doit l'être, au premier rang, mais nous aurons aux derniers l'émeraude, l'opale, la perle et la turquoise, et nous ne sachons pas que ces quatre pierres précieuses soient ainsi classées.

La couleur, on le sait, ne peut être un guide sûr, dût-on commencer par le blanc, puisque les cristaux de roche, les feldspaths, les chaux fluatées, les tourmalines, etc., etc., présentent toutes les couleurs des pierres gemmes, et que le diamant lui-même les offre toutes; et qui voudrait mettre sur la même ligne le rubis du Brésil, la topaze de Saxe, le saphir d'eau, avec le rubis, la topaze et le saphir d'Orient?

L'éclat ne peut non plus nous servir ici, car, à cet égard, bien des quartz hyalins, bien des strass colorés surpassent les vraies pierres fines.

La pesanteur spécifique mettrait le diamant sur la même ligne que la topaze blanche du Brésil, et bien après le rubis, le saphir, le grenat, le girasol, le jargon, etc., etc.

La composition chimique peut-elle servir de base

lorsqu'on voit l'aigue marine, si différente de l'émeraude, contenir autant de glucine qu'elle; l'hyacinthe avoir la même quantité de zircone dans sa composition que le jargon; les mêmes oxydes métalliques, colorer tantôt en bleu, tantôt en vert, tantôt en rouge; les grenats, être assombris par l'oxyde de fer ou par celui de manganèse sans que l'œil y découvre la moindre différence; les mêmes pierres constituées tantôt par la potasse et tantôt par la soude? Et d'ailleurs, les énormes différences des principes particuliers des mêmes pierres, qui existent dans les analyses faites par des chimistes différents, prouvent certainement leur peu de fondement.

La forme des cristaux pourrait, jusqu'à un certain point, être utile, si la majeure partie des pierres précieuses brutes n'étaient, la plupart du temps, de forme inappréciable et s'il y avait une forme spéciale affectée à chaque espèce; mais on sait que cela n'est pas. Bien plus, comment juger d'après ce système une pierre taillée?

La rareté est certes un grand mérite aux yeux de certains amateurs, mais telle pierre est rare à une époque et abondante à une autre, si l'on trouve de nouveaux gisements.

Enfin la mode ; il ne viendra jamais à l'idée de personne de fonder une classification sur ce protée insaisissable, qui meurt souvent sitôt né. N'avons-nous pas vu, dans notre longue carrière, paraître et disparaître tour à tour l'engouement pour telle ou telle pierre précieuse, sans que rien pût motiver son apparition ou sa disparition, et ne rions-nous pas parfois de pitié en regardant les joyaux de nos grand'mères !

Aussi, ne pouvant trouver une issue raisonnée dans ce labyrinthe, nous avons tranché la question en nous astreignant à l'ordre alphabétique, bien facile et d'un bon usage pour le lecteur, en ce sens qu'il le met à même de trouver de suite l'article dont il a besoin, sans qu'il soit forcé de savoir à quel genre appartient la pierre sur laquelle il veut des renseignements.

Cependant, et pour donner une idée du mérite respectif des pierres précieuses entre elles, mais, mettant à part les qualités de beauté et de dimension qui peuvent souvent faire passer en valeur une pierre au-dessus d'une autre, nous croyons qu'on peut ainsi classer les pierres précieuses de toutes natures à mérite égal : diamant, — rubis, — saphir,

— opale, — perle, — topaze d'Orient, — émeraude,
—turquoise, — grenat syrien, — béryl, —améthyste,
—jargon, — hyacinthe,— aigue marine, — péridot,
— vermeille, —chrysolite, — chrysoprase, —corail,
— tourmaline, — cristal de roche, et tous les autres
quartz hyalins ou opaques. On doit remarquer dans
cet aperçu que nous ne nous bornons pas aux substances minérales; notre ouvrage traitant de tout ce
qui est employé en parure, nous ne pouvions, à cet
égard, refuser à la perle et au corail leurs places
respectives. Quant aux pierres façonnées, comme
camées, intailles, mosaïques, etc., leur mérite principal étant souvent dans la main-d'œuvre, nous
n'avons pas dû les classer.

Cette espèce de mise en rang, nous le répétons,
est tout à fait facultative, suivant les temps, les
lieux et les goûts. Ensuite telle pierre, placée au
quatrième ou sixième rang, peut dépasser le prix
de celle du premier ou deuxième rang si elle se
trouve dans des conditions de beauté et de grandeur
hors ligne.

Quel qu'ait été notre bon vouloir, nous n'avons pu
nous dispenser de nous servir des termes pratiques
de pierres orientales et occidentales pour les gem-

mes de premier ordre. Ces dénominations, usitées depuis longtemps, quelque fausse idée qu'elles représentent, sont absolument nécessaires pour distinguer les pierres supérieures d'avec les inférieures; seulement nous devons dire que l'Orient ne produit pas toujours les premières et l'occident constamment les dernières. On trouve également des pierres supérieures dans ces deux zones du monde; c'est la matière lapidifique seule qui fait le mérite d'une pierre, et non le lieu d'où elle a été tirée. La désignation d'orientale ne sert donc qu'à constater le mérite et la perfection de la pierre. Cependant, soit disposition naturelle du climat, soit toute autre cause, la patrie des gemmes précieuses est sans contredit l'Orient. Ceylan, entre autres, n'en semble être qu'une gigantesque agglomération; l'Inde les a révélées la première au monde; la Perse a sa spécialité de belles turquoises, que l'on ne trouve que là; aussi, toutes nos passions luxueuses paraissent bien froides à côté des chaudes ardeurs des Orientaux pour les pierres précieuses.

On pourra remarquer dans le cours de notre livre que ces espèces de fleurs minérales, si nous osons nous exprimer ainsi, ont des formes excessivement variées, des propriétés constantes et des couleurs ou nuances caractéristiques. La majeure partie n'en possède qu'une, mais parfois aussi l'association bien évidente de deux produit une spécialité.

Les pierres précieuses sont tantôt le produit d'une *fusion extrême*, et tantôt le produit d'une cristallisation. Toutes celles du genre — corindon, — ainsi que le diamant, sont d'une origine ignée ; seulement le diamant est cristallisé et les autres sont *fondues*, ce que l'on peut constater certainement à l'inspection de leurs cristaux bruts ; tandis que tous les quartz sont des amas de matières lapidifiques cristallisées après une complète évaporation.

On nous pardonnera d'oser émettre le premier cette opinion, qui rencontrera des contradicteurs, par la raison que toute idée nouvelle est controversable ; mais notre conviction est fondée sur beaucoup trop d'observations pour la laisser sous le boisseau ; les nombreux travaux que nous avons faits sur les pierres précieuses ne nous ont laissé à cet égard aucun doute, et s'il nous fallait chercher des appuis dans les hommes les plus éminents en science minéralogique, nous n'aurions qu'à citer les magnifiques

travaux de MM. Ebelmen et Gaudin, qui ont reproduit le corindon de toutes pièces par la fusion.
Ces travaux, bien qu'à l'état d'enfance, sont de bien
curieux spécimens de ce que peut l'intelligence humaine unie au profond savoir; ils viennent à l'appui
de notre théorie, et nous ne doutons pas qu'avec
l'aide de moyens énergiques, et avec lesquels la
nature joue et que cependant on découvrira, on
n'arrive à reproduire les plus splendides substances
minérales.

Ainsi ce fait de pierres *fondues*, parfaitement reconnaissable à la structure des corindons, cesse
d'être étonnant, bien qu'on ne l'ait pas encore dit,
puisque les travaux humains en font la base de
leurs essais. Ne sait-on pas, d'ailleurs, que la nature, tout en paraissant se répéter, varie à l'infini
ses matières et ses moyens de production ; et indépendamment des imitations naturelles des pierres
précieuses, telles que les quartzs et les feldspaths,
qui souvent font illusion, n'est-il pas encore d'autres
substances minérales ou cristallines pouvant parfois induire en erreur ? par exemple : les schorls,
les fluates de chaux, etc., etc. En effet, les divers
cristaux de chaux fluatée ont très-souvent l'appa-

rence des pierres fines, même à l'état brut ; leurs
cristallisations octaédriques et prismatiques sont
même plus parfaites ; il semble que la nature ait
voulu compenser le peu de mérite de la matière par
la pureté de la forme.

L'Angleterre nous offre à cet égard les plus beaux
échantillons de cette substance, dont quelques-uns,
taillés, tromperaient certainement l'œil.

Le goût de l'emploi des pierres précieuses, comme
parure ou ornementation, date de la plus haute
antiquité, et est commun à tous les peuples riches
et civilisés. Les Romains, surtout, les prisaient ex-
trèmement dans leurs brillantes conquêtes, et les
amas que possèdent quelques cours souveraines de
nos jours ne peuvent entrer en comparaison avec les
trésors de l'antiquité, qui avait épuisé les Indes
pour satisfaire cette passion de luxe, sur laquelle
s'étendent avec tant de complaisance les historiens
romains. L'imagination la plus vaste ne pourrait
jamais se faire une idée de toutes les pierres fines
existantes et que l'inaltérabilité de beaucoup d'entre
elles a fait résister aux ravages du temps et à la succession des siècles. Leur répartition actuelle jusque
dans les basses classes de toutes les populations,

fait moins sentir leur accumulation et empêche de supputer, même approximativement, leur prodigieuse quantité.

La valeur de toutes les pierres précieuses n'a jamais pu et ne pourra jamais être fixée d'une manière positive, leurs prix respectifs dépendant toujours de la rareté, de la beauté et le plus souvent de l'engouement public. Quoi qu'il en soit, le diamant, les perles et les pierres dites *orientales* varient beaucoup moins dans leurs prix, presque toujours très-élevés. Mais on ne doit pas se dissimuler qu'il faut une longue pratique, unie à de profondes connaissances, et une grande sûreté d'appréciation pour faire bien avantageusement ce commerce, plus scabreux que le vulgaire ne le pense. De hautes relations sont ensuite nécessaires pour le placement des pierreries hors ligne; car pour celles-ci ce ne sont guère que les maisons princières ou de riches amateurs qui peuvent s'en rendre acquéreurs. L'importance de ce commerce est du reste incalculable et a fait faire de bien faux rêves à quelques écrivains économistes. Et cependant, tout en rendant justice à leurs bonnes intentions, nous croyons, de notre côté, que l'usage des pierres précieuses, dont les

différents emplois occupent plus de deux millions
d'ouvriers dans tous les pays du monde, indépendamment des mineurs qui les découvrent et des
nombreux intermédiaires qui spéculent dessus, ne
saurait être restreint sans causer une immense
perturbation dans les affaires, et que ces jouissances
du luxe et de l'aisance, eu égard aux immenses capitaux qu'elles font circuler, et aux mains-d'œuvre
qu'elles payent à des prix très-élevés relativement
aux autres industries, ne méritent pas le dédain ou
le mépris avec lesquels on les traite. Nous pouvons
aussi citer les travaux artistiques auxquels elles
concourent et faire remarquer les immenses progrès
que leur emploi bien entendu a fait faire dans tout ce
qui tient à l'ornementation, et que l'esprit humain,
parfois si ingénieux dans ses combinaisons, quand
il s'agit de goût, tend sans cesse à augmenter.

Nous n'avons pas écrit ce livre dans le but de
faire de la science; hélas! nous ne le pourrions pas,
et le pussions-nous que ce ne remplirait pas notre
but. Nous avons voulu éclaircir seulement la question des pierres précieuses, tant embrouillée par
tous les systèmes qui se sont succédé, et dont pas
un n'est d'accord avec un autre. Nous avons voulu

mettre cette science à la portée du plus humble praticien, et pour cela nous n'avons fait usage que des
mots scientifiques absolument indispensables; nous
avons élagué de chaque spécialité, une infinité de
substances qu'on y avait rattachées souvent par un
fil bien fragile, et nous nous en sommes tenus seulement à décrire et faire connaître les pierres précieuses usuelles. Sans nous faire illusion sur le mérite de notre travail, nous croyons qu'il manquait aux
praticiens; et sans vouloir faire ici l'examen critique
des auteurs qui ont écrit sur les pierres précieuses,
nous croyons que pas un d'eux n'a rempli le but
que nous nous sommes proposé. Peut-on, nous le
demandons sincèrement, asseoir une science aussi
importante par les intérêts qu'elle comporte sur les
compilations et les rêveries de Pline et de Théo-
phraste? Est-ce — la *Merveille des Indes orientales*, — de Robert de Berqueen, qui servira de base
d'études? Est-ce le *Parfait Joaillier*, de Boëce de
Boot, qui instruira nos jeunes praticiens? Sont-ce
les *Traités des Pierres précieuses*, de Dutens, de Pouget, *l'Origine des Pierres*, de Henckel, le *Traité*
de Jeffries, tous ouvrages d'ailleurs très-rares, qui
pourront donner des connaissances à la hauteur de

notre époque ? Ira-t-on chercher des documents exacts sur les pierres fines dans les quelques faits isolés, racontés dans les voyages de Tavernier, de Bernier, de Chardin, de Mawe, d'Eschwége et tant d'autres voyageurs ?

Il nous reste donc, comme ouvrages sérieux sur cette matière : le *Traité des Caractères physiques des Pierres précieuses*, par Haüy ; *la Science des Pierres précieuses*, par Caire, et les excellents articles de M. Edmond Halphen dans le *Dictionnaire du Commerce* de 1840.

Pour le premier, l'étude des pierres n'est considérée qu'au point de vue géométrique, et comme il ne traite que cette spécialité, qui ne peut servir pour l'examen et la connaissance des pierres taillées : il ne convient donc qu'à un petit nombre de lecteurs.

Pour le second, son traité, quoique écrit consciencieusement, n'est ni l'ouvrage d'un savant, ni celui d'un praticien ; c'est celui d'un amateur éclairé, il est vrai, mais plus par l'observation, l'induction et l'étude des anciens auteurs que par la pratique, et d'ailleurs cet auteur est d'une prolixité fatigante et les renseignements qu'il donne sont trop souvent

noyés dans des dissertations qui ne permettent pas
toujours au lecteur de les saisir et d'en faire son profit. Restent les articles de M. Edmond Halphen; ils
sont, certes, très-savamment écrits; on sent, en les
lisant, l'homme pratique et sûr de son sujet, mais
ils ont l'inconvénient d'être perdus et disséminés
dans deux énormes volumes d'un prix excessif.

Pour nous, qui venons après tous ces maîtres,
nous n'avons pas la pensée de les avoir égalés, mais
nous avons essayé de séparer de leurs œuvres le bon
grain d'avec l'ivraie; nous avons groupé et réuni
en une seule masse leurs connaissances sérieuses et
leurs appréciations partielles bien fondées auxquelles nous avons cru devoir ajouter nos études
personnelles, plus pratiques que théoriques. Et pour
que nos lecteurs soient bien fixés sur la teneur des
articles qui composent notre ouvrage, nous leur
ferons d'avance notre profession de foi en matière
de lithologie des pierres précieuses.

A notre sens, il n'existe réellement que deux qualités suprêmes dans les pierres : ce sont la couleur
et la dureté; la première unie à la seconde constitue les pierres supérieures ou orientales, et la première seule, les pierres inférieures ou occidentales.

Et partant de ce principe, à part le diamant, que nous mettons hors ligne :

Le rouge pur	constitue le rubis.
Le bleu pur	— le saphir.
Le vert pur	— l'émeraude.
Le jaune pur	— la topaze.
Le violet pur	— l'améthyste.
Le rouge noirâtre	— le grenat ordinaire.
Le rouge violacé	— le grenat syrien.
Le bleu verdâtre	— le béryl.
Le vert bleuâtre	— l'aigue marine.
Le vert de poireau	— le péridot.
Le vert pomme	— la chrysolithe.
Le vert de gris	— la chrysophrase.
Le jaune verdâtre et bleuâtre	— le chrysobéryl.
Le vert émeraude faible	— la prase.

Etc., etc., etc.

Ainsi nous ne reconnaissons pas comme pierres précieuses sérieuses les rubis pâles, les saphirs blancs, les émeraudes aigue marine ou bleues, les topazes blanches, vertes ou bleues, les grenats blancs, verts, noirs, etc., etc.

Quant aux pierres opaques, on verra par nos descriptions et nos appréciations que nous les classons

en mérite d'abord par la finesse et la dureté de la
pâte, et la pureté et la vivacité des couleurs.

Nous croyons donc que notre livre arrive en temps
opportun comme spécialité non-seulement utile,
mais indispensable aux praticiens.

La connaissance parfaite des pierres précieuses ne
s'acquiert, il est vrai, que par une pratique de tous
les jours, et nous savons qu'il faut beaucoup d'années d'expérience pour être sûr de soi; mais avec
les éléments nouveaux que nous apportons, leur
rectitude, leur simplification et leur mise à la portée
de tous, il est indubitable que cette étude sera bien
abrégée.

On nous pardonnera, nous osons l'espérer, nos
négligences de style; nous n'avons pas voulu ni pu
écrire d'une manière brillante; notre seul but est
d'être vrai, et par conséquent utile, et nous serons
heureux d'avoir réussi.

Montrouge, le 1er mai 1858.

ADULAIRE

Du latin *Adula*, ancien nom du mont Saint-Gothard, où l'on trouve la plus belle espèce dans la montagne de Stella. On l'a appelée aussi pierre de lune argentine. C'est le feldspath chatoyant, nacré, le plus pur qui existe.

Les cristaux de cette substance ont une de leurs faces profondément striée dans la direction de la plus longue diagonale. Leur noyau primitif est un prisme oblique à pans rhomboïdaux, dont la base est un parallélogramme obliquangle; les formes secondaires sont un prisme oblique à quatre faces; un prisme rectangulaire large; une table à six faces et un prisme rectangulaire à quatre faces. Quelquefois les cristaux sont accouplés. On rencontre dans les masses d'adulaire à l'état brut, des parties qui, quoique rapprochées et à l'état d'union, présentent différents degrés de dureté ; les unes sont opaques, d'autres translucides, certaines entièrement limpides, et c'est le mélange naturel de ces divers états de cristallisation qui produit le chatoiement et l'éclat nacré de cette substance.

Ainsi, comme on le voit, cette pierre est parfois opaque et quelquefois demi-transparente. On la rencontre en général cristallisée ; mais bien souvent aussi à l'état massif, et souvent opalescente, en France, en Allemagne, en Suisse, en Norvége, dans le Groenland, aux États-Unis, etc., etc. On en recueille, dans l'île de Ceylan, des morceaux roulés présentant les plus belles irisations de la nacre. Celle qui vient du Saint-Gothard est transparente avec des reflets blanchâtres et une teinte de vert et de bleu ; d'autres ont l'orient des perles.

L'adulaire, spécialement de couleur blanc verdâtre, irisée, représentant parfois une espèce d'œil de poisson, souvent en lames très-minces, devient par réflexion d'un rouge de chair pâle. Très-éclatante,

cette pierre est remarquable par son éclat particulier et saisissant, tenant le milieu entre le nacré et
le vitreux. Facile à employer à cause de son triple
clivage, elle est frangible et possède la réfraction
double. Sa cassure est imparfaitement conchoïde.
Sans nulle faculté électrique, elle n'agit pas même
sur l'aiguille aimantée. Soumise au chalumeau elle
se fond en un verre blanc transparent. Sa pesanteur
spécifique est de 2, 5, sa chaleur spécifique est
de 0,1861. Elle est moins dure que le quartz, quoique rayant faiblement le cristal de roche. Il est cependant assez difficile de préciser le juste degré de
dureté de cette pierre, car le même morceau présente diverses parties irisées naturellement tendres ;
puis d'autres, d'un blanc de lait, bien plus dures,
et enfin celles diaphanes dépassent de beaucoup la
résistance du cristal. Analysée elle donne :

Alumine	20
Silice.	64
Potasse.	14
Chaux.	2
	100

On en fait des bagues, des épingles, etc., etc.,

souvent remarquables par les reflets de blanc nacré qui semblent se mouvoir dans l'intérieur de la
pierre, taillée en cabochon, lorsqu'on agite ces
objets. Cette substance minérale, quelque singularité qu'elle présente, doit encore plus à l'art du
lapidaire qu'à sa beauté naturelle. L'artiste habile obtient ces beaux effets par des coupes heureusement dirigées, et qui suivent une inclinaison
aux plans des différentes lames, et la taille en cabochon ou goutte de suif vient encore à son aide en
produisant les ondulations, cause des reflets nacrés
et parfois irisés.

Une variété assez curieuse provient de Sibérie;
elle est de couleur jaunâtre, présentant en quantités
innombrables des taches dorées disséminées à travers toute sa surface. Ces réflexions de lumière
paraissent être dues à de très-petites fentes, ou peut-
être à une confusion dans le système lamellaire.
Les plus belles, taillées invariablement en cabochon, offrent des reflets étoilés partant du centre,
mais elles sont très-rares.

On a confondu à tort cette variété avec l'aventurine orientale, dont elle n'a ni la dureté ni la
finesse de points.

En résumé l'adulaire qui nous vient de Ceylan mérite seule le nom d'orientale ; elle est en majeure partie en morceaux plus grands que celle du Saint-Gothard ; leur pâte est plus uniforme, non striée, mais elle n'a pas autant d'éclat que cette dernière, dont les effets chatoyants et leur blancheur légèrement azurée sont indéfinissables. Malheureusement l'adulaire du mont Saint-Gothard présente des stries obliques et transversales, qui lui font singulièrement de tort.

Somme toute, à de rares exceptions près, cette pierre est plutôt d'amateur et de cabinet qu'employé fréquemment en joaillerie.

AGATE

Du latin *achates*, nom conventionnel de plusieurs variétés de quartz semi-transparentes. Cette pierre, très-dure, quoique moins que le cristal de roche et prenant parfaitement le poli, ne se présente jamais sous des formes régulières, mais presque toujours sous des formes nodulaires, en rognons isolés, en stalactites ou en masses irrégulières et mamelonnées. Cependant l'agate dite calcédoine cristallise souvent en rhomboïdes.

Les principaux gisements des agates sont Moka en Arabie, Kamil (Turkestan chinois), Bizen (Japon), Bangkok (Siam), Radjepepla (Inde), Cairgorn et le lac Follart (Écosse), Graumbach (Prusse), Oberstein (Allemagne), l'Erz-Gebirge (Saxe) et Sas-

senage en France. On en trouve aussi en Sibérie,
en Islande, à Ceylan, à Terre-Neuve, au cap de
Bonne-Espérance, en Amérique et en Italie. La différence des parties constitutives des pâtes d'agate
fait varier sa pesanteur spécifique ainsi :

L'agate orientale $= 2,6901.$
—   nuée $= 2,6253.$
—   ponctuée $= 2,6070.$
—   tachée $= 2,6324.$
—   veinée $= 2,6667.$
—   onyx $= 2,6375.$
—   herborisée $= 2,5891.$
—   mousseuse $= 2,5991.$
—   Jaspée $= 2,6356.$

Etc., etc., etc.

L'agate proprement dite, naturellement translucide, est moins transparente que le quartz cristal,
mais moins opaque que le jaspe; elle se présente le
plus souvent d'une couleur claire, grisâtre et veinée
de différentes nuances. Parfois elle est semée de
petits points d'un rouge plus ou moins violacé.
Cette substance minérale, dont la diversité d'aspect
prouve bien l'abondance et la fécondité de la nature, prend différents noms, suivant la variété de

ses couleurs, la transparence ou l'opacité de sa pâte.

Quand elle affecte la belle nuance du rouge cerise et même en décroissant, on l'appelle cornaline ; — la couleur plus ou moins orangée lui fait donner le nom de sardoine ; — est-elle colorée en vert tendre par l'oxyde de nickel, elle devient chrysoprase ; — est-elle d'un vert obscur ponctuée de rouge, elle constitue l'héliotrope ou agate ponctuée. — Celle distinguée par sa couleur blanche, nébuleuse, laiteuse, bleuâtre, prend la dénomination de calcédoine, — et, dans les mêmes conditions, arrive-t-elle à l'opacité, elle forme le cacholong.—L'agate verdâtre transparente est la pseudoprase dure, — celle de forme lenticulaire se nomme chélidoine, — et, dans certaines collections, on désigne l'agate mouchetée sur un fond jaune sous le nom de léontine, — et celle qui est à veines rouges, agate sacrée. — Quant à celle dite d'Alençon, — c'est une pâte quartzeuze à cassure vitreuse, très-fine, compacte, assez dure et demi-transparente.

Les agates sont souvent composées de couches de différentes couleurs, et l'art de les présenter sous leur plus bel aspect n'est pas le moindre mérite du lapidaire ou du graveur sur pierres dures.

Lorsqu'elles présentent des bandes claires et droites sur un fond foncé, on les nomme — agates rubannées, — et celles à bandes curvilignes et concentriques sont désignées par le nom d'*onyx*. — Le même nom se donne encore aux agates formées en colonne circulaire ou ovale, dont la base a été prise dans le sens d'une des couches ; alors son épaisseur offre la succession des différentes couches superposées.

C'est ici que l'habileté de l'artiste-graveur en camées doit se produire en combinant son dessin, de manière à ce que le relief offre à l'œil un agencement ingénieux, harmonisant les différentes phases du sujet avec les couches dont le ton peut s'y prêter. Dans les morceaux d'agate zonaire, dont la coupe présente des bandes circulaires très-étroites et rapprochées autour d'une tache ronde, si, arrondissant ces morceaux, le lapidaire leur donne une forme régulière, ressemblant à l'œil rond du hibou, il produit une agate œillée. Cette variété, plus curieuse encore par l'habileté de l'artiste qui vient en aide à la nature, se rencontre encore assez souvent. Tout le talent consiste à les débiter d'après leur conformation et la quantité de cercles concentriques

divers que l'on rencontre dans ces cailloux, lorsqu'au moyen de la scie on arrive à découvrir leur
intérieur. Quelques-uns n'en renferment qu'un,
mais d'autres davantage. Pline parle d'une seule
agate en contenant trois, mais certains morceaux
en ont cinq ou six. Caire en possédait une plaque
en ayant dix, de diverses grandeurs, isolées, ce qui
facilitait le débit.

Parfois, et par un jeu bizarre de la nature, une
seule agate en contient deux à distance exacte, et
et si l'art de l'artiste est à la hauteur de cet arrangement fortuit, l'effet produit est merveilleux. Mais
ce qu'il y a de plus extraordinaire, c'est lorsque les
différences de pâtes, parfaitement appropriées,
viennent encore ajouter à l'illusion. Ainsi, on a vu
une agate dont le fond était du plus beau translucide, et dont le centre présentait deux cercles d'une
matière opaque fort blanche, tandis que la prunelle
était d'un jaune-blanc très-net.

Certaines variétés bien étudiées et travaillées
avec soin présentent l'œil de serpent, de loup, d'é-
crevisse, de pigeon, de chouette, etc., etc. Ce dernier se rencontre le plus fréquemment. Ajoutons
qu'on ne doit pas confondre la pierre spéciale

nommée — œil de chat, — avec les agates dont
nous parlons, sa pâte et sa contexture étant de natures différentes.

Nous ne pouvons nous dispenser de dire quelques
mots sur l'agate-onyx, dont il existe tant de précieux
camées. Cette variété d'agate possède deux couches
de la même nuance blanche, mais parfaitement
distinctes, puisque la couche supérieure est mate,
et l'inférieure translucide; en sorte que la seule opposition de ces deux aspects suffit pour faire ressortir le sujet, qui est le plus souvent mat. Cette
pierre ne doit pas être confondue avec la calcéd-onyx,
quoiqu'elle lui ressemble beaucoup, mais les pâtes
diffèrent. On trouve les agates-onyx en Orient, en
Allemagne et en France, près d'Orange. Celles d'O-
rient ont l'avantage sur les occidentales d'être plus
dures et d'avoir les plans plus parallèles. Le plus
beau sujet connu sur cette pierre a été gravé par
Dioscoride, avec l'art qu'on lui connaît. Il représente Hercule enchaînant Cerbère. L'anatomie du
héros, en tant qu'elle désigne la force, est parfaitement rendue.

On cite encore une aiguière de 0,055^{mm} de haut
sur 0,032 de diamètre, évaluée 400 fr. dans l'inven-

taire des curiosités de la couronne de France, fait
en 1791.

Puis une petite coupe à zones grisâtres et jaunâtres de 0, 090^{mm} de hauteur sur 0, 050^{mm} de diamètre, estimée 300 fr.; une tasse d'agate orientale
grisâtre à zones jaunâtres de 0, 125^{mm} de diamètre
sur 0, 060^{mm} de haut, évaluée 1,000 fr., etc., etc.
Nous citerons encore la belle coupe en agate orientale que M. Rudolphi a fait admettre à l'Exposition
universelle de 1855; sa monture du treizième siècle,
argent et or heureusement agencés, en faisait un
petit chef-d'œuvre. Puis une autre coupe en agate
d'Allemagne, soutenue par un dauphin émaillé et
ayant des anses formées de tritons et de sirènes.

On nomme encore agates panachées, tachées,
celles qui offrent des nuances et des dessins sans
caractère propre; parfois ces nuances ou dessins
arrivent à ressembler à quelque objet animé ou inanimé, alors l'agate est dite — figurée. — Ainsi nous
avons vu dans une collection minéralogique une de
ces pierres présentant l'aspect saisissant d'une aile
de papillon.

Les agates d'Oberstein fournissent en abondance
de ces jeux de la nature qui, du reste, sont le plus

souvent merveilleusement aidés par le travail intelligent du lapidaire.

Tout en nous défiant de certaines relations, quoique ayant pu être faites de bonne foi, car les yeux voient souvent réellement ce que l'on vient d'imaginer, nous allons raconter des choses extraordinaires, et, cependant, tous les faits que nous voulons citer sont relatés par des hommes dignes de foi, au moins par leur caractère.

Pline, dont, du reste, nous avons appris à nous méfier, décrit une agate figurant Apollon, la lyre en main, et les neuf muses.... avec leurs attributs ! on conviendra que c'est très-fort. On nommait cette merveilleuse pierre naturelle l'agate de Pyrrhus. Maintenant, Boëce de Boot dit avoir possédé une agate à spirale, ayant au centre une figure d'évêque avec sa mitre ! Léonard de Pesaro annonce avoir vu une agate représentant très-nettement une plaine avec sept arbres épars. Pouget assure avoir vendu une agate où l'on voyait la figure d'un Turc aussi bien exécutée que par le pinceau. M. d'Argenville en possédait une représentant des voyageurs très-bien dessinés et coloriés ! c'est Majole qui le dit. Enfin, Caire annonce avoir eu dans sa collection une

agate ayant au centre un soleil rayonnant, une autre
où se trouve l'image d'un coq dans une attitude
hardie (*sic*). Une troisième figurant un singe assis
sur son derrière, le corps droit et la tête bien posée,
et une quatrième imparfaite, mais où cependant il
apercevait un bateau avec des rameurs. Certes, notre
foi est bien robuste, mais tout ce que nous venons
de citer nous paraît dépasser toutes bornes, bien
que nous ayons souvent constaté divers rapprochements pouvant, jusqu'à un certain point, ressembler
à quelque objet animé ou inanimé. Caire prend soin,
du reste, d'édifier son lecteur à ce sujet, car, dit-il :
Tout ce qui est singularité de ce genre n'est véritablement aperçu que par une classe d'hommes; celui
qui est froid n'a pas des yeux faits pour y prendre
part.

On nomme agates cristallisées, celles dont les
masses, divisées par de nombreuses fissures, offrent
des compartiments carrés, translucides ou rayonnants. Ce sont des quartz hyalins translucides.

On nomme agate xiloïde le bois agatisé.

Une sorte d'agate qui fut fort prisée au commencement de ce siècle et que l'on ne trouve plus que
dans les cabinets d'amateurs, est celle dite — arbo-

risée. — Elle est généralement dure, transparente, quoique toujours un peu nébuleuse, et laisse voir dans son intérieur des linéaments tantôt métalliques, tantôt végétaux, représentant des arbrisseaux, des mousses, etc. Les plus belles viennent d'Arabie.

Celles-ci sont infiniment supérieures à celles d'Europe; la finesse, la netteté et la dureté de leur pâte leur fait obtenir un beau poli, et la couleur noirâtre des arborisations fait qu'elles contrastent merveilleusement avec l'éclat brillant de la pierre. On dirait de certaines, qu'elles nagent dans l'eau.

Les agates arborisées d'Oberstein, quoique présentant souvent d'admirables végétations, tantôt arborescentes, tantôt cryptogamiques ou mousseuses, ne sont jamais aussi estimées, vu leur peu de dureté et d'éclat. On trouve, mais très-rarement, des agates dont les arborisations sont rouges au lieu d'être noires ; elles sont très-recherchées, précisément parce qu'on en rencontre peu. Cette particularité appuierait notre sentiment que les arborisations sont métalliques et surtout ferrifères en ce sens que les rouges seraient le métal oxydé, tandis que les *herborisations* ne seraient dues qu'à de la mousse véritable, des lichens microscopiques, et certaines particules végétales qui ont été enveloppées par la substance liquide agatisée, dans un état de repos parfait, ce qui ne leur a pas permis d'en troubler la transparence. Ces sortes d'herborisations véritablement végétales, quoique rares, se rencontrent pourtant.

Une autre espèce d'agate qui se présente souvent en gros morceaux reproduit de larges bandes de diverses couleurs, disposées en zigzags parallèles, ce qui leur donne l'aspect d'une fortification. Aussi en a-t-elle pris la dénomination.

L'agate dite — mousseuse — offre à l'œil, sur fond translucide, des végétations ressemblant à des conferves, des lichens, etc., traversées parfois par des veines irrégulières rouges. C'est particulièrement aux masses globuleuses d'agate que l'on a donné le nom de — géodes. — Ces pierres, dont le centre est creux, sont en outre tapissées intérieurement de cristaux de quartz hyalins incolores, ou violets, parmi lesquels on distingue aussi des cristaux de stilbite, de chabasie, de strontiane, de mésotype capillaire, etc.

L'agate orientale est presque transparente et d'un aspect vitreux; sa pâte est homogène et résiste à tous les acides ; elle est, par conséquent, plus dure que celles des agates occidentales, lesquelles sont de couleurs variées et souvent veinées de quartz et de jaspe, et toujours plus opaques. La pâte de celles-ci étant composée de matières différentes, il s'en trouve de tendres, facilement attaquables par les acides, et notamment par le nitrate d'argent, d'autres par l'huile, que l'on carbonise ensuite au moyen de l'acide sulfurique.

Presque toutes les agates d'Allemagne sont taillées à Oberstein et à Galgemberg par des moyens fort simples et qui contribuent à maintenir leur bas prix. On en fait des boîtes, des boules pour bracelets, colliers et chapelets, des manches de couteaux à papier, de cachets, de poignards, des pierres de pistolets, des mortiers dont les prix varient de 8 à 20 fr. et plus. Les gros morceaux bien accidentés d'agates orientales ou de nos contrées servent à confectionner des objets d'art. On peut citer entre autres le magnifique plateau de cabaret du roi de Pologne, pouvant contenir six tasses, et les beaux ouvrages que possède le trésor de la couronne de France, consistant en cinquante-six coupes, dix tasses, quatre urnes, quatre chandeliers, quatre bustes, deux aiguières, deux cuvettes, deux vases, deux jattes, deux soucoupes, une burette, une bobèche, etc., le tout d'une valeur de près de 500,000 fr.

Tout le monde a pu remarquer à l'Exposition universelle de 1855 la magnifique coupe en agate orientale montée par Froment-Meurice, le Benvenuto Cellini de nos jours, et appartenant à la princesse Mathilde, où sont représentées, avec tant d'art et de goût, l'ivresse amoureuse, l'ivresse poétique et l'ivresse triste, et sous laquelle de ravissants méchants amours enlacent, dans des pampres, le génie vaincu de la Raison.

Parmi les agates orientales, la plus célèbre pour la difficulté du travail exécuté sur la matière est l'admirable camée représentant le buste d'Alexandre. L'agate a $0,081^{mm}$ sur $0,068^{mm}$, c'est une véritable sculpture en ronde bosse, car la tête est tellement détachée du fond de la pierre, qu'elle semble entière. Le dessin en est grave, noble et l'exécution des accessoires est parfaite. La collection d'Orléans possédait deux agates simples, représentant, l'une la mort de Cléopâtre, vue à mi-corps, l'autre Lisimaque, la tête ceinte d'un diadème. Une grande agate noire était surtout remarquable par la perfection et l'énorme complication du travail. On y voyait un captif attaché, suivi de deux généraux à cheval et quelques autres personnages disséminés dont un montrait un trophée et l'autre portait une branche de laurier. Une agate barrée figurait le sphinx emportant dans les airs un homme n'ayant pu deviner l'énigme qu'il soumettait aux passants. On pense que ces magnifiques modèles de gravure sur agate sont aujourd'hui en Russie.

On cite encore, mais du musée Sabatini, un Neptune gravé en intaille sur agate.

En résumé, les noyaux d'agate, quoique réunissant rarement plus de trois ou quatre substances différentes, présentent dans leur composition, le silex, le quartz, le cristal de roche, le jaspe, l'améthyste, la calcédoine, la pierre de corne, la cacholong, l'héliotrope, etc. Le prix des agates varie excessivement suivant leur degré de beauté et d'originalité ; cependant celles d'Allemagne se vendent à l'état brut 8 à 12 fr. le kilo. Mais le travail bien approprié et bien réussi leur donne souvent une valeur très-considérable.

AIGUE MARINE

Du latin *aqua marina* (*eau de mer*). Ce nom lui vient de sa couleur, qui est tout à fait celle du vert de mer.

Quelles que soient les diverses classifications faites par les chimistes et les minéralogistes, il est impossible, pour le praticien, d'admettre la moindre connexité entre l'aigue marine et l'émeraude.

La différence à l'œil est trop frappante, et, d'ailleurs, le principe colorant n'est pas le même. Et quant à la valeur intrinsèque de ces deux substances, un abîme les sépare.

L'aigue marine est un silicate double de glucine et d'alumine coloré par l'oxyde de fer, tandis que l'émeraude l'est par celui de chrome. Puis, la différence de structure , de transparence et de jeu , sans parler de la couleur, entre ces deux pierres, ne peut jamais faire hésiter sur leurs natures bien distinctes.

L'aigue marine proprement dite est une pierre occidentale ; celles qu'on a prétendu nommer orientales sont des béryls, et se reconnaissent facilement à leur plus grand degré de dureté, à leur pesanteur spécifique, qui est de 3,549 à 3,908, et à la couleur bleue plus prononcée qui est annexée à celle vert de mer, et qui en modifie considérablement l'aspect. Nous n'en parlerons donc pas ici. Cependant, nous devons dire que si l'aigue marine peut , dans certains cas , prendre le nom d'orientale , c'est celle que l'on trouve dans l'île de Ceylan. Sa résistance à la meule, son éclat si vif , bien supérieurs à ceux provenant de la Sibérie et de la Saxe, ont été constatés , mais cela ne suffit pas pour être ainsi dénommées. Et puis, il est constant pour nous que l'aigue marine véritable , dans quelque condition qu'elle se trouve, est une pierre de troisième ordre. Malgré cela, cette pierre, très-transparente et très-agréable à l'œil, plaît par le poli très-vif qu'elle

3.

acquiert, malgré son peu de dureté, inférieure à celle de la topaze.

Sa pesanteur spécifique est de **2,7** à **2,77**. Elle jouit de la double réfraction, mais faiblement; sa cassure est brillante et ondulée, parfois lamelleuse. Sa forme primitive est le prisme hexagonal très-allongé et souvent modifié, ainsi qu'on en peut juger.

Les plus belles aigues marines occidentales nous viennent maintenant toutes taillées du Brésil. Les belles et grandes valent de **400** à **500** fr. l'once, et les petites **25** fr.

On les trouve dans les terrains graphiques, engagées dans des gangues de quartz et dans les alluvions qui abondent au Brésil. Soumises au feu, elles entrent en fusion et perdent leur couleur. On sait que notre célèbre chimiste Vauquelin y découvrit une terre primitive, nommée glucine, dans la proportion de **14** sur **68** de silice, **15** d'alumine, **2** de chaux et **1** de fer. Cependant, pour nous, cette analyse ne peut nous la faire admettre sur la même ligne que l'émeraude; les différences de pâte et d'aspect sont trop grandes.

L'aigue marine, du reste assez commune autrefois en Daourie (frontières de la Chine), se trouve encore à Bérésof, dans les monts Ourals, en Sibérie, ainsi que dans les monts Altaï. L'aigue marine de ces contrées, comme toutes les autres pierres précieuses qu'on y rencontre, présente de bien singulières aberrations de couleur. Il semble que les gemmes nés ou soumis à l'influence des climats septentrionaux éprouvent des perturbations profondes dans leur cristallisation ; car, avec les mêmes constituants, elles présentent des effets différents. A moins que ce ne soit plutôt l'erreur des naturalistes russes, dont les études encore superficielles et l'expérience peu ancienne leur feraient confondre des cristaux divergents malgré leur apparente conformation. Quoi qu'il en soit, on verra dans le cours de cet ouvrage bon nombre d'anomalies chaque fois qu'il s'agira de la lithologie sibérienne.

Quant à l'aigue marine de Saxe, ce n'est qu'une mauvaise variété de topaze, sans couleur nettement définie. Elle est sans valeur dans le commerce.

En 1827, dans le bourg de Mouzzinskaïa, un superbe cristal d'aigue marine fut trouvé, du poids élevé de 35 grammes ; les Russes l'estiment 600,000 fr., prix, suivant nous, excessivement exagéré.

On cite encore l'aigue marine qui ornait la tiare du pape Jules II, de 0,055^{mm} de longueur sur 0,036^{mm} de largeur. Cette pierre, quoique un peu glaceuse, était très-remarquable.

On peut encore en voir une très-belle à la Bibliothèque impériale; elle a eu les honneurs de la gravure et représente Julie, fille de Titus, très-bien exécutée par Erodus. Puis Caire parle d'une qui était à Londres, et qui taillée pesait encore 250 carats. Le propriétaire en voulait 2,500 fr. au moins. Celui-là était plus raisonnable que les Russes.

On cite aussi celle du musée de minéralogie de Paris; elle pèse 133 grammes. Enfin, nous en avons vu un morceau d'une rare beauté, pesant près de 10 kilos à l'état brut; on en demandait 15,000 fr.

L'aigue marine, quelle qu'elle soit, étant peu dure, a permis aux anciens d'en graver bon nombre en intaille.

On cite particulièrement l'Hercule buveur, gravé par Hyllus. On croit que cette pierre a appartenu à l'empereur Commode.

Une autre aigue marine a été gravée par Quintillius; elle représente Neptune monté sur des chevaux marins.

Le trésor Odescalchi en possède une représentant le même sujet; mais dans celle-ci, le dieu tient un fouet d'une main et un trident de l'autre. Il est placé dans une espèce de nacelle, son attitude est noble et fière. Par une singularité de l'artiste ou de l'époque, on est étonné de retrouver à ses côtés deux chevaux terrestres, c'est-à-dire à quatre pieds. Une étoile placée sur sa tête indique sa divinité ou paraît le conduire.

Quant à la magnifique couronne qui orne le globe de la couronne de la reine d'Angleterre, nous en parlerons à l'article béryl, comme aigue marine orientale.

Les prismes d'aigue marine sont parfois très-volumineux, ce qui explique la quantité de grandes pierres que présente ce minéral. Chanthabury, dans le royaume de Siam, en fournit souvent les plus beaux échantillons.

Malgré le peu de valeur de ces pierres, surtout étant petites, on est parvenu à spéculer sur leur imitation assez bien réussie.

La plus employée est composée de :

Stras	187	500
Verre d'antimoine	1	320
Oxyde de cobalt	0	082

Cette préparation, fondue par les procédés ordinaires, réussit assez bien, quoique le bleu dominant la rapproche trop du béryl.

Peut-être une proportion un peu plus forte d'antimoine conviendrait-elle mieux.

ALABANDINE

Et souvent almandine. Pierre précieuse peu connue, que l'on apportait autrefois d'Alabanda, ville de l'Asie Mineure, et d'où lui vient son nom.

C'est une espèce de quartz hyalin d'un rouge très foncé, tirant un peu sur la couleur du bois de Campêche. Quelques-uns l'ont nommée — spinelle rouge-violet. — C'est une erreur, l'almandine n'ayant pas même la dureté de l'améthyste.

Cette pierre est, du reste, plus connue par les relations de Pline que par son emploi actuel, excessivement rare.

Nous en avons vu une assez grande dans un

cabinet d'amateur, elle avait beaucoup de ressemblance d'aspect avec certains grenats d'un rouge sale; encore le poli était-il moins vif et la pâte bien moins homogène.

Sa pesanteur spécifique de 2,571, faible, ainsi que son peu de dureté, la distinguait très-bien des autres pierres avec lesquelles on aurait pu la confondre, eu égard à ses couleurs semblables.

Cette pierre est, en général, peu estimée, et doit être rangée dans les quartz hyalins colorés, mais du genre le plus inférieur. On la trouve rarement en gros cristaux. Ces pierres sont tellement foncées en couleur, qu'on ne peut guère voir leur transparence qu'en les plaçant entre la lumière et l'œil, ainsi qu'on le fait pour certains grenats très-épais et très-opaques.

La tourmaline rouge foncé de Ceylan présente quelquefois la même apparence, mais on ne peut les confondre, l'alabandine n'étant nullement électrique et ne possédant pas l'éclat onctueux de la tourmaline.

« Les almandines, dit Boëce de Boot, disputent
» entre les grenats et les rubis; en sorte qu'elles pa-
» raissent des rubis de couleur plus noire. Elles

» sont plus viles que les rubis, et ont des forces
» plus obscures et plus faibles. »

Il nous est difficile d'asseoir un jugement d'après
d'après une pareille appréciation.

L'alabandine appartient, du reste, plutôt à la minéralogie des anciens qu'à la nôtre. Celle que nous
avons vue nous a fait tout l'effet d'un bien mauvais
grenat, ou plutôt de ces schorls rouges de l'Etna ou
du Vésuve. La couleur était louche et d'un rouge
de tritoxyde de fer foncé, sans éclat, pâteuse; enfin,
une vilaine pierre.

ALABASTRITE

L'emploi fréquent de l'alabastrite pour boîtes de pendules, vases, flambeaux, coupes, statuettes et mille petits objets entrant dans l'ornementation et les arts de luxe, suffit pour motiver sa place dans notre livre.

C'est une espèce de chaux sulfatée compacte, d'une pesanteur spécfique de 2,7 à 2,8, nommée scientifiquement albâtre gypseux, et bien distincte du véritable albâtre, dont elle a usurpé le nom et la popularité dans les masses.

Beaucoup plus tendre et plus translucide que le marbre blanc, on lui donne vulgairement le nom d'albâtre, et c'est certainement cette substance qu'ont eue en vue les poëtes dans leurs comparaisons pour désigner l'extrême blancheur.

On distingue l'alabastrite en ce qu'elle est moins résistante, puisqu'elle se laisse rayer par l'ongle, qu'elle ne fait point effervescence avec l'acide azotique comme la substance avec laquelle on la confond, et que, d'ailleurs, cette dernière a toujours un ton jaunâtre.

L'alabastrite, dont l'usage est immense en Italie, se trouve en abondance dans les carrières de Volterra, à quarante-huit kilomètres de Florence, et les artistes de cette contrée en font parfois d'admirables objets d'art, qu'ils répandent par toute l'Europe.

Le goût des objets usuels ou artistiques exécutés avec cette substance gypseuse était presque général en France, il y a quelque vingt ans; on la tirait alors des carrières de Lagny, près Paris, mais, insensiblement, l'engouement a cessé, car rien n'est éternel chez nous, et son usage est devenu bien restreint. Disons aussi que le mauvais goût proverbial des productions en ce genre, sous le premier Empire, n'y a pas peu contribué, et c'est fâcheux, car cette matière, facile à travailler, se prête ingénieusement à toutes sortes de reproductions et de créations, qui, choisies artistiquement, pourraient lui faire reprendre faveur.

L'alabastrite , quoique généralement blanche , présente quelquefois aussi quelques-unes des teintes variées de l'albâtre veiné, dit — *oriental.* — Employée en lames minces et comme une demisphère profondément fouillée, elle acquiert assez de transparence pour laisser briller la lumière à travers ses parois, et répand alors un demi-jour plus vaporeux et plus doux que le verre dépoli.

L'alabastrite se tourne, se débite, se sculpte, se grave, se lime avec la plus grande facilité, et peut recevoir un assez beau poli, mais jamais aussi vif que celui du marbre.

L'inventaire du Garde-Meuble de 1791 cite une coupe d'albâtre gypseux (alabastrite) de $0,222^{mm}$ de haut sur 0,112 de diamètre, estimée 100 fr.

ALBATRE

L'albâtre proprement dit n'entrant que d'une manière secondaire dans notre sujet, nous n'en dirons que quelques mots, et pour bien établir sa différence avec l'alabastrite, dont nous venons de parler, et dont l'usage a toujours été plus répandu en France. C'est une chaux carbonatée, concrétionnée plus dure, et faisant effervescence avec les acides.

On la trouve en stalactites et en stalagmites dans des cavernes et des grottes, où elle prend naissance par l'effet d'infiltration d'eaux chargées de chaux carbonatée, à laquelle sont souvent mêlées certains oxydes métalliques ou des substances colorantes.

Les masses d'albâtre étant le plus souvent formées
par la réunion de plusieurs stalactites et stalagmites
dont les interstices ont été comblés par de nouvelles filtrations du suc lapidifique, présentent dans
leur intérieur des zones et des ondulations de diverses teintes et parfois très-colorées. Lorsque celles-
ci ont des couleurs bien tranchées, et placées immédiatement ou alternativement, on le nomme —
albâtre oriental, — et si elles sont droites et parfaitement distinctes, — albâtre onyx. — Ces deux
variétés, toujours plus dures, sans doute par l'im-
mixtion des matières colorantes dans leur pâte,
sont les plus employées.

L'albâtre oriental était fort estimé des anciens. Il
nous en reste d'admirables spécimens, surtout dans
les travaux d'art exécutés avec cette matière. Le
plus remarquable est la grande statue égytienne
que l'on voit au Musée.

Il y a presque un siècle, on découvrit à quelques
kilomètres de Rome deux superbes colonnes faites
en albâtre, taché irrégulièrement de diverses couleurs, ce qui, par analogie avec certains jaspes, lui
fit donner le surnom de — fleuri.

L'inventaire des objets d'art du Garde-Meuble de

1791 fait mention d'une coupe ovale d'albâtre calcaire de 0,160^{mm} de long sur 0,110^{mm} de large, et 0,110^{mm} de haut, estimée 10,000 fr. Il est vrai que la monture d'or et les pierreries qui la garnissent entrent pour beaucoup dans cette évaluation.

En somme, nous croyons avoir fait comprendre les différences très-marquées qui existent entre ces deux substances, et il serait à désirer que désormais on les désignât toutes deux sous leur nom véritable. Ceci est spécialement l'affaire du commerce, mais l'habitude est essentiellement tenace, et il sera très-difficile de faire croire à certaines gens que leur pendule d'alabastrite blanc n'est pas en albâtre.

AMBRE JAUNE

Ou succin, ou karabé, ou électron, etc. Substance bitumeuse, dure, cassante, sèche, translucide, arrivant parfois à l'opacité; de couleur plus ou moins jaune ou citron; d'une saveur un peu âcre; électrique par frottement, et acquérant alors une légère odeur, susceptible d'un beau poli, se fondant et s'enflammant.

D'une pesanteur spécifique variable de 1,080 à 1,085, l'ambre jaune pâle, un peu transparent et taillé à facettes, réfracte la lumière à la manière du diamant, ce qu'il doit à sa nature combustible. Son pouvoir réfringent est de 1,365.

Les gîtes les plus abondants de cette substance

se trouvent en Prusse sur les bords de la Baltique, d'où on en exporte annuellement de 3 à 4,000 livres. Cette exploitation est l'objet d'une industrie qui s'exerce de Dantzig à Memel, où on le trouve en petits rognons et parfois en grosses masses. Un morceau des plus extraordinaires vient d'être trouvé entre Memel et Kœnigsberg ; il pèse 11 kilogrammes.

L'ambre jaune existe encore sur les côtes du golfe de Penjinsk, en Sibérie : à Szou-Tchouan, en Chine ; à Serouga, au Japon ; au pied des monts Karpaths, en Pologne ; dans les environs de la rivière des Birmans (Indo-Chine), et en France, en Angleterre, en Italie, en Russie, en Lithuanie, etc. Cette substance se trouve le plus souvent dans des couches de sable, de cailloux roulés et de bois plus ou moins fossiles. La mer Baltique, après de violentes tempêtes, en rejette parfois considérablement sur ses bords, où les habitants le recueillent avec soin. Auteuil, près Paris, en fournit un peu ; mais il est plus abondant dans divers dépôts de lignites de l'Aisne, des Basses-Alpes et du Gard.

L'ambre jaune, qui possède une transparence presque parfaite, est alors plus généralement désigné sous le nom de succin. Dans cet état, c'est une substance éminemment combustible, résineuse, solide, très-légère, à cassure vitreuse, de couleur blanc jaunâtre, rougeâtre ou brunâtre. C'est précisément cet ambre que les Grecs nommaient électron, à cause de la propriété qu'ils lui avaient reconnue d'attirer les matières légères lorsqu'il a été frotté.

L'ambre jaune, taillé à facettes ou simplement en boules unies pour bracelets et colliers, eut longtemps une très-grande vogue; l'Orient s'en sert encore en parures; ainsi les Turcs, les Égyptiens, les Arabes, les Indiens, les Persans, en ornent leurs pipes, les crosses de leurs fusils, pistolets, yatagans, damas, les selles et les brides des chevaux et même des chameaux; mais dans nos pays occidentaux, il n'est plus guère employé qu'à faire de petits objets d'art, des coffrets, des pommes de canne, des bouts de tuyaux de pipe, etc.

Le succin dit *insectifère*, à cause de quelques petits insectes qu'il renferme parfois, se taille en cabochon mince, afin de bien les laisser distinguer à travers la pâte. Ces pièces, assez rares, sont fort recherchées des amateurs.

Il existe des variétés d'ambre de diverses cou-

leurs, mais qui paraissent obtenues par des substances différentes de sa nature particulière. Elles
sont, du reste, peu communes.

Une des plus belles pièces connues d'ambre jaune
travaillé est une coupe qui existe au Trésor de la
couronne de France. Elle est ovale, allongée, sa longueur est de 0,35 cent. sur 0,17 cent. de hauteur.
Elle est un peu rétrécie au milieu; l'évaluation à
l'inventaire de 1791 la porte à 3,000 fr.

On peut encore citer parmi les raretés de cette
matière une pomme de canne qui est au Musée de
Minéralogie de Paris. Sa couleur du plus beau
jaune, sa grande limpidité, sa netteté la feraient
presque prendre pour une topaze du Brésil. Il existe
dans certains cabinets quelques ouvrages gravés en
ambre, mais le vitreux sec de la matière exclut tout
travail soigné.

Insoluble dans l'eau, mais soluble dans l'alcool ou
dans une solution de sous-carbonate de potasse,
fondue dans l'huile de lin siccative, puis incorporé
dans l'essence de térébenthine, l'ambre jaune fournit un excellent vernis.

Pour obtenir sa dissolution complète, il faut,
après l'avoir pulvérisé, le mettre dans un matras et

ne verser dessus que la quantité nécessaire d'alcool pour le couvrir. On expose ensuite le matras à la chaleur du bain-marie, en remuant doucement avec une spatule de bois jusqu'à dissolution, puis on verse ensuite de l'alcool goutte à goutte au fur et à mesure que la poudre l'absorbe. Si la poudre se dissout avec trop de lenteur, on doit l'humecter d'abord d'huile de lavande et de romarin.

On imite l'ambre jaune en mêlant, par une chaleur modérée et augmentée, peu à peu, de l'huile d'asphalte rectifiée, avec de la térébenthine, dans un vase de cuivre jaune. Quand cette matière, après deux à trois bouillons, a pris assez de consistance, on la verse dans des moules.

AMÉTHYSTE

Quoi qu'en aient dit certains auteurs, l'améthyste se divise, comme les autres gemmes supérieures, en orientale et en occidentale. La grande rareté de la première a fait hésiter plusieurs lithologistes distingués à la reconnaître ; les uns l'ont appelée rubis violet ; les autres saphir violet, prétendant que la pâte était la même. Pour cette dernière qualité, ils avaient certainement raison ; mais nous ne voyons pourquoi, puisque l'on est convenu de donner le nom de rubis au corindon rouge, celui de saphir au corindon bleu, on refuserait celui d'améthyste au corindon violet.

Nous allons donc parler d'abord de l'améthyste orientale.

Cette pierre, d'un éclat splendide, est un corindon hyalin violet, d'une dureté peut-être un peu moindre que celle du rubis, mais possédant une pesanteur spécifique de 4, la double réfraction faible, il est vrai, et rayant très-fortement le cristal de roche. On peut encore facilement la reconnaître en ce que, étant frottée, elle acquiert l'électricité vitrée, qu'elle conserve pendant plusieurs heures, tandis que l'améthyste occidentale ne la conserve que vingt à trente minutes au plus.

Sa couleur est admirable, violet de prisme, quoique cependant tirant un peu sur le rouge. C'est ainsi que sont les trois magnifiques améthystes orientales, décrites dans l'inventaire des pierreries de la couronne de France fait en 1791, et mentionnées au titre de *Pierres isolées et taillés*.

Une améthyste orientale, pesant 13 8/16 carats, éval. 6,000 f.
  Id.   3 13/16 *id.*   600
  Id.   2   *id.*   200

L'améthyste orientale se taille presque toujours de forme ovale, très-épaisse, la table large et en goutte de suif, avec deux rangs de facettes entre-croisées autour, le dessous en brillant recoupé.

L'améthyste occidentale est un quartz hyalin violet, transparent, coloré par l'oxyde de manganèse, d'une pesanteur spécifique de 2,7, cristallisant en aiguilles hexagones, terminées à chaque bout par une pointe à six faces. Ces cristaux sont le plus souvent groupés, et la base en est toujours moins colorée que les sommets.

La cassure de l'améthyste est grossièrement fibreuse dans les masses considérables et conchoïde dans les petits cristaux. Sa couleur est plus ou moins intense et ne résiste pas au feu. Elle possède moyennement la double réfraction, et, devenue électrique par le frottement, elle ne conserve cette faculté que peu de temps. Elle est sans action sur l'aiguille aimantée.

On trouve cette substance minérale en Sibérie, à Ceylan, au Kamschatka, en Arabie, en Prusse, en Hongrie, en France, aux environs de Brioude. Celles de Carthagène, en Espagne, fournissent de très-beaux échantillons d'un violet un peu pourpré et ressemblant beaucoup à l'améthyste orientale, moins la dureté. Maintenant le Brésil nous en fournit d'assez belles, qui, taillées, atteignent les prix de 1,000 à 3,000 fr. le kilo. Il en existe d'énormes gisements à 100 lieues de Bahia, mais la difficulté des moyens d'extraction et de transport ne permet pas de les utiliser.

La plus grande partie des améthystes du commerce de France sont taillées dans le Jura.

Le brut d'améthyste, dans les conditions ordinaires, est très-bon marché, c'est un de ceux dont on reconnaît facilement les lieux de provenance. Ainsi dans les bruts d'améthyste de Sibérie, les pointes des cristaux sont souvent calcédonieuses. Celle du Brésil se présente en fragments, provenant d'une masse considérable, en partie fibreuse et en partie cristallisée. Celle de Hongrie est sous forme de cristaux assez bizarrement arrangés ; les plus gros paraissent environnés d'autres plus petits qui semblent en être les bourgeons. Quant à celle du Mexique, tous les sommets de ses cristaux sont blancs.

Il est à remarquer que les améthystes se trouvent en général dans les montagnes métalliques et toujours unies au quartz et à l'agate.

Les plus gros morceaux d'améthyste, amenés dernièrement, pesaient jusqu'à 65 kilos, et leurs cristaux atteignaient des dimensions de 0,030^{mm}

à 0,150^{mm}. On nomme prisme d'améthyste de gros morceaux de quartz cristallisé et en partie violet terne, souvent mêlé de blanc brillant et mat. Ces cristaux ont rarement des formes déterminées, on en fait des vases, des coupes, dont la valeur est relative à l'exécution artistique et à l'intensité et l'uniformité du violet. On remarque au trésor de la couronne de France une coupe d'améthyste en forme de coquille, ayant 0,192^{mm} de longueur, 0,152^{mm} de largeur, et 0,192^{mm} de hauteur. Elle est estimée 1,800 fr. En compagnie d'un therme avec tête d'homme, d'une burette et d'un petit vase, on y distingue une urne de la même substance, cannelée et somptueusement gravée ; elle a 0,22^{mm} de haut sur 0,072^{mm} de diamètre.

On peut encore citer les quatre colonnes à chapiteau que l'on voit dans l'armoire des pierres précieuses au cabinet de minéralogie du Jardin des Plantes ; puis le buste de Trajan, fait d'une seule améthyste, et qui fut rapporté de la Prusse après nos conquêtes.

Le cabinet des pierres gravées à la Bibliothèque Impériale contient aussi de fort beaux morceaux d'améthyste où l'art cependant ne le cède pas à la nature. Nous citerons encore la petite cuvette en améthyste que l'on voit au Musée de Minéralogie ; elle a 0,068^{mm} de long, sur 0,027^{mm} de large.

Quant à celles gravées, le nombre en est très-considérable. Les plus célèbres sont : l'Anacréon couronné de roses, de l'ancien cabinet d'Orléans ; le buste de Minerve, vu de face, d'un fini parfait ; il appartient au prince Colonna, à Rome. Notre cabinet des Antiques possède aussi une tête de Mécène, gravée par Dioscorides, sur une très-belle améthyste, surtout en couleur, et un buste de l'Abondance sur améthyste pâle. Enfin, au couronnement de l'empereur de Russie, Alexandre II, en remarquait, parmi les ornements du trône de l'Impératrice, quatre améthystes énormes et d'une beauté hors ligne.

Depuis longtemps l'améthyste est la pierre religieuse par excellence ; elle est portée en croix et bague par nos évêques catholiques, qui en font l'anneau pastoral.

Dans l'ancienne religion israélite, elle faisait partie des douze pierres précieuses qui ornaient le Pectoral. Le nom d'Issachar était gravé dessus.

Les Romains aimaient beaucoup à se servir dans

leurs repas des coupes d'améthyste, ils lui attribuaient de grandes vertus contre l'ivresse, aussi les figures de Bacchus et de Silène ornent-elles souvent les anciennes coupes d'améthyste.

L'améthyste est une des pierres précieuses que l'art imite le mieux.

Nous donnons les proportions des diverses compositions au mot *Strass*.

ASTÉRIE

Pierre fine, généralement du genre silicate et parfois alumineux, qui doit son nom à son chatoiement et à cette particularité qu'elle présente dans
l'intérieur de sa cristallisation une étoile à cinq ou
six rayons. Réfléchissant parfaitement la lumière,
on voit souvent le centre de l'étoile changer en quelque sorte de place, lorsqu'on fait varier la position
de la pierre relativement aux rayons lumineux.
Aussi quelques-uns l'ont-ils nommée — pierre
du soleil, — et d'autres confondue avec la belle
aventurine orientale, ce qui est tout simplement
deux erreurs.

On en trouve de diverses couleurs, quoique cependant le bleu ou bleuâtre domine.

Pour nous, cette dénomination d'astérie devrait être appliquée seulement comme complément. Ainsi le saphir de Saussure à étoile à six rayons est un saphir-astérie. Le diamant donné par M. S. Halphen au Musée de minéralogie du Jardin des Plantes et si remarquable par sa cristallisation étoilée, est un diamant-astérie. Caire vit en 1776, chez M. Gravier, négociant en pierreries, à Londres, un grand rubis oriental, qui, placé au soleil, offrait une étoile lumineuse ; et ce n'était pas la taille qui produisait cet effet, puisqu'il était taillé en polyèdre avec une large table dessus. C'était donc un rubis-astérie.

De retour à Paris, Caire eut occasion de voir un saphir oriental bleu pâle, lisse, de forme olive, montrant au soleil une étoile très-distincte dans son intérieur et paraissant changer de place au moindre mouvement.

C'était un saphir-astérie (1).

Enfin nous avons vu au cabinet de l'École des

(1) On nous a montré un cristal diaphane présentant, dans son intérieur, une étoile formée de filaments d'asbeste, d'une pesanteur spécifique de 3,0730 ; nous l'avons nommé *asbeste-astérie*.

Mines, à Paris, un corindon hyalin-opalin-astérie.

Nous résumant, nous dirons que l'astérie est une pierre quelconque renfermant une étoile, quoique cependant les plus rares et les mieux caractérisées se rencontrent dans le corindon. Et pour venir en aide à notre appréciation première, nous citerons encore le cabinet de l'École des Mines, où l'on peut voir un corindon saphir incolore, laiteux, non taillé régulièrement, contenant une magnifique étoile d'une régularité parfaite, offrant six pinceaux soyeux, se réunissant au centre par la pointe. Nous avons encore vu, dans cette collection, bon nombre d'autres substances gemmifères ou quartzeuses, présentant dans leur intérieur des étoiles plus ou moins parfaites ; ce qui nous confirme dans notre opinion, que l'étoile qui a valu à certaine pierre le nom d'astérie n'est qu'un accident très-heureux de cristallisation ; mais comme il se rencontre dans une certaine quantité de cristaux différents, on ne peut guère en faire un genre à part.

AVENTURINE

Variété de quartz brun-rougeâtre, parsemé de paillettes brillantes ou présentant cet aspect.

Cette pierre se divise en naturelle ou factice ; on ne sait encore laquelle des deux sortes a donné son nom à l'autre. Quoi qu'il en soit, elles ont toutes deux leur mérite, bien qu'à l'exceptionde la dureté, l'aventurine factice l'emporte sur celle naturelle, très-peu définie jusqu'à présent.

Cependant, d'après les anciens auteurs, ce minéral, d'une pesanteur spécifique de 2,6, raye légèrement le cristal de roche et est doué d'un éclat très-vif. Il n'est pas susceptible d'être électrisé par la chaleur, et n'a nulle action sur l'aiguille aimantée.

Il existe deux espèces d'aventurine naturelle. L'une dont les étincelles sont produites par des paillettes de mica jaune, bien connue sous le nom de talc de Moscovie, est la plus commune. On la trouvait autrefois sur les bords de la mer Blanche, et maintenant on la rencontre assez souvent dans de certaines mines en Silésie, en Bohême, en France, et particulièrement aux environs d'Ekaterinebourg, en Sibérie.

La seconde espèce se trouve en Espagne, et, dans ces derniers temps, elle a été découverte par le docteur Mac-Culloch, à Glen-Fernat et à Fort-William, en Écosse. C'est la plus estimée. Les points lumineux qu'elle présente sont plus petits et plus brillants; ils offrent cette particularité qu'ils ne sont point formés de parcelles de mica répandues dans la pâte, mais causés par une multitude de petites fentes et de fissures fonctionnant comme celles de l'opale; à cela près que, n'effleurant que la surface du quartz, elles n'ont qu'une seule réflexion et n'offrent que la couleur jaune d'or.

On a encore donné le nom d'aventurine à une variété de feldspath présentant les mêmes caractères extérieurs que le quartz aventuriné; quelques marchands font parfois passer l'une pour l'autre, bien que la différence de dureté puisse toujours les faire distinguer.

La plupart des aventurines naturelles, telles que celles des environs de Quimper, en Bretagne, et surtout celle d'Aragon, en Espagne, ressemblent pour la couleur du fond aux plus belles factices ; mais les parties scintillantes ont bien moins d'éclat. Celles que l'on trouve à Facebay, en Transylvanie, sont presque toujours noires, avec des paillettes dorées assez brillantes. Il y en a aussi d'un jaune clair, et même de blanches, dont les points ont un reflet argentin.

Quoique le fond ordinaire de l'aventurine soit le brun clair ou le brun rougeâtre, on en trouve de jaunâtre, de grisâtre, de blanc rougeâtre et de verdâtre ; cette dernière offre des points blancs.

L'aventurine naturelle, quel que soit son fond, se présente sous deux aspects différents. Ainsi elle est parfois demi-transparente et parfois opaque, quoique le plus souvent. Dans le premier cas sa pesanteur spécifique est de 2,6670, et dans le second de 2,6426.

Maintenant, nous devons dire, qu'à notre sentiment, l'aventurine, ainsi que l'astérie que nous avons décrite, ne peut, en tant que pierre naturelle, constituer un genre à part. En effet, une infinité de substances diverses présentent le caractère spécial qui fait sa dénomination, et, comme pour l'astérie, nous croyons que ce ne doit être qu'un complément.

Ainsi le *sandastros* des anciens, décrit par Jean de Laët, pouvait être une sorte d'aventurine. Cette pierre, d'un rouge fauve, renfermait dans son intérieur des petits grains brillants, disposés avec quelque uniformité.

Pline en distinguait de deux sortes.

Nous avons vu certaines opales présentant des multitudes de paillettes extrêmement divisées et entremêlées de petits grains noirs et blancs, produisant un peu l'effet de l'aventurine.

Beaucoup d'agates de differentes natures offrent le même phénomène.

L'abbé naturaliste Borson avait une calcédoine parsemée d'un sable cuivreux dans son intérieur. M. Bossi a vu un morceau de jaspe totalement aventuriné et les grains parsemés semblaient être plutôt métalliques que micacés. Dans le royaume de Grenade (Amérique), on trouve une certaine pierre nommée pantaure, affectant diverses couleurs bien distinctes et parsemée de petits grains métalliques brillants dans sa masse.

En Piémont, en rencontre souvent sur les routes des cailloux quartzeux et micacés, semblant présenter tous les caractères qu'on est convenu d'accorder à l'aventurine.

La Bohême en offre aussi.

Enfin on aperçoit parfois dans les cristaux de roches translucides et même limpides un sable pyriteux très-brillant, mêlé avec assez d'ordre à la cristallisation, et la chaux fluatée qu'on trouve presque partout, offre, surtout celle d'Angleterre, une espèce de minerai couleur d'or, extrêmement divisé, répandu assez uniformément dans son intérieur et produisant l'effet et le chatoiement de ce que l'on est convenu d'appeler aventurine.

Ainsi donc, on doit et on peut ajouter au nom de chaque pierre, quelle que soit sa nature, lorsqu'elle présente ce fait de points métalliques disséminés uniformément dans son intérieur, le mot : — aventurinée.

La rareté et la vogue de ce minéral problématique à certaines époques, alors qu'on l'employait comme ornement dans divers joyaux, donnèrent l'idée de le reproduire, au moins comme on l'entendait, par des moyens factices. Plusieurs essais plus ou moins infructueux furent tentés par des émailleurs et des lapidaires. Enfin, le docteur Miotti parvint à produire des masses d'aventurine factice, rivalisant, comme aspect, avec ce que la nature produisait de plus beau ; seulement la dureté était moindre, au moins pour certaines espèces.

Ces magnifiques résultats le conduisirent à la fortune ; mais ses procédés l'ayant suivi dans la tombe, l'emploi de l'aventurine se restreignit d'abord, par suite du manque de la matière, et à cause des hauts prix de la naturelle.

De nos jours, M. P. Bibaglia, un des plus habiles industriels de Venise, dans l'art qu'illustra notre Bernard de Palissy, après de longs travaux attestant sa persévérance, son courage et son aptitude, retrouva, en 1827, l'aventurine bien supérieure, comme arrangement, à ce que produit la nature. Sa composition est un verre brun-jaunâtre, d'une bonne consistance et d'une extrême fusibilité. Il donne à l'analyse :

Silice,   0,652.
Acide phosphorique, 0,015.
Deutoxyde de cuivre, 0,030.
Peroxyde de fer,   0,065.
Chaux,   0,080.
Magnésie,   0,045.
Soude,   0,082.
Potasse,   0,021.

Ce qui, comme toutes les analyses chimiques, ne nous donne aucunement la nature de la vraie, ni les quantités des ingrédients employés.

Les paillettes imitatives présentent la forme d'octaèdres réguliers. Elles sont métalliques et paraissent semblables aux minimes particules de cuivre formant le dépôt d'une dissolution de ce métal réduit par l'acide sulfureux ou phosphoreux. Le verre qui les contient est, d'après sa composition, si fusible, qu'il doit se liquéfier bien avant les paillettes.

La difficulté à vaincre consiste donc dans *le tour de main* qui fait éviter l'agglomération de la multitude des paillettes sur un seul point et dans leur répartition partout égale, aussi bien dans l'intérieur de la masse qu'à l'extérieur.

5.

Des blocs bruts de cette aventurine factice ont été admirés à l'Exposition universelle de 1855, ainsi que la multiplicité des ouvrages de luxe et de goût auxquels on a fait l'application de cette substance, une des plus heureuses imitations que l'art ait pu produire.

Bien que nous sachions que Venise, en général, et M. Bibaglia, en particulier, sont seuls en possession du secret si curieux de la fabrication de l'aventurine amenée au point que l'on sait, notre amour-propre national nous fait un devoir de constater que ce problème a été essayé, et (nous a-t-on dit) complétement résolu par deux de nos plus habiles chimistes, MM. Frémy et Clémandot.

Il paraîtrait, d'après la relation de leurs expériences, qu'en chauffant pendant douze heures un mélange de 300 parties de verre pilé, de 40 parties de protoxyde de cuivre et de 80 parties d'oxyde de fer des batitures, et ensuite soumettant ce mélange à un refroidissement très-lent, on obtiendrait de beaux échantillons d'aventurine.

Espérons que quelque lapidaire français, ingénieux et persévérant, joignant à ces moyens ce *tour de main* dont nous parlions à propos de M. Bibaglia, parviendra à doter notre pays de cette production pour laquelle nous sommes tributaires dans une certaine proportion, car l'aventurine factice se vend, suivant qu'elle est bien réussie, de 50 à 80 fr. le kilo.

BÉRYL

Malgré l'incertitude qui a toujours régné et règne encore sur la désignation exacte de cette pierre ; nous allons essayer de la donner.

Pour nous, le béryl personnifié n'est autre que l'aigue marine orientale ; sa dureté, sa grandeur hors ligne, sa pesanteur spécifique de 3,5489, et surtout sa couleur vert bleuâtre, le distinguent suffisamment de l'aigue marine occidentale, n'ayant, comme nous l'avons dit, que peu de dureté, étant le plus souvent en petits cristaux, ne pesant spécifiquement que 2,7229, et ne possédant que la couleur vert de mer et souvent très-pâle.

Le béryl, par une exception rare aux autres pierres précieuses, dites — orientales, — ne se trouve qu'aux Indes, et parfois en Arabie, en cristaux octaèdres, souvent très-volumineux. Sa dureté surpasse celle du grenat. Il jouit de la double réfraction et est coloré par l'oxyde de fer.

Dans ces derniers temps, cependant, quelques morceaux remarquables ont été trouvés à Bérésof et dans les micaschistes du lac Bolchoï (Russie).

Le plus bel échantillon que l'on connaisse est celui qui orne le globe surmontant la couronne d'Angleterre, et que tout le monde peut avoir vu à la Tour de Londres. Il est de forme ovale, très-limpide, d'une magnifique couleur bien caractérisée; il paraît avoir $0,055^{mm}$ de long sur $0,040^{mm}$ de large et $0,030^{mm}$ d'épaisseur.

Nous rayerons donc de la longue et confuse nomenclature des béryls les spath-fluor verts, les quartz-agate-prase, les morceaux glaceux d'émeraude pâle, les disthènes, les picnites, les agustites ou apatites, les chrysolites, les aigues marines, accidentellement un peu bleuâtres, etc., etc., dont les uns sont composés de chaux fluatée, phosphatée; d'autres, tout simplement quartzeux; en prismes courts, tronqués, de toutes couleurs. Enfin, ces nombreuses variétés de faux béryls, qu'un examen trop superficiel avait fait ainsi nommer.

BOORT

Cette espèce particulière de diamant est le plus souvent de forme parfaitement sphérique et sa cristallisation est tellement confuse qu'on ne peut la comparer qu'aux *nœuds* les plus compliqués de certains bois. C'est un enchevêtrement de parties moléculaires sans ordre et sans liaison suivie, unies seulement par leur extrême adhérence, principe de leur excessive dureté. Aussi, cette espèce toute particulière de diamant ne peut-elle subir l'opération du clivage, si précieuse et si facile dans les cristaux parfaits à lames superposées.

Le boort, presque toujours rond, mais présentant

parfois des formes cristallines, bien que généralement mal indiquées, est à l'extérieur beaucoup plus rugueux encore que certains diamants bruts. Il est le plus souvent d'un blanc grisâtre ou noirâtre, et n'est pas aussi susceptible de diverses couleurs que le diamant à cristallisation accusée ou régulière. Sa pesanteur spécifique est un peu plus forte que celle du diamant ordinaire, dont le maximum est de 3,6. Cette espèce ne doit pas être confondue avec les diamants octaèdres à arêtes courbes et à faces bombées, et qu'on emploie particulièrement à couper le verre. Ceux-ci sont simplement à lames curvilignes, tandis que le boort est un inextricable amas de parties contournées et nouées dans tous les sens possibles.

Le boort n'est et ne peut être employé qu'à user et polir le diamant régulier. Pour en obtenir cet effet, on le concasse et on le pulvérise dans un mortier *ad hoc*, et sa poussière mêlée avec de l'huile et étendue sur une plateforme en fer doux, remplace avantageusement l'*égrisée*, produit du frottement de deux diamants. Son prix, un peu variable, suivant l'abondance ou le besoin, est en moyenne de 15 fr. le *carat*. Cette curieuse minéralisation du carbone ne peut être prise comme une production amorphe, car sa forme, presque constamment sphérique, l'en éloigne considérablement, et le boort est (peut-être) le seul exemple d'une déviation aux règles de cristallisation du savant Haüy, en ce sens que le boort ne contient pas de noyau ou cristal primitif.

On sait que, quelles que soient les aberrations de forme de certains cristaux, on peut, au moyen du clivage, les ramener à une forme précise et déterminée ; mais, pour le boort, cela est impossible, sa contexture entortillée ne permettant jamais de le fendre régulièrement ; quels que soient sa grosseur et son poids, qui varient de 1 grain à 200 et plus, on n'en peut rien tirer. Des expériences décisives ont fait connaître que ses molécules constituantes sont aussi divergentes dans le cœur du cristal qu'à sa surface.

Ce fait étant difficile à constater à cause de l'impossibilité de cliver le boort, nous avons pu, cependant, nous en assurer en en faisant brûler un morceau pesant 25 carats, par un procédé qui nous est particulier, et qui nous permet de diminuer à volonté la grosseur d'un diamant. La combustion eut lieu dans les mêmes conditions et avec les mêmes phénomènes que celle du diamant régulier, et ce morceau de boort ayant été réduit par cette opération à 15 carats, ce qui l'avait diminué de $2/5^e$ sur toute sa surface, il fut reconnu qu'il avait conservé sa forme et sa nature primitives, qu'il n'y avait en lui aucun indice de cristallisation appréciable, qu'il ne pouvait pas plus se cliver qu'avant cette réduction, et qu'il était, par conséquent, toujours intaillable.

Le boort se trouve actuellement dans les mines de diamants du Brésil, d'où il est envoyé dans une proportion de 2 à 10 pour 100 dans les parties de diamants bruts expédiées en Europe. On comprend qu'une grande quantité de ces cristaux réfractaires diminue singulièrement la valeur d'une partie de diamants bruts; aussi les exploiteurs les éliminent-ils avec grand soin ou réduisent le prix d'achat d'après leur quantité dans la partie.

En somme, ce produit informe d'une matière si précieuse est, jusqu'à présent, réduit au seul emploi que nous avons cité, et, cependant, on prétend qu'on le taille aux Indes. Si cela est, il ne doit produire que du diamant peu brillant, la réfraction si puissante et si pure du diamant bien cristallisé n'étant due°qu'à l'extrême perfection et à la régularité de sa construction lamellaire.

Le boort, bien examiné, est sensiblement une cristallisation de carbone avortée ou inachevée. Il semble que les forces naturelles qui concourent à ce grand acte aient été insuffisantes, dans ce cas, soit par manque d'énergie, soit par manque de temps.

Enfin, et pour nous résumer, nous croyons que le boort est l'intermédiaire qui sépare le carbone (1) du diamant cristallisé régulièrement, car il participe à la fois de ces deux variétés de la même production minérale, d'abord par sa constitution essentiellement et bien visiblement carbonique, ensuite par sa cristallisation, quoique diffuse.

Nous avons trouvé, dans les comptes rendus des séances de l'Académie des sciences, cette substance ainsi dénommée : *Bowr*. Mais nous avons cru devoir maintenir notre orthographe, laquelle, à notre avis, rend mieux la prononciation et l'intonation du mot usuel, qui, d'ailleurs, paraît être d'origine hollandaise.

(1) Voir l'article *Carbone*.

Un dernier mot.

Le boort est désigné à l'École des Mines de Paris sous le nom de — diamant concrétionné. — Nous croyons que cette dénomination ne rend pas suffisamment le véritable caractère, bien que concrétionné puisse désigner une adhésion de parties qui devraient être séparées. A notre sens, il n'y a pas seulement adhésion, il y a contournement bizarre et arbitraire, et comme nous l'avons dit plus haut, enchevêtrement de parties dans tous les sens possibles sans apparence d'ordre quelconque, et nous croyons qu'on devrait dire : *Diamant noué.*

CACHOLONG

Variété opaline de la calcédoine. Ce minéral est
opaque, d'un blanc mat et laiteux à la surface, d'un
éclat nacré à l'intérieur, légèrement translucide sur
ses bords amincis; sa cassure est un peu conchoïde
et très-lisse. Il est plus dur que l'opale et prend
assez bien le poli. Le cacholong est insensible au
chalumeau, sa pesanteur spécifique est de 2,2. Espèce de girasol bien plus chargé d'argile ; cette circonstance l'en fait parfaitement distinguer, en ce
qu'il happe à la langue.

Le cacholong se trouve en masses détachées dans
la Bukarie, d'où lui vient son nom (*cach* rivière,
cholong pierre) ; puis aux îles de Féroë, en Islande,

dans les roches de Trapp et dans le Groenland. On a aussi trouvé des cacholongs à Champigny, près Paris, dans les cavités d'une brèche calcaire, dont quelques-uns sont durs et à cassure éclatante, tandis que d'autres sont tendres, légers, happant fortement à la langue et ressemblant à de la craie. Évidemment ceux-ci étaient de nature inférieure ou non entièrement formés.

Cette pierre, étant généralement composée de couches de dureté différente, on en profite pour faire des camées profondément fouillés, dont le relief est plus tendre que le fond.

Un des plus beaux produits se voit à la Bibliothèque Impériale; il représente Valentin III.

Les graveurs italiens, qui excellent dans l'art du camaïeu, en travaillent une variété dite — rubanée, — venant d'Irlande ou de Féroë. Elle est composée de couches de cacholong blanc et opaque, atteignant jusqu'à 0,067^{mm} d'épaisseur de calcédoine souvent colorée en bleuâtre ou verdâtre, ce qui fait merveilleusement ressortir le dessin.

On ne doit pas confondre le cacholong avec l'agate d'un blanc mat, ou la calcédoine, ou enfin avec le jaspe égyptien. Si l'on pouvait introduire dans les couches tendres de cette pierre quelques couleurs appropriées, on obtiendrait de très-beaux effets, et nous ne croyons pas que ce soit difficile, au point où en est la chimie.

CALCÉDOINE

Pierre dure ainsi nommée de *calcédon* ou *chalcédoine*, en Asie Mineure, où l'on en trouvait en quantité dans les temps anciens.

C'est une variété de quartz-agate qui est généralement blanche, laiteuse et parfois bleuâtre ; teinte qui augmente sa valeur. Quand le bleu domine, elle prend le surnom de saphirine, et cette espèce est la plus estimée, en raison de sa beauté, de sa dureté et de sa rareté.

La calcédoine est demi-transparente ; quelquefois opaque ou translucide ; sa cassure, quoique conchoïde, se rapproche de celle esquilleuse et est tout à fait mate, ce qui distingue ce minéral de ses sous-dérivés, différents par la coloration, qui sont : *la cor-*

*naline, la sardoine, la chrysophrase, la plasma,
l'onyx, le silex et le cacholong.*

La calcédoine commune existe abondamment en masses uniformes ou en couches dans les noyaux d'agate ; elle est en morceaux arrondis, uniformes, stalactiformes, rhomboïdaux primitifs et rarement en cristaux cubiques pseudomorphes. Sous cette dernière forme, elle incruste des cristaux de quartz rayonnants, des madrépores, des bois et diverses autres substances.

La calcédoine n'est pas fusible ; cependant elle blanchit ou diminue de couleur par l'action d'un calorique approprié et sans dégagement d'eau. Sa pesanteur spécifique est de 2,6 ; analysée, elle donne : silice, 84 ; alumine, 16. Parfois on y rencontre un peu moins d'alumine, qui y est remplacée par de la chaux. On trouve cette substance minérale en France, en Angleterre, en Écosse, en Irlande, en Transylvanie, en Norvége, en Islande, aux îles Féroë. Celle douée de couleur verte, qui est très-rare, ne se trouve que dans l'Inde. Comme la généralité des pierres fines, on divise la calcédoine en orientale et en occidentale ; celle-ci, moins dure que l'autre et même que l'agate blanche, est d'un blanc de lait, commune et peu estimée. Il y a une variété remarquable par des raies ou points gris ou rouges sur le fond blanc laiteux. D'après Pline, les belles calcédoines, si estimées des anciens, provenaient d'Afrique. On les achetait à Carthage et on les taillait et gravait à Rome. Outre quelques camées antiques que l'on trouve à la Bibliothèque Impériale et parmi lesquels on distingue, entre autres, la déesse Roma, le taureau Dyonisiaque et un jeune guerrier, il existe quelques coupes et quelques beaux vases de calcédoine, mais ils sont rares. La coupe ronde de calcédoine mamelonnée, qu'on voit au Trésor de la Couronne de France, et qui offre à sa surface des taches rondes purpurines avec des cercles d'un gris argenté, est très-curieuse; elle est évaluée 300 fr. Nous relaterons encore un buste d'Apollon qui existe au trésor Odescalchi. Un petit buste d'Auguste d'une palme romaine conservée au Vatican. Enfin une tête de Méduse gravée par Solon. Elle est au cabinet Strozzi. Le même sujet a été aussi traité sur calcédoine par le graveur Sosocle. Cette dernière a des ailes à la tête.

En somme, la calcédoine, par sa nature même, est une pierre bien inférieure à l'agate, dont elle fait partie, ainsi qu'aux autres variétés, toutes plus pures qu'elle.

On en voit, il est vrai, quelques beaux échantillons dans les musées de minéralogie et chez quelques amateurs, mais ils sont généralement rares. On en cite cependant de 0,170 ^{mm} à 0,180 ^{mm} d'épaisseur. Une des particularités les plus remarquables de certaines calcédoines, c'est lorsqu'on en trouve renfermant une goutte d'eau. Ces calcédoines anhydres ne conservent cependant pas toujours ce phénomène ; la goutte liquide finit par se cristalliser à la longue, le déssèchement est complet, tandis que les gouttes d'eau existantes dans l'intérieur de certains cristaux de roche y conservent toujours leur fluidité.

Caire possédait une calcédoine anhydre de la capacité d'un dé à coudre. Il rapporte qu'il y a quelque quarante ans, on remit à un joaillier italien une bague à diminuer de grandeur. C'était une calcédoine anhydre que l'ouvrier ne crut pas devoir démonter, et mal lui en prit, car à peine le corps de la bague était-il échauffé, que la pierre se brisa avec fracas en des milliers de morceaux.

Nous racontons ce fait à titre d'avis.

De nos jours, on emploie la calcédoine à la fabrication de divers bijoux, bagues, cachets, boules pour bracelets, manches de coupe-papier, etc.

Tous ces ouvrages sont généralement exécutés en Allemagne, où l'habitude de ce travail et le bas prix de la main-d'œuvre en font une spécialité qui de là se répand partout.

La dénomination de pierre calcédonieuse s'applique à toute pierre précieuse offrant dans son intérieur une teinte laiteuse ; les rubis d'Orient, les saphirs, les chrysolites, les diamants d'une eau céleste sont souvent déprisés à cause de ce défaut.

CALCÉDONYX

Cette pierre très-rare est, par conséquent, peu connue ; nous avons cependant pu constater sa pesanteur spécifique, qui est de 2,6180.

Tout porte à croire qu'on en a trouvé en Orient, puisqu'il en existe d'anciennes gravées. Elle a pu être confondue parfois avec l'agate-onyx ordinaire, mais comme elle est beaucoup plus dure et bien plus translucide, elle est, de nos jours, facile à reconnaître, bien qu'on ait peu d'occasion d'en voir.

Cependant il existe une variété moderne que l'on trouve en Irlande ; malheureusement les couches superposées ne sont pas parfaitement horizontales ; les filons sont irréguliers, quoique les uns soient d'un blanc presque mat, tenant à des filets plus éclairés, tandis que les supérieurs sont d'un azur plus ou moins intense. C'est alors qu'il est urgent que l'art du lapidaire parvienne, par intuition, à trouver les couches les plus grandes et les plus exactes.

On voit au cabinet impérial de Vienne (Autriche), une calcédonyx représentant un jeune héros qui s'appuie du bras sur une colonne. Nous citerons encore une autre calcédonyx faisant partie de la collection Genevosio. Elle représente un guerrier armé assis à terre ; derrière lui est un cadavre. Cette gravure est fort bien exécutée.

Somme toute, il faut bien déclarer que la calcédonyx ne peut être bien reconnue à l'état brut ou employée, que par le lapidaire, qui seul peut constater sa résistance à la meule ; car l'œil le plus habile, le connaisseur le plus exercé ne porteront jamais qu'un jugement incertain, tant elle est peu différenciée avec l'agate-onyx.

Et cependant le ton apparent de la calcédoine, sa base première, diffère beaucoup de l'agate, et sans l'adjonction de la partie supérieure, qui constitue l'onyx, un amateur éclairé ne confondra jamais les deux bases.

6.

CAMÉE

On désigne sous les noms de — camée dur — les pierres fines gravées en relief ; — d'intaille, — celles gravées en creux, et — camée coquille — les représentations de toutes natures en relief, sur la chame feuilletée et à couches superposées de diverses couleurs.

Dans les premiers sont compris les sujets exécutés sur onyx, sardoines, sardonyx, agates orientales, d'Allemagne, cacholongs, cornalines, sardagates, cristal de roche, etc.

Dans les seconds, exécutés souvent sur des gemmes transparents, sont compris les armoiries ,

devises , allégories , sentences , lettres pour cachets, etc.

Quant au troisième genre, il comporte, comme
les camées dans la gravure en relief, depuis les
portraits jusqu'aux sujets les plus compliqués.

Il existe encore un autre genre de camée, exécuté
sur pâte tendre, telle que corail, lave, turquoise,
malachite, verre, etc. Enfin les camées faux en composition d'émail fondu et moulé, et en stuc et en
porcelaine.

Rome est la patrie des graveurs en camées durs,
et c'est de là que viennent les produits les plus artistiques de ce genre d'industrie. Un petit nombre de
travailleurs en produisent annuellement pour environ 250,000 fr., exportés principalement sur les
places de Paris, Londres, Vienne, Saint-Pétersbourg
et New-Yorck.

Indépendamment du mérite d'exécution de la
gravure et de la beauté de la pierre employée, la
valeur du camée dur augmente en raison de la con-
cordance des diverses parties du dessin avec les différentes couches ou taches de la pierre.

Ainsi un camée dur, qui représenterait au naturel les cheveux noirs ou blonds, les chairs, les yeux

animés, les draperies, serait d'un prix tout à fait inestimable. Déjà ceux fournissant des têtes de nègre, parfaitement noires sur un fond très-blanc, sont très-prisés.

Celles blanches sur fond noir le sont moins à cause du manque de coloration des figures.

Parfois l'art et l'emploi de pierres précieuses microscopiques viennent compléter l'illusion des détails.

Les camées coquilles et ceux en pierres tendres n'ont qu'un prix approximatif à la régularité et à la beauté de l'exécution, quoique la dimension y entre pour quelque peu.

La gravure sur chame, bien que généralement très-plate, peut, suivant certaines épaisseurs ou nuances intermédiaires de la coquille, produire de beaux résultats. Une fois la première couche enlevée, la matière se présente plus fine, le plus souvent très-blanche, mais parfois aussi de couleur chair, ce qui est un avantage pour les figures; si l'on y découvre une surface jaunâtre ou brunâtre, on y grave alors des sujets composés qui permettent d'imiter les onyx. Alors c'est à l'artiste à donner tout le mérite à cette heureuse trouvaille, en ménageant et appropriant les endroits colorés diversement qui doivent donner la vie à son dessin, et son burin intelligent, fouillant profondément, peut arriver à découvrir et utiliser trois à quatre couches qui, agencées convenablement et d'après les péripéties du dessin, donnent un haut prix à ces ouvrages purement d'art, lorsque l'artiste est parvenu à relier heureusement et à appliquer les différentes couches au sujet qu'il veut représenter.

Le cabinet du duc d'Orléans possédait trois camées coquille très-artistement travaillés. L'un représentait Androclès avec son lion historique, l'autre la tête du roi Porus, en grand relief, et le troisième, un combat de guerriers à pied et à cheval, très-délicatement exécuté. Caire possédait une tête de Turc âgé, tellement frappante par le bon emploi des différentes nuances de la coquille, que jamais onyx n'aurait pu la rendre ainsi.

La manie d'antiquités qui a régné au commencement de ce siècle, a fait monter à de certains prix des camées anciens. Quelques-uns, il est vrai, justifiaient cet engouement par la beauté de l'exécution et la rareté des pierres, mais quelques-uns aussi, ornements de nos musées, n'ont pour eux que l'époque de leur création, et l'art moderne les dépasse de beaucoup ; Salmson, Michelini et autres l'ont prouvé.

Du reste, les camées anciens, représentant l'apothéose d'Auguste et celle de Germanicus, au cabinet des Antiques de la Bibliothèque Impériale ; celle d'Auguste du cabinet de Vienne, resteront toujours comme de parfaits modèles de l'apogée de l'art ancien.

Mais en regard, nous dirons qu'à l'Exposition universelle de 1855, on put remarquer le magnifique pendant de cou nommé — la toilette de Vénus. — Ce camée était surmonté de Néréides et de Tritons infiniment lilliputiens, soufflant dans des conques microscopiques et présentant à la déesse un miroir et des bijoux. On y vit aussi des camées en émeraude et une multitude de pierres gravées d'un grand mérite.

Les pierres dures gravées de MM. Barré et Robert, les camées de M. Albitès ont convaincu tous les connaisseurs que nous pouvions au moins égaler les anciens.

CARAT

—

Nous ne croyons pas déroger au plan de notre ouvrage en mettant cet article à la place qu'il doit occuper. Sa spécialité vis-à-vis des pierres précieuses nous en fait un devoir.

Le carat, du mot indien kuara, est un poids conventionnel, servant de temps immémorial à peser le diamant, les perles et les pierres précieuses. Il se subdivise en 1/2, 1/4 ou *grain*, 1/8, 1/16, 1/32, 1/64, de carat.

Ce poids, tout exceptionnel comme la marchandise qu'il régit, n'a cependant pas la même valeur en tous lieux. Ainsi en France il équivaut à $0,206^{mg}$, en Angleterre à $0,205^{mg}$; en Autriche à $0,206,13^{mg}$; en Portugal et au Brésil à $0,200^{mg}$. Dans ce dernier

pays, le carat se nomme aussi — quilate ; — on s'y
sert encore d'un poids nommé — octave, — et qui
correspond à 17 carats 1/2.

Dans l'Inde, le carat se nomme magnelin et équivaut à 0,398 ^{ms} ou 7 grains 1/8 ; aux mines de Raolconda et de Gani, ce poids était compté pour 7 grains
ou un carat 3/4 ; aux royaumes de Golconde et de
Visapour (Deckan), il répondait à un carat 3/8 ; à
Soumelpour et dans le Mogol on se servait du —
ratis, — correspondant à 7/8 de carat ; à Madrass, à
Goa on se sert du — magnelin, — qui, là, égale un
carat 1/4. Sur la côte de Coromandel, on se sert
d'un poids nommé — mangal, — qui a la valeur
de 3/8 du carat anglais, soit   0,077 ^{ms},
à Amboine (Asie), le carat équivaut à 0,197

Batavia	—	0,205
Bornéo	—	0,205
Amsterdam	—	0.205,7
Berlin	—	0,205,537
Brunswick	—	0,205,537
Leipzig	—	0,205
Lisbonne	—	0,205,8
Florence	—	0,155
Alger	— (giráth)	0,207

On voit que rien n'est plus arbitraire que ce poïds, quoiqu'il soit de pure convention. Ce terme cependant est générique pour la désignation du diamant eu égard à sa grosseur. Dans ce commerce, on dit, pour désigner une partie assortie, du 8, du 16, du 100, du 1,000 au carat, suivant la dimension des cristaux.

Le carat, considéré comme unité de poids pour cette spécialité, malgré les défectuosités que nous venons de signaler, est tellement inféodé dans les habitudes du commerce des pierres précieuses, que c'est peut-être la seule marchandise qui n'ait pu être ramenée au système décimal dans les pays civilisés, malgré le grand avantage qu'aurait présenté, pour la justesse du poids, l'extrême division du gramme, son unité parfaite étant partout la même.

CARBONE

(Vulgairement Carbonate; au Brésil, Carbonado.)

Substance minérale découverte au Brésil, vers 1842, et que l'on trouve mêlée aux dépôts de diamants et dans les alluvions et rivières qui le recèlent.

Cette substance est noire, opaque, d'une structure amorphe, d'un aspect inégal et vitreux, quoique sans aucune apparence de cristallisation et d'une pesanteur spécifique de 3,782. Sa plus précieuse qualité, qui suffirait seule à la distinguer de toute autre espèce minérale, est sa prodigieuse dureté, qui égale absolument celle du diamant.

On trouve ce minéral dans les terrains diamantifères, en morceaux variables en poids de 1 à 1000 carats, et, depuis sa découverte, il a constamment servi à bruter, tailler et polir le diamant, qu'il use avec la même facilité que le fait l'*égrisée* ou poudre de diamant.

Il sert aussi à confectionner des espèces de burins destinés à agir vigoureusement sur les pierres gemmes, de quelque dureté qu'elles soient.

On en rencontre parfois certains morceaux ayant un commencement très-marqué de cristallisation et présentant dans leur forme, du reste peu appréciable, une multitude de petits points blancs lumineux, quoique n'ayant aucune espèce de transparence.

M. Chabaribert, négociant en diamants, au Brésil, chez qui nous avons vu un morceau de carbone pesant plus de 1000 carats, en possédait un de 6 carats environ, presque cristallisé; il le présenta à l'habile diamantaire, M. Philippe aîné, qui lui en fît un superbe diamant noir, réfléchissant parfaitement la lumière au poli de ses facettes, quoiqu'il fût complétement opaque et semblant aventuriné par l'extrême quantité de ces points blancs dont nous venons de parler.

Cette pierre, très-curieuse d'abord par son unité, et ensuite par sa constitution extraordinaire, nous a parfaitement fixé sur le rapport intime du diamant et du carbone.

Ce nouveau minéral, dénommé à l'École des Mines —diamant carbonique, — nous ne savons pourquoi, car tous les diamants sont à base de carbone et ce qui constitue ce dernier à l'état de diamant est seulement la cristallisation; étant assez abondant, se vend aux prix de 6 à 7 francs le carat. Son emploi est d'un bon usage, surtout étant mêlé avec l'*égrisée*, dont il adoucit la trop grande vigueur, ce qui nous tenterait à croire qu'il est un peu moins dur que le diamant; cependant, nous avons vu user parfaitement ce dernier par ses frottements mutuels avec le carbone; mais il faut dire aussi que le carbone s'usait un peu plus vite. Mais, quant à son bon emploi dans la gravure et les ouvrages du Touret sur les pierres dures, il est irrécusable et facilite singulièrement ces travaux si difficultueux, en raison de sa contexture et de son bas prix relativement aux morceaux de diamant que l'on employait autrefois, et qu'on avait souvent beaucoup de peine à préparer convenablement.

Cette substance, connue seulement parfaitement des mineurs et des diamantaires, paraît être la base du diamant avant sa cristallisation, c'est-à-dire le carbone ayant atteint le dernier degré de densité et d'incombustibilité, mais n'ayant pu cristalliser, ni se débarrasser de sa matière noire, reste d'impureté carbonique.

Il est cependant à remarquer que cette substance diffère du diamant en ce qu'elle ne peut se diviser en lames, ce qui s'explique par sa constitution non-cristalline.

Un morceau de ce carbone, pesant 25 carats, soumis par nous à une température de 2765°, a brûlé avec flamme fuligineuse et phosphorescente, mais bien moins claire que celle que présente le diamant dans l'acte de sa combustion. Sa destruction par le feu fut plus vive et plus prompte que celle du diamant, puisqu'il déchut de 10 carats en quelques secondes, en laissant un morceau de la même forme qu'avant l'opération, devenu d'un blanc-gris, ayant conservé toute sa dureté, mais ne présentant aucune espèce de transparence, malgré la perte de sa couleur noire.

Cette substance, si remarquable par sa dureté ex-

ceptionnelle, ne doit pas être confondue avec le
spath adamantin de la Chine, espèce très-dure de
corindon, qui est loin de présenter les mêmes caractères et les mêmes propriétés.

CHRYSOBÉRYL

Minéral de couleur vert d'asperge, cristallisé en prismes à huit pans terminés par des sommets à six faces. Parfois ces sommets sont coupés en facettes, ce qui lui donne la forme d'un solide à 28 faces. Cependant, sa forme primitive est un prisme à quatre faces rectangulaires.

Le chrysobéryl est d'une dureté presque égale à celle des corindons ; doué d'un éclat très-vif, il est demi-transparent et cassant; infusible au chalumeau, jouissant de la double réfraction, quoique moyennement, il devient électrique par frottement. Son clivage est double et sa pesanteur spécifique de 3,60 à 3,76.

Analysé, il présente :

Alumine	71	»
Silice	13	»
Glucine	18	»
Chaux	6	»
Oxyde de fer	1	5

Parfois le chrysobéryl chatoie ou est opalescent.

On trouve ce minéral dans l'île de Ceylan , au Connecticut, au Brésil et en Sibérie dans l'Oural.

Le chysobéryl du Brésil est formé généralement en fragments verts-jaunâtres transparents , d'une pesanteur spécifique de 3,7337.

Il contient, soumis à deux analyses :

	Première.	Deuxième.
Alumine	78 10	78 71
Glucine	17 94	18 06
Peroxyde de fer	4 47	3 47

L'oxygène de l'alumine est triple de celui de la glucine.

Le chrysobéryl de l'Oural est coloré par le chrome. Son mode de combinaison est analogue à celui du spinelle et de la ceylanite.

Il contient :

Alumine.	78 92
Glucine.	18 02
Protoxyde de fer.	3 12
Oxyde de chrome.	0 36
Cuivre et plomb.	0 29

Cette substance minérale, peu répandue, en tant qu'à l'état de belle pierre précieuse, s'emploie cependant, quoique rarement, dans la joaillerie et la bijouterie.

Quelques-uns l'ont confondue avec la chrysolithe orientale et la cymophane, mais ces opinions, un peu trop hasardées, ne supportent pas l'examen.

CHRYSOLITHE

(Du grec *chryso-lithos*, pierre d'or). Il est donc évident que ce n'est pas la nôtre.

Celle que nous connaissons sous ce nom est une pierre précieuse du troisième ordre sur laquelle ne sont d'accord, ni les minéralogistes, ni les lapidaires, confondue qu'elle est souvent, par les uns et par les autres, avec le péridot et la cymophane, dont elle diffère cependant à plus d'un titre.

Établissons, d'abord, l'aberration de son nom eu égard à ses qualités. Il est évident que la chrysolithe des anciens était notre topaze jaune d'or, et non point la pierre, tantôt jaune-verdâtre, tantôt vert-pomme mêlé de jaune, que nous désignons sous ce nom ; car Pline dit que la chrysolithe est plus belle que l'or, et que l'on ne doit la monter qu'à jour.

Moins dure que toutes les autres pierres gemmes, puisqu'elle tient le dix-neuvième rang à l'échelle de dureté dont le diamant est l'unité suprême, la chrysolithe actuelle se laisse rayer par le quartz et souvent par la lime ; cristallisée primitivement en prisme droit à base rectangulaire, jouissant à un haut degré de la réfraction double, bien transparente et présentant un vif éclat, elle a souvent été employée dans les parures au commencement de ce siècle. Depuis, la mode, cette souveraine si capricieuse, l'a reléguée au dernier rang des pierres précieuses, où elle est, du reste, placée naturellement par la mollesse de sa pâte et l'incertitude de sa couleur.

D'une pesanteur spécifique variant de 2,692 à 2,782, elle a donné à l'analyse les résultats suivants, assez différents :

	Klaproth.	Vauquelin.
Silice.	39	38
Magnésie.	43,5	50,5
Oxyde de fer. . .	19	9,5.

La cassure de la chrysolithe est conchoïde ; soumise au chalumeau avec addition de borax, elle se fond en un verre d'un vert pâle.

Cette substance minérale est souvent distinguée par l'adjonction du nom du lieu où on l'a trouvée, et parfois aussi par quelques différences de dureté appréciables à la meule du lapidaire, ou par quelques divergences dans les couleurs.

La plus estimée est la chrysolithe dite *orientale*, à tort, qui n'est autre que la topaze d'Orient, d'un beau jaune paille, mêlé d'une légère nuance de vert pomme.

Celle-ci est, du reste, assez dure pour rayer le cristal de roche; cependant, elle diffère encore beaucoup avec la cymophane (nommée aussi, par quelques-uns, chrysolithe orientale) dans la composition de laquelle les 38 de magnésie sont remplacés par 71 d'alumine. On la trouve à Ceylan, à Amarapourah (Indo-Chine), dans l'empire des Birmans, et à Chantabury, dans le royaume de Siam.

La chrysolithe du Brésil, dont on rencontre tant de cristaux dans les gîtes de diamants de cette contrée, est d'un vert pomme jaunâtre, mais d'une teinte beaucoup plus claire que le péridot, et parfois aussi d'une belle couleur d'or tirant tant soit peu sur le vert ; sa forme, du reste, empêche qu'on ne la confonde, à l'œil, avec les diamants bruts colorés.

La chrysolithe de Bohême lui est bien inférieure, quoique d'un jaune d'or foncé, mais mélangé d'une teinte verte sale. Celle de Saxe n'est qu'une variété verdâtre de la mauvaise topaze de ce pays. Il existe encore une autre espèce, mais beaucoup plus commune, désignée sous le nom de chrysolithe *ordinaire* ou des *joailliers*. On la trouve en Espagne ; elle est cristallisée en prisme hexaèdre, dont les arêtes sont abattues, et terminé à chacune de ses extrémités par un sommet à six faces. Cette variété n'est qu'un phosphate de chaux, et est encore plus tendre que les autres.

Les terrains volcanisés, les laves, les basaltes contiennent souvent des grains irréguliers ayant tous les caractères de la chrysolithe ; cependant, nous croyons que ce ne sont que des schorls colorés.

L'art du lapidaire donne le plus souvent aux cristaux de chrysolithe la forme ovale, ornée de facettes ; comme la majeure partie des pierres précieuses, on la met parfois aussi en cabochon ; son peu de dureté permet de la tailler sur la roue de plomb, légèrement imbibée d'émeri ; la plus grande difficulté est de lui donner son poli parfait, qu'on n'obtient qu'avec peine sur la roue de cuivre.

La chrysolithe était estimée des anciens. La reine Bérénice en reçut une en présent de Philémon, lieutenant du roi Ptolémée. Cléopâtre en offrit une à Antoine, et Louis XIII la mit en vogue à sa cour. Parmi celles gravées, on cite celle représentant l'impératrice Sabine ; elle est au cabinet Crispi, à Ferrare.

Les plus extraordinaires, comme exécution, représent Ptolémée-Aulète, roi d'Égypte et les Noces de Cupidon.

CHRYSOPRASE

Cette pierre précieuse est une sous-espèce de calcédoine assez commune ; elle est d'un très-beau
vert de gris, généralement demi-transparente et parfois opaque, ayant toutefois peu d'éclat, quoique son
poli soit assez vif. Sa cassure est unie, résineuse,
inclinant souvent à la cassure esquilleuse ; sa dureté
est un peu moindre que celle de la calcédoine, et
une chaleur un peu forte lui fait perdre sa couleur,
qu'elle tient de l'oxyde de Nickel.

On ne l'a trouvée encore qu'à Kosemütz, en Silésie, dans la montagne de Glasendorf et une variété
caillouteuse à Stachlau, près Cologne.

Les montagnes qui la recèlent sont principalement composées de serpentine, de pierre ollaire et de talc.

On la rencontre en petits filons ou lits d'environ $0,015^{mm}$ d'épaisseur, interrompus dans les veines d'une terre verte qui contient du nickel.

Sa pesanteur spécifique est de **2,5**; analysée, elle offre :

Silice,	96,16
Chaux,	0,83
Alumine,	0,08
Oxyde de fer,	0,08
Oxyde de Nickel,	1,00

Cette substance minérale, contrairement à toutes les autres pierres dites — précieuses, — mais seulement en ce sens qu'on les a employées dans les parures, ne se trouve qu'en Europe et presque dans un seul pays, la Prusse. Cette pierre est réellement une exception ; ainsi elle n'est point vitreuse dans ses fractures, ce qui ne peut la faire assimiler aux quartz hyalins, et ne possède non plus la cassure conchoïde comme les prases et tous les genres d'agate. Présentant presque partout des fêlures entremêlées de grains, on ne comprend pas l'union de ces parties hétérogènes, et cependant tout cela se tient très-bien, supporte la taille et prend un vif poli dont l'action semble faire un tout de ces éléments divers, au moins à l'œil.

Le gisement de la chrysoprase est immédiatement sous la terre végétale, à 2 ou 3 pieds de profondeur, quelquefois dans des fentes de rochers, parfois en morceaux amorphes et en plaques inégales d'une assez grande dimension. Très-pâle et un peu poli, le brut de cette substance minérale est le plus souvent en veines, attachées ou renfermées dans une espèce d'asbeste et une terre argileuse ou blanche ou verte. On le rencontre en morceaux durs et compactes, de diverses grandeurs, d'un vert depuis le pâle jusqu'au vert émeraude, et malheureusement parsemés de trous spongieux ou rongés, de cavités quelquefois profondes comme celles que l'on trouve trop souvent dans la malachite.

Cette pierre, assez en vogue il y a quarante ans, n'est plus autant employée en bijouterie. On la taillait ordinairement en cabochon double, avec deux rangées de facettes disposées autour d'une grande table ovale goutte de suif qui formait le dessus. Les chrysoprases pâles en couleur étaient montées à fond et recevaient une couche de vert de gris pour rehausser leur ton. On faisait des colliers-rivières, des bracelets, des broches, des épingles, etc. Il serait à désirer que cette pierre revînt à la mode; elle sied très-bien, surtout aux blondes, et ses parures sur faux font même beaucoup d'effet.

CLIVAGE

Nous ne pouvions, dans un traité de pierres précieuses, omettre de parler de l'art de les diviser, art si utile pour leur bon emploi. Nous avons dû, suivant la règle de notre ouvrage, le mettre à son rang alphabétique.

On nomme clivage l'action mécanique au moyen de laquelle on sépare les différentes couches ou lames, dont l'assemblage plus ou moins serré constitue les cristaux. Cette opération, très-facile sous le rapport du travail manuel, exige cependant une grande connaissance de l'accroissement des cristaux chez le naturaliste, ou une grande habitude chez l'ouvrier cliveur, vulgairement nommé — fendeur.

Pour l'exécuter on prend une lame d'acier bien trempée, à tranchant légèrement arrondi, que l'on applique sur l'assemblage à l'endroit que l'on veut séparer, et, si la lame est bien placée, un léger coup sec du marteau suffit pour obtenir la disjonction.

On sait que dans toute masse à structure cristalline, l'arrangement des molécules est tel, qu'on peut se figurer cette masse comme étant formée dans plusieurs sens par une succession de lames planes superposées.

Ces lames, quelque adhérentes qu'elles soient entre elles, ne se touchent pourtant point ; elles sont réellement séparées par des fissures planes, fait invisible à nos yeux, même aidés de nos plus puissants instruments, mais qui est incontestablement démontré par le clivage facile des substances minérales les plus dures.

Lorsqu'un cristal a été divisé dans un sens par des coupes nettes, on peut toujours continuer à diviser les fragments de ce cristal parallèlement aux faces que l'on a mises à nu, en sorte que le cristal entier, malgré l'extrême adhérence de certains fragments, peut être partagé en lames d'une ténuité extraordinaire.

Cela explique comment on parvient à tailler des diamants si menus qu'il peut s'en trouver *deux mille* dans un carat de poids, et cependant la dureté de cette pierre est proverbiale.

Il est des substances qui ne peuvent être clivées bien nettement que dans un seul sens ; elles ne sont alors qu'à structure laminaire ; d'autres sont susceptibles de clivage dans plusieurs sens à la fois, grâce à leur structure polyédrique. Souvent encore, dans certains cristaux, le nombre des clivages est tel que les fragments qu'on en détache sont terminés de toutes parts par des plans.

Les carbonates, les sulfates, toutes les substances alcalines et salines se prêtent facilement à l'opération du clivage, telle que nous l'avons décrite, mais s'il s'agit de substances minérales dures, telles que le diamant, les corindons, etc., on est souvent obligé de tracer un sillon dans l'endroit que l'on veut séparer, et parfois tout autour du cristal.

On obtient ce sillon dans les pierres dures, soit au moyen d'une pointe de diamant, soit avec une lame de carbone, soit en sciant la pierre au moyen d'un fil de fer enduit *d'égrisée* (poudre de diamant), humecté d'huile. Ce travail, on le comprend, de-

mande beaucoup de patience et une grande préci-
sion. Le clivage ne peut bien se pratiquer que sur
les minéraux *cristallisés ;* on peut *casser* les autres,
mais non les séparer régulièrement.

Le diamant, comme nous l'avons dit, se clive facilement ; on en obtient de grandes lames excessivement minces qui, taillées, prennent le nom de —
roses d'Anvers, — et ces lames si minces pourraient
encore se diviser si les ressources de tout art n'étaient
naturellement bornées.

Dans toutes les pierres précieuses du genre corindon, le clivage présente souvent de grandes difficultés, et les lames séparées sont rarement d'une netteté parfaite ; on y remarque plutôt la cassure conchoïde que la division lamelleuse ; circonstance
encore à l'appui que ces pierres sont *fondues,*
comme nous en avons exprimé l'opinion dans notre
avant-propos.

En général, la fracture varie suivant la texture du
cristal. Dans les substances minérales compactes,
on la voit tantôt unie, conchoïde, squilleuse, etc.;
d'autres fois inégale, hachée, terreuse, etc.

Le clivage, indépendamment de son action spéciale de diviser les minéraux, a pour but princi-

pal, dans leur exploitation, de corriger les vices de forme résultant d'une agglomération de matière cristalline plutôt dans un sens que dans un autre, ce qui a produit un cristal irrégulier. Cette faculté est excessivement précieuse pour toutes les pierres gemmes et surtout pour le diamant, qui perd souvent de sa valeur, étant taillé, s'il ne possède point une forme régulière. Or, cette pierre, surtout dans les gros cristaux, présente parfois d'étranges aberrations de cristallisation, qu'un bon cliveur doit savoir corriger pour le ramener à une bonne forme en éliminant le moins de matière possible, afin de conserver du poids, une des plus grandes valeurs du diamant.

COLUBRINE

ou **Pierre ollaire**.

La colubrine est un silicate magnésien, un peu gras au toucher, d'une couleur verdâtre, qu'on trouve dans quelques contrées de l'Allemagne. Elle est tendre, mais son exposition à un calorique approprié lui donne assez de dureté pour faire feu avec l'acier. D'une pesanteur spécifique de 2,88; à cassure feuilletée, elle est susceptible de clivage, et peut, par conséquent, être ramenée à des formes précises. On la travaille très-bien sur le tour, et quoique peu employée en joaillerie, on en fait parfois d'assez jolies breloques, bien que ne pouvant prendre aucune espèce de poli.

Cette substance nous paraît avoir beaucoup d'analogie avec la stéatite ou la pierre de lard des Chinois.

Quelles que soient les qualités de la colubrine qui nous vient d'Allemagne, elles ne peuvent égaler celle que nous tirons de la Corse, et son emploi dans une foule d'objets d'art et d'agrément, quoiqu'ils ne soient pas d'une grande valeur, est encore une ressource pour la classe artistique et ouvrière de nos contrées.

La colubrine de Corse, dont on fait des chandeliers, des bougeoirs, des tabatières, des coffrets, etc., est onctueuse au toucher, à pâte fine, mais peu dure, et se polissant difficilement; acquiert, quoique compacte, une très-grande translucidité lorsqu'elle est amincie, ce qui ne l'empêche pas d'être très-résistante et de pouvoir supporter le travail du tour ou du burin.

On trouve encore une espèce de colubrine à Quéiras, près de Briançon; elle est d'un gris de fer, très-dure et absolument opaque.

A Côme, en Italie, la colubrine possède les mêmes qualités, seulement celle-ci est d'un brun noirâtre et a, comme celle de Quéiras, la propriété de résister

au feu ; comme ses variétés sont en assez gros morceaux, on en fait des ustensiles propres au service
de table et parfois à l'art culinaire.

Du reste, tout le monde peut voir dans la majeure
partie des cabinets de curiosités et chez les marchands de bric à brac, des vases, des pots à eau,
des tasses, etc., de cette matière, dont quelques-
uns sont très-soignés et d'un fini parfait.

Il nous est aussi venu de l'Égypte une infinité
d'objets sculptés et gravés sur colubrine, dont la
plupart ont un certain charme, quoique le ton mat
de cette pierre soit loin de plaire à l'œil.

La colubrine, vulgairement appelée en Italie *pierre
à pot*, est l'objet d'un commerce assez considérable
dans cette contrée.

Le garde-meuble de la Couronne possède un vase
de colubrine estimé 100 fr.; il a 0,125^{mm} de diamètre sur 0,085^{mm} de haut, ainsi qu'une tasse
estimée 50 fr.; et une soucoupe de 0,091^{mm} de diamètre, estimée 100 fr.

COQUE

Ce produit du nautile des mers des Indes, tant porté aux oreilles de nos grands mères, nous semble participer et de la nacre et de la perle ; sa solidité égale celle de la première, et sa forme ovoïde, quoiqu'elle soit due à l'art, tient essentiellement de la seconde.

Toujours formée d'une seule pellicule nacrée et souvent parfaitement irisée, d'un ovale presque toujours parfait et pouvant facilement s'apairer, cette variété de la perle fut en grande vogue au commencement de ce siècle. Nous nous rappelons encore les dames de la Halle, portant aux oreilles d'énormes coques enchâssées dans l'or au moyen d'un fil à rainure nommé —molté, — et qui avaient presque toutes des dimensions fabuleuses.

Du reste, ce fut en Italie où les artistes surent les appliquer à mille objets divers, et que l'emploi en fut le plus grand.

Il y a quelques années on essaya de les remettre à la mode en France ; on en monta dans des broches avec un entourage, soit de marcassites ou de vermeilles, mais cette tentative n'eut ni succès ni durée.

La coque, quoique assez dure, est extrêmement fragile, vu son peu d'épaisseur. On y remédie en coulant dans sa concavité du mastic en larmes. Cette opération réussit parfois bien, quoique avec le désavantage de donner un ton un peu trop jaunâtre à la pellicule qu'elle double.

Nous ne sachions pas que ce produit soit de nouveau employé en parure.

Le nautile ne paraît pas produire de perles, et cependant la matière de la coque est absolument la même.

On obtient les coques en sciant avec précaution les circonvolutions bombées de la coquille nacrée.

Ce travail préliminaire, exécuté en grande partie

à Londres et anciennement en Hollande, se faisait sur une grande échelle, ce qui facilitait les assortiments. Parfois lorsqu'on en rencontrait deux absolument de même dimension, on les réunissait, ce qui figurait une énorme perle entière, mais leur extrême fragilité leur nuisit toujours.

En somme, si ce n'était leur grandeur exagérée, leur fragilité, double inconvénient, nous verrions encore avec plaisir la renaissance de la mode de cette substance, dont les tons riches et heureux se marient agréablement avec toutes les carnations.

CORAIL.

Polipier fixe à rameaux, pris longtemps pour un arbrisseau marin ; d'un beau rouge, soit incarnat, soit rosé ; d'une bonne consistance pierreuse assez fine et susceptible de recevoir un beau poli ; inaltérable à l'air et composé de carbonate de chaux, de matière animale en assez grande quantité, et d'un peu de phosphate de chaux.

C'est la plus belle production de la nature sous-marine. Ressemblant à un petit arbre dépouillé de ses feuilles, sans autre racine qu'une espèce de calotte un peu convexe, qui s'attache fortement aux rochers ou autres objets qu'elle rencontre, et qui ne contribue en rien à son accroissement, on le trouve toujours renversé, en opposition aux arbrisseaux terrestres ; du reste, enveloppé d'une espèce de réseau animal et cartilagineux, d'une contexture assez tendre dans la mer, mais durcissant à l'air.

Le corail proprement dit, quelque apparence qu'il offre, n'est que le produit de la sécrétion d'un polype particulier, dont les tentacules, ressortant souvent en forme de fleurs, ont fait longtemps hésiter sur sa nature végétale ou animale.

La patrie du corail, tel que nous venons de le décrire, est sans contredit l'immense littoral de la Méditerranée et principalement nos côtes d'Afrique ; car les noms de *récifs de corail*, donnés par les navigateurs aux endroits tristement célèbres par de nombreux naufrages dans toutes les mers, ne s'appliquent nullement à la production dont nous parlons. Ces bancs, ainsi faussement désignés, sont formés de madrépores agglomérés en masses considérables, qui, aidées du temps, produisent insensiblement ces redoutables écueils destinés à former de nouveaux continents.

Le corail, dont la production assez lente est en raison du plus ou moins de profondeur de ces gisements, se pêche abondamment, tantôt par de hardis plongeurs qui vont le cueillir à la main, tantôt au moyen d'une espèce de drague nommée — salabre, — construite en bois et en fer, en forme de croix de Saint-André, à chaque branche de laquelle est attachée une poche ou filet qui reçoit le corail, arraché par des chocs réitérés aux bords et dans les creux de rochers. Ce mode de pêche, pratiqué sans progrès depuis longtemps, en laisse perdre beaucoup, outre qu'il brise les plus beaux morceaux en les accrochant dans les endroits faibles. Pourquoi n'essayerait-on pas d'employer, pour cette pêche précieuse, le bateau sous-marin si bien perfectionné par MM. Payerne et Lamiral ?

Cet ingénieux appareil, qui simplifierait et faciliterait ce travail pénible, permettrait de cueillir le corail avec choix sans fracture aucune, et empêcherait la dévastation de bancs nouvellement formés, immense préjudice porté à l'avenir.

En effet, tous les naturalistes et les pêcheurs sont d'accord sur l'accroissement et l'acclimatation de ces zoophytes producteurs en tout lieu, pourvu que ce soit dans les mêmes eaux, et nous croyons la *corailliculture* presque aussi facile à pratiquer que la *pisciculture*.

En 1754, lord Ellis constata que le polype du corail possédait un ovaire rempli de petits œufs plus
ou moins prêts à éclore. Tous ces œufs étaient
attachés ensemble par une espèce de cordon, puis
s'étendirent en perdant la forme sphérique qu'ils
avaient pour devenir semblables à des vers, auxquels
il poussa à l'instant de petites griffes ou tentacules,
qu'ils agitèrent de la même manière que les polypes
adultes. Or, il est évident que toute *opération pratique* basée sur ces observations et aidée de celles
employées en pisciculture, pourrait arriver à d'excellents résultats pour la propagation des polypiers
corailleurs.

En mars 1856, M. Focillon présentait à la Société
d'acclimatation un rapport tendant à l'exploitation en
règle des bancs anciens et naturels et, de plus, à
la *création* de bancs artificiels, placés dans les conditions les plus favorables pour faire produire et
opérer une récolte sûre et facile. On sait déjà par
des observations, quoique encore incomplètes par
les difficultés qu'elles ont présentées, qu'à 7 ou
8 mètres de profondeur, le corail nouveau, se déve-
loppant rapidement sous l'influence des rayons solaires, est dans de bonnes conditions de grosseur, de

grandeur et de couleur au bout de huit à neuf ans;
tandis qu'il faut de trente-cinq à quarante ans pour
la pousse de celui situé dans des profondeurs de 30 à
50 mètres et au-dessous, encore n'est-il jamais
aussi beau en couleur.

Nos côtes d'Afrique (Algérie), dans les parages de
Bone, Oran et surtout de la Calle, se prêteraient
facilement à cette exploitation ; on pourrait d'ailleurs faire préalablement des essais sur les côtes déjà
corailleuses de Marseille pour avoir moins de difficultés. Ces essais, dirigés par d'habiles acclimateurs,
seraient tentés par des pêcheurs et des plongeurs
français, dont l'intelligence aurait bientôt dompté la
concurrence faite par les grossiers moyens des pêcheurs étrangers, qui trouvent cependant encore le
moyen d'y faire de beaux bénéfices.

L'élevage, l'entretien et le cueillage de nos bancs
corailleurs naturels et artificiels, outre les avantages
financiers qu'on en retirerait, nous formeraient
une riche pépinière d'habiles explorateurs de la mer,
habitués à se servir du bateau sous-marin, et qui
pourraient rendre d'immenses services pour la dé-
fense des côtes et le sauvetage des navires échoués,
en même temps que cette industrie triple rétablirait

en France le monopole du corail, exploité aujour-
d'hui presque exclusivement par les Napolitains et
les Maltais, qui en pêchent pour près de 3 millions
par an, lesquels leur rapportent près de 10 millions
sur les marchés italiens, ce qui serait parfaitement
ridicule si ce n'était triste pour notre commerce.

La consommation du corail, assez restreinte chez
nous à cause de sa cherté, prendrait un accroissement qui égalerait bientôt son immense débouché
aux Indes et dans tous les pays orientaux; car,
employé en parure, c'est peut-être la seule pierre
précieuse, après le diamant, convenant à toutes les
carnations, quoique plus spécialement aux brunes.
La main-d'œuvre pour sa taille en perles unies ou
facetées étant excessivement bon marché, en permettrait l'usage aux classes moyennes, aussi dési-
reuses de parures que celles élevées.

Sous le Consulat et l'Empire, et même encore sous
la Restauration, le corail d'un beau rouge, taillé à
facettes, fut en grande faveur et était le seul estimé.
On en fit des garnitures de peignes, des bracelets,
des agrafes de ceinture, des colliers, des boucles
d'oreille, des croix, etc.; puis la mode en passa et il
devint à vil prix. Dix à quinze ans après on essaya

de le faire reprendre, on le grava en camée pour
bracelets, broches, boucles d'oreille et épingles, qui
se vendirent assez cher; mais l'imperfection de
leur travail, dès le commencement de leur apparition, les fit bientôt abandonner. Le corail retomba
bientôt en oubli, et on ne s'en occupa plus que pour
l'exportation. Depuis un an cependant il semble
vouloir rentrer en faveur ; mais le goût épuré de
nos Parisiennes, ou plutôt la mode, ne l'a adopté
que sous une autre forme et une autre nuance. Au
lieu du rouge — écume de sang, — tant recherché
jadis, c'est le *rose*, taillé en boules unies, ce qui le
fait ressembler un peu à la perle rose, si rare et si
prisée. Les plus petits morceaux de ce corail rose
sont montés, dans ces derniers temps, à des prix
fabuleux, et tel ouvrage en corail qui n'eût pas
valu 50 fr. en 1800, à cause de sa pâleur, vaut maintenant 500 fr.

La substance du corail est d'une dureté assez
grande, quoique ne résistant pas à la lime. Il se
taille et se grave par les mêmes procédés employés
pour les pierres précieuses tendres et les coquilles
(camées), tantôt en boules, poires ou lentilles facetées ou unies pour nos pays, et pour l'Orient le plus

souvent en demi-boules unies, nommées — gouttes de suif; — il entre dans l'ornementation d'une quantité d'objets divers, tels que : pommes de canne, manches de couteau, poignées d'épées, de sabres asiatiques, de poignards, d'yatagans algériens, crosses de fusils et pistolets turcs et arabes. Les musulmans aisés et dévots n'ont pas d'autres substances pour former les grains de leurs chapelets, qu'ils ne quittent jamais, même après leur mort.

On sculpte aussi les plus gros morceaux de corail en forme d'animaux, de fleurs, de main figurant le *jettattore* des Napolitains, ou breloques de tout genre, etc.

A l'une des dernières expositions des produits de l'industrie à Paris, on a pu voir quelques admirables pièces exécutées en corail, notamment le splendide jeu d'échecs estimé 10,000 fr., et dont toutes les figures représentaient l'armée des croisés et celle des Sarrasins. Ce magnifique ouvrage est aussi remarquable par la dimension des morceaux de corail, qu'il a fallu réunir à grands frais, que par l'irréprochabilité du travail artistique.

Les belles branches, ou plutôt les beaux arbres de corail bien conservés avec toutes leurs ramifications sans aucune fracture, possèdent un grand prix et sont fort recherchés pour les cabinets d'amateurs. Si dans leur plus forte grosseur ils atteignent 0,04 centimètres et 0,40 centimètres en hauteur, que les branches soient gracieusement disposées et d'une belle couleur uniforme, la valeur en est facultative, et, par conséquent, souvent excessive. Ces beaux arbres, d'abord débarrassés de leur écorce membraneuse, sont polis avec du fil de chanvre, du blanc d'œuf et de l'émeri très-fin.

Quoique la consommation du corail soit bien diminuée en France, nos produits sont tellement recherchés sur les marchés étrangers, qu'on peut encore évaluer à près de 6 millions de francs la valeur des objets qui y sont fabriqués annuellement. Nul doute qu'une exploitation toute française et bien entendue, exécutée de nos jours avec l'aide de la science appliquée, en faisant baisser le prix de la matière première, n'augmente considérablement et la fabrication et les débouchés.

L'industrie du corail tend, du reste, à une splendide restauration en France, et les deux établissements fondés à Marseille par MM. Barbaroux et MM. Garaudy et fils nous donnent lieu d'espérer que, comme dans tout ce qui tient à l'art uni à l'industrie, la France aura la suprématie dans l'emploi du corail, soit usuel, soit artistique.

Les charmants petits objets fabriqués, sculptés, ciselés par M. Arsène Gourdin et admis à l'Exposition universelle de 1855, en sont déjà la preuve.

Parmi les anciens coraux gravés assez rares, on peut citer la tête du philosophe Chrysippe, sur un corail de grand relief ; elle était dans la collection d'Orléans, sous le n° 946.

Caire parle d'un camée exécuté sur corail dans le quatorzième ou quinzième siècle, représentant un sphinx entouré de trois petits amours, très-finement exécutés.

Soumis à quelques expériences chimiques, le corail nous a présenté les phénomènes suivants :

Bouilli dans l'huile d'olive, il perd sa couleur rouge et devient d'un gris jaunâtre nankin qui n'est pas sans agrément. En dissolution dans les acides étendus, sa substance calcaire est rongée peu à peu sans que sa couleur soit diminuée ; il paraît cependant, étant retiré, plus pâle, mais c'est que sa surface est recouverte par le précipité calcaire provenant de sa propre substance, et qui adhère assez fortement, quoique quelques lavages le fassent disparaître. Les alcalis ne lui font perdre aucune de ses qualités. Il est donc difficile d'expliquer comment, porté longtemps sur la peau par certaines personnes, on en a vu perdre de sa couleur et même devenir blanc, à moins d'attribuer cette détérioration à une transpiration d'une nature particulière.

On fait un corail artificiel nommé — purpurine. C'est une pâte assez ductile, formée de poudre de marbre cimentée avec de la colle de poisson et parfois une huile très-siccative. La couleur s'obtient au moyen de vermillon de Chine mêlé à un peu de minium de bonne qualité.

Cette imitation du corail, toujours plus foncée et plus terne que son modèle, n'est pas à la hauteur des autres imitations de pierres précieuses.

CORINDON

(Du mot indien **Korund**.)

Télésie d'Haüy. Le corindon, considéré comme aluminate, est la base de toutes les pierres gemmes, dures, transparentes, dites — *orientales*, — et ne prend d'autres dénominations que dans des circonstances de contruction particulière.

Nous renvoyons, pour l'historique de chaque variété, au mot qui la concerne spécialement. Nous ne parlerons ici que du corindon en général.

On trouve cette substance minérale particulièrement et abondamment à Matourah, dans l'île de Ceylan, sous presque toutes les formes, mais bien mal indiquées, quoique se rapportant le plus souvent au prisme hexaèdre et à la double pyramide hexaèdre.

Cependant il est clair, à leur première inspection, qu'elles ressortent des lois ordinaires de la cristallisation, obtenue par dépôt après évaporation, ici, et on ne peut le contredire, l'aspect de ces pierres dénote leur formation par la fusion, et c'est, à notre sens, la cause de leur extrême dureté. Quant à leurs couleurs, elles embrassent toutes celles connues, avec leurs nuances intermédiaires.

Les monts Ilmènes, en Sibérie, en fournissent d'un bleu vif, que l'on trouve dans le granit. Dans l'Inde, le corindon hyalin se trouve en cristaux si bien fondus, qu'on a attribué jusqu'à présent leur forme robole et émoussée à leur séjour dans les rivières, où ils auraient été roulés avec les sables parmi les anciennes alluvions. Celui dit — adamantin, — et qui n'est autre qu'un spath très-dur que l'on trouve en Chine, est disséminé au milieu des granites et des micaschistes. On trouve ce dernier en Europe, dans les Alpes de Saint-Gothard.

En France, le ruisseau d'Expailly, si connu par les productions minérales qu'il contient, offre aussi quelques cristaux de corindon hyalin et surtout opaque.

Enfin le corindon granulaire (émeri) de couleur rougeâtre, verdâtre ou gris bleuâtre, opaque, se trouve en Saxe et en Grèce.

Les corindons, généralement parlant, sont les plus durs de tous les minéraux après le diamant et le carbone. Quelques-uns sont composés d'alumine presque pure, et leur coloration si diverse est due aux oxydes de fer, de titane, de chrome, etc. Dans quelques espèces, nous avons trouvé 47 parties d'oxygène pour 53 d'aluminium.

Le corindon de la Chine, le plus dur de tous, analysé par Klaproth, présente :

$$
\begin{array}{lr}
\text{Alumine.} & 84 \\
\text{Silice.} & 6,5 \\
\text{Oxyde de fer.} & 7,5 \\
\text{Perte.} & 2 \\
\hline
& 100
\end{array}
$$

La pesanteur spécifique du corindon hyalin varie entre 3,83 et 3,88, mais des variétés limpides et riches en couleur atteignent parfois 4,30 ; quelques-

unes possèdent la double réfraction. Du reste,
toutes sont infusibles et présentent ce caractère que,
d'une transparence absolue et d'une couleur accusée, elles constituent les pierres précieuses et
prennent alors des noms divers, tandis que leur dénomination spéciale de corindons, pour être régulière, n'a lieu que quand ils sont très-durs, très-
sombres ou très-opaques.

Dans ces conditions on les trouve à Madras, em-
pâtés dans du granit; à Carnate, ils sont gris, verdâtres et engagés dans *l'indianite*; en Piémont on
en trouve des roses et des bleus, qui, pulvérisés,
constituent le meilleur émeri.

Les corindons se taillent et se polissent par les
procédés ordinaires des lapidaires, au moyen de leur
variété dite granulaire (émeri), sur des plates-formes
ou roues en cuivre. C'est une erreur, répandue
même parmi les savants, qu'on ne peut tailler les
gemmes du genre corindon qu'au moyen de la
poudre de diamant; et dernièrement, dans une
communication à l'Académie des sciences, relativement à une production artificielle de prétendus diamants, on annonçait avoir constaté leur nature en
tant que dureté, parce qu'ils avaient pu polir des

rubis. Nous le répétons, afin qu'on le sache bien :
il n'y a aucune comparaison à établir entre la
dureté du corindon et celle du diamant ; la différence est trop grande, et pour tailler le premier, de
quelque nature qu'il soit, il n'est nullement besoin,
obligatoirement, de la poussière du second. Nous
savons, par expérience personnelle, qu'un corindon
(saphir ou rubis) fait une triste figure sur la meule
du *diamantaire*, et pour les tailler et les polir, la
meilleure qualité d'émeri suffit.

La taille des corindons hyalins, ainsi qu'on le
verra à leur article spécial, est généralement en
brillant, à degrés, à facettes ou parfois en cabochon,
surtout cette dernière pour les contrées orientales.

Dans ces dernières années, MM. Ebelmen et Gaudin sont parvenus à produire des petits cristaux
approchant pour la dureté du genre corindon, en
combinant ensemble des parties égales d'alun potas-
sique et de sulfate de potasse. C'est un magnifique
résultat, comme opération chimique ; malheureusement, l'exiguïté des cristaux produits jusqu'à
présent ne permet d'en tirer aucun parti. Nous
croyons cependant qu'en poursuivant les essais de

ces deux éminents savants, la question arrivera à une bonne solution sous le rapport usuel.

On cite dans l'inventaire des pierreries de la couronne de France de 1791, un corindon de forme ovale allongé, il pèse 19 carats 2/16, et est estimé 6,000 francs.

Ce haut prix lui est alloué à cause d'une singularité rare qu'il présente. C'est celle d'être bleu saphir aux deux bouts, tandis que le milieu est jaune topaze. Cette pierre est donc évidemment très-curieuse. Elle fait partie maintenant des pierreries de la collection de minéraux au Jardin des Plantes de Paris.

CORNALINE

La cornaline est une espèce de calcédoine très-reconnaissable à sa pâte fine et à sa couleur souvent d'un rouge éclatant. D'un aspect corné ou ressemblant à la corne, elle est colorée par l'oxyde de fer, plus une substance organique que le feu revivifie ou détruit, suivant son intensité. Ses couleurs, dont celle rouge de sang est la plus estimée, varient du rouge de chair au blanc rougeâtre et au blanc de lait.

La cornaline est demi-transparente, avec beaucoup d'éclat; sa cassure est parfaitement conchoïde, et sa pesanteur spécifique est de 2,6137 à 2,6301.

Analysée elle donne :

      Silice.   97

      Alumine.   3,5

      Oxyde de fer.   0,75

Et dans certains cas :

      Matière colorante. . . .   1

Cette pierre est, comme la généralité des autres substances minérales précieuses, partagée en orientale, ou de vieille roche, et en occidentale.

Le cornaline orientale est fort dure, riche en couleur, claire et également transparente ; elle prend un poli très-vif. Cette variété hors ligne, arrivée à l'état parfait, approche parfois du grenat pour la couleur et la transparence; il est vrai que dans cet état de beauté elle est très-rare et ne se trouve qu'en Perse.

Quelques qualités un peu inférieures viennent de Surate, dans l'Inde, où on les trouve dans le lit des torrents. Les Indiens les rendent plus parfaites en couleur en les exposant à une chaleur convenable dans des creusets de terre ou de fer. Leur prix, étant brutes, varie de 6 à 10 francs le kilo.

La cornaline occidentale est tendre et d'un rouge jaunâtre clair, peu brillant.

Parmi les blanches, il en existe dont la pâte est fine, mais la nuance bleuâtre qui les domine presque toujours les rend plus opaques et les fait paraître laiteuses. Une variété dite — panachée — ou stygmite est d'un rouge très-jaunâtre ou d'un jaune très-rougeâtre, bariolée de lignes blanches onglées, rouges ou noires. Parfois cette espèce est pâle, blanchâtre et comme tachetée de sang. La cornaline dite — herborisée — est remarquable par des ramifications d'un rouge vif sur un fond très-blanc.

Les anciens, particulièrement les Romains, tiraient leurs cornalines des Indes, de la Perse, de la Lydie, de Ceylan, de l'Arabie, des îles de Paros et d'Assos. La gravure, dans laquelle ils excellaient, donnait parfois un prix inouï à ces pierres, dont de bien curieux spécimens existent à la Bibliothèque Impériale, où l'on remarque entre autres le cachet de Michel-Ange, estimé 50,000 francs, et attribué à Marie de Pescia, d'après l'original de Pyrgotèles; le buste d'Ulysse; Hercule tuant Diomède; Jupiter, Mars et Mercure, etc. Et au garde-meuble de la Couronne de France, deux coupes rondes de 0,41^{mm} de diamètre sur 0,69^{mm} de hauteur, estimées 1,000 f.;

un vase rond de **0,120**ᵐᵐ de haut sur **0,063**ᵐᵐ de diamètre, évalué **3,600 fr.** Nous terminerons en citant le magnifique scarabée en cornaline du cabinet du roi de Prusse. Il représente les cinq héros de Thèbes. C'est un chef-d'œuvre de l'art étrusque.

La cornaline est une des pierres les plus employées en intailles ; outre des figures et autres sujets, on y grave en creux des cachets, des armoiries, des noms, des devises, etc., la finesse de sa pâte permettant à l'artiste de reproduire les détails les plus minutieux.

Certains agents chimiques, aidés du calorique, ont quelque action sur cette pierre.

Si l'on enduit une cornaline tendre d'une pâte de carbonate de soude et qu'on l'expose à une chaleur appropriée, il se forme à sa surface un silicate aussi dur que la pierre.

Si maintenant on la recouvre d'un cément contenant du fer, elle se décolore dans tous les points qui en sont couverts ; de sorte qu'en variant ces couches de cément, on arrive à former des dessins qui peuvent paraître naturels, quoique produits par l'art.

Les cornalines communes sont encore employées

à faire des bagues chevalières, des anneaux facetés, et menus objets dont le bas prix étonne, eu égard à la dureté de la matière.

On en fait aussi des boules unies pour chapelets, bracelets, colliers, croix, puis des cœurs, *agnus Dei*, des ancres, etc. Certaines contrées de l'Allemagne nous inondent de ces produits, dont la main-d'œuvre et surtout le bon marché sont les seuls mérites.

CRISTAL

Toutes les pierres précieuses affectant plus ou moins diverses formes cristallines, nous avons dû, sans prétendre traiter tout ce qui a rapport à cette science, donner au moins quelques explications d'une utilité générale en tant qu'elles se rapportent à notre sujet.

Les cristaux sont des corps naturels affectant des formes plus ou moins régulières, quoique presque constantes dans la plupart des espèces.

Ces formes, en ce qui regarde les principales pierres précieuses, sont les suivantes, que nous donnons succinctement dans l'ordre d'appréciation de couleurs de notre avant-propos :

Diamant. — Octaèdre, dodécaèdre, cube, sphéroïdal et tous les dérivés.

Rubis d'Orient. — Rhomboïde un peu aigu ou prisme hexaèdre régulier.

Rubis spinelle. — Octaèdre régulier et variétés.

Saphir. — Rhomboïde modifié huit fois.

Émeraude. — Prisme hexagonal souvent modifié.

Topaze. — Octaèdre rectangulaire, — prisme tétraèdre.

Améthystes. — Rhomboïde obtus.

Grenat. — Dodécaèdre rhomboïdal.

Béryl. — Prisme hexagonal modifié.

Aigue-marine. — Prisme rhomboïdal oblique.

Péridot. — Prisme droit à base rectangle.

Chrysolithe. — Parallélipipède rectangulaire.

Chrysoprase. — En filons.

Chrysobéryl. — A peu près comme la chrysolithe, etc.

Tous les cristaux existent à l'état transparent, translucide ou opaque ; ils peuvent présenter toutes les couleurs connues.

La plupart des solides qui composent la croûte minérale de la terre se rencontrent à l'état cristallin. Les grandes masses de granit, quoique paraissant d'une structure amorphe et sans formes régulières, n'en sont pas moins construites par une agglomération fusionnée de cristaux de quartz, de feldspath, de mica, etc. Enfin, de nos jours, on a étendu l'acception du mot — cristal — à *tout solide régulier* ou *irrégulier*, mais *symétrique*, *produit par la nature* ou par *les procédés chimiques*.

On distingue assez facilement, avec un peu d'étude, d'où proviennent les aberrations de forme des cristaux, et la pensée seule suffit quelquefois à les ramener à la forme principale ou primitive, sans avoir recours au *clivage*; on a donc dû nommer — cristallographie — la science que nous ne faisons qu'effleurer, et qui a pour objet la science des cristaux et des relations de forme qui existent entre eux.

Les parties extérieures des cristaux consistent en *faces*, *bords* ou *arêtes* et *angles*. Les faces sont les plans de diverses formes qui terminent le cristal : très-petits, ils se nomment *facettes*. Les arêtes sont les lignes droites qui s'interposent entre chaque face à la jonction de deux d'entre elles. Enfin le plus ou moins d'inclinaison de deux faces rapprochées forme l'angle.

Les formes des cristaux, quelque déviation qu'elles

présentent, se rapportent toujours à certaines bases principales que nous allons dénommer.

En premier lieu vient le *cube* ou *hexaèdre*. C'est un solide terminé par six faces carrées et égales.

L'*octaèdre* est un solide à huit faces triangulaires. Le *dodécaèdre* en présente douze. Le *tétraèdre*, que l'on peut reconnaître comme la moitié de l'octaèdre, offre quatre faces triangulaires, et enfin l'*icosaèdre*, qui présente vingt faces, et dont la surface est composée de vingt triangles équilatéraux.

Les minéraux qui se rapprochent le plus de ces formes sont le sel commun, le fer sulfuré jaune, les cristaux de plomb, le spath vitreux, etc. Le diamant, les rubis spinelle et balais dérivent aussi du système cubique ; mais souvent le grand nombre de leurs facettes leur donnent une forme sphéroïdale.

Puis viennent d'autres systèmes présentant d'autres formes dérivées elles-mêmes d'autres bases.

Ainsi le système du *rhomboïde* a, pour formes secondaires, le prisme régulier à six pans et le dodécaèdre à faces triangulaires. Le carbonate de chaux, la pierre calcaire, le cristal de roche, l'émeraude, le grenat, la leucite, etc., appartiennent à ce genre de cristaux.

Le système du prisme droit à base carrée passe facilement à l'octaèdre à base carrée par une troncature sur les arêtes des bases. On sait que le prisme est un polyèdre terminé en haut et en bas par deux lignes égales et parallèles, et latéralement par autant de parallélogrammes que chacune de ces figures a de côtés. L'oxyde d'étain, le jargon, etc., font partie de ce système. Le système du prisme droit à base rectangle (angles droits) a pour formes résultantes : l'octaèdre à base rectangle, fourni par le prisme fondamental lorsqu'il est tronqué sur les bords de ses bases ; le prisme droit à base rhombe, et l'octaèdre à base rhombe. Les cristaux de topaze, de soufre, etc., offrent toujours ces formes plus ou moins modifiées. Viennent enfin le prisme *oblique à base rectangle*, auquel appartiennent le gypse, le pyroxène, le feldspath, l'amphibole, etc., et le prisme *oblique à base de parallélogramme irrégulier*.

On a voulu poser en principe que, lorsqu'une substance minérale possède une des formes d'un des systèmes que nous venons d'exposer, elle ne peut *jamais* affecter aucune de celles des autres : c'était une erreur.

Ainsi que nous avons pu et pourrons l'exposer dans le cours de notre ouvrage, les cristaux sont tantôt réguliers, mais le plus souvent altérés, et de telle manière, que l'étude en devient très-difficile et parfois illusoire; ces altérations proviennent soit de l'accroissement hors ligne de certaines parties, soit de l'arrondissement des faces et des arêtes, par le fait de la cristallisation après fusion ou par le roulement dans les fleuves qui les charrient des lieux de leurs gisements aux lieux et alluvions dans lesquels on les trouve. Dans tous les cas, ils sont formés par la réunion et l'agrégation intime des molécules qui les composent et qui, divisées à l'infini, affectent toujours la même forme. Il devrait donc y avoir autant de différentes espèces de cristaux qu'il y a de substances affectant une forme régulière et ayant reçu des cristallographes un nom quelconque basé sur la mesure et l'observation. Malheureusement cela n'est pas, non par la faute des savants qui s'en sont occupés, mais simplement parce que cela ne peut être.

En effet, la nature, dans toutes ses productions, bien qu'elle emploie les mêmes principes, n'agit pas constamment avec les mêmes forces physiques sur

tous les points de sa création, et la preuve en est que
sur notre globe il n'y a rien *d'absolument* semblable ; et si cette vérité avait besoin de preuve,
c'est dans l'étude des minéraux qu'on la trouverait.
Et, d'ailleurs, qui de nous peut répondre de l'entière
pureté d'un cristal quelconque ? et lorsqu'il est acquis à la science que le plus minime atome d'une
substance étrangère et invisible suffit pour changer
les lois de la cristallisation, comment oser prétendre
à la certitude ?

Donc, vu cette impossibilité, nous demandons de
quelle utilité et quel service peut rendre l'étude de
cette science au praticien ; car enfin, elle ne détermine
que bien peu de chose quand il s'agit de cristaux
bruts bien formés, puisque plusieurs substances
très-opposées ont la même forme ; presque rien,
quand les cristaux sont déformés par la fusion in-
née ou par les frottements réitérés dans leurs cour-
ses jusqu'aux alluvions, et rien... absolument rien,
quand ils ont passé par la main de l'ouvrier !

Et encore, lorsque l'on voit le diamant affecter et
revêtir presque toutes les formes possibles, ainsi
que beaucoup d'autres gemmes, peut-on se servir
de cette propriété si variable pour asseoir largement

son jugement? Évidemment, non! et si dans le cours de notre livre nous avons rendu compte des formes spécialement affectées à chaque pierre précieuse, ce n'a été que pour rendre intelligible à nos lecteurs les ouvrages anciens, et parfois aussi les guider approximativement quand une pierre fine, par extraordinaire, a une forme bien accusée.

Le premier naturaliste qui paraît avoir attaché de l'importance à l'étude et à la forme des cristaux et des substances minérales est Linné ; car les anciens regardaient ces productions, à l'exception du cristal de roche qui, lui, a une forme constante, comme *des jeux de la nature*, et ils n'avaient peut-être pas tout à fait tort.

En 1772 parurent les premières recherches à ce sujet ; elles étaient dues à Romé de l'Isle. Toutefois Haüy seul peut prétendre à la gloire d'avoir fait de la cristallographie une science peut-être sérieuse dans quelques points, mais à coup sûr bien hypothétique dans d'autres.

Nous lui rendrons cependant justice ; nul plus que lui n'était capable de faire prévaloir ce système s'il eût été possible, et d'ailleurs ses travaux n'ont pas été tous infructueux.

Il découvrit la *loi de symétrie* à laquelle sont subordonnées, pour leur intérieur, toutes les formes cristallines : il avait reconnu à Paris, en **1781**, presque en même temps que Bergmann à Berlin, qu'un certain nombre de minéraux ont la propriété de se séparer suivant le sens de leurs lames par cette opération que nous nommons clivage, et cette découverte est devenue la principale et peut-être la seule base de la minéralogie géométrique.

Maintenant, s'il était nécessaire que nous fussions soutenus dans notre opinion sur la nature des cristaux et sur leur construction peu arbitraire, la science moderne nous viendrait en aide.

En effet, on voit M. Weiss apporter le principe de l'hémiédrie (du grec *hémi*, demi, et *édra* base), c'est-à-dire l'exception à cette loi de symétrie beaucoup trop étendue par Haüy, exception qu'on observe dans certains cristaux, quand les modifications n'y portent que sur la moitié des parties semblables. Il est vrai que pour M. Delafosse, la dyssymétrie des cristaux hémièdres n'est qu'apparente, attendu que ce n'est pas la similitude géométrique qu'il faut considérer, mais leur similitude physique.

M. Pasteur a démontré que certains corps font

éprouver une déviation au plan de la lumière polarisée, et ce fait, annoncé en 1852, en attribue la cause à l'hémiédrie.

Enfin, M. Mistcherlich a pu formuler sa belle *Théorie de l'isomorphisme*, déjà entrevue par notre savant Gay-Lussac, basée sur ce que des corps différents présentent la propriété de cristalliser sous la même forme géométrique.

CRISTAL DE ROCHE

(Oxyde de silicium hydraté). On désigne sous ce nom le quartz hyalin blanc transparent, cristallisé en prisme hexaédre régulier (à six côtés égaux, terminés à leurs deux extrémités par une pyramide hexagonale).

Cette forme unique ne se rencontre à l'état parfait que dans les cristaux isolés et détachés de leur gangue.

La plupart ne montrent, étant groupés, que la pyramide supérieure, sans rien laisser voir du prisme ; d'autres semblent n'être composés que de deux pyramides opposées base à base ; certains n'ont que le prisme et la pyramide hexagone, sans que rien indique la pyramide inférieure, souvent enfouie dans la gangue, presque toujours en masse informe.

Ce minéral, assez dur pour rayer certaines agates, fait feu au briquet, est d'une pesanteur spécifique de 2,6548, et composé de silice et d'oxygène par moitié. Analysé, il donne :

Silice. 93
Alumine. 6
Chaux. 1
____
100

On le trouve presque partout dans les montagnes, grottes et cavernes humides. Outre l'île de Ceylan, Haïti, la Floride, Quito, les Indes, la Hongrie, la Sardaigne, les Alpes, etc., où l'on en rencontre souvent, ses principaux lieux de gisement et ceux où on le trouve en plus gros blocs sont : Madagascar et le Brésil. La Suisse en recèle aussi, surtout le mont Saint-Gothard. Enfin on en trouve en Dauphiné, et dernièrement encore deux nouveaux gîtes ont été découverts à Saint-Étienne-la-Varenne. Il paraît très-pur. Les lieux les plus élevés sont ceux où il est le plus beau, et bien que de notables échantillons aient été trouvés en plaine, il est certain que ce n'était pas le lieu de leur formation ; ils y avaient été apportés par les eaux. Les cailloux roulés du Rhin, de Médoc, d'Alençon, etc., n'ayant plus de forme cristalline, quoique de cristal très-pur, confirment ce fait.

Le cristal de roche résiste bien au feu et à tous les acides ; il possède la double réfraction et peut se cliver.

Quelle que soit la pureté de ce minéral, les lames qui le composent ne sont pas entièrement homogènes, et présentent parfois d'assez grandes différences de dureté ; diverses expériences l'ont prouvé. Mais quant aux formes dont nous avons parlé, elles sont identiques, et les cristaux microscopiques enfouis dans les géodes sont aussi bien caractérisés que les quilles de cristal pesant 5,000 kilogrammes.

Le travail du cristal de roche formait autrefois une industrie grande et éminemment artistique, et tous les objets produits dans des conditions de grandeur et d'exécution hors ligne atteignaient, et atteignent encore de nos jours, les plus hauts prix.

On en jugera par le tableau suivant, résumé succinct de l'inventaire des objets d'art de la Couronne de France fait en 1791. Ce tableau, unique pour les objets en cristal de roche, en mentionne pour un million, ainsi réparti :

QUANTITÉS	DÉSIGNATION.	ÉVALUATION.	OBSERVATIONS.
		fr	
60	Vases........	154,140	Un de $0^m,420$ de haut, estimé 60,080 fr.
46	Coupes.......	172,400	Depuis 15,000 fr. jusqu'à 500 fr.
20	Aiguières.. ..	251,420	Dont une seule estimée 110,000 fr.
16	Urnes........	164,100	Une représentant l'ivresse de Noé, estimée 100,000 fr.
15	Chandeliers...	27,900	Deux semblables estimées 8,000 fr.
12	Flacons......	6,900	Un seul estimé 2,000 fr.
9	Calices.......	20,700	Un seul estimé 6,000 fr.
9	Burettes	7,200	Deux gravées de feuillages.
7	Croix et Christ	33,000	Une seule croix estimée 18,000 fr.
6	Statuettes....	3,930	Dont deux bustes de cristal de Bohême.
4	Cuvettes	62,400	Dont une seule estimée 30,000 fr.
3	Bénitiers.....	16,000	Un seul estimé 10,000 fr.
3	Coffres.......	6,200	Un avec colonnes torses, estimé 20.000 fr.
2	Tasses.......	5,900	Une à deux anses, prises sur pièce.
	Plateaux	21,000	Un seul estimé 15,000 fr.
2	Jattes........	20,000	Une de $0^m,225$ de diamètre sur $0^m,112$ de hauteur.
2			
1	Tête de Mort..	3,000	Admirablement sculptée.
1	Ostensoirs....	600	$0^m,350$ de hauteur.
1	Carafe.......	3,000	$0^m,250$ de hauteur, $0^m,080$ de grand diamètre.
1	Cassolette ...	500	$0^m,095$ de hauteur, taillée à huit pans.
1	Théière......	2,000	Avec poignée également en cristal.
1	Globe céleste .	500	$0^m,060$ de diamètre.
1	Chariot......	3,000	En cristal neigeux.
1	Seau.........	1,200	Orné de tritons, de dauphins et de de griffons.
1	Boule........	10,000	Elle a $0^m,165$ de diamètre.
	TOTAL....	996,990	

On distingue encore une masse d'armes, présent de Tipoo-Saïb à l'infortuné Louis XVI, un coffre carré formé de six plaques gravées, estimé 4,000 fr., et la galère, dont le fond est une cuvette de 0,335^{mm} de long, estimée 24,000 fr. ; le tout en cristal de roche.

Tous les anciens ouvrages en cristal de roche sont marqués d'un cachet artistique indéfinissable, et qui rappelle les beaux siècles d'Athènes et de Rome.

Dans cette ville suprême, les vases de cette substance atteignaient des prix fabuleux ; Néron, le grand et impitoyable destructeur, en brisa un magnifique sur lequel on avait gravé les sujets les plus émouvants de *l'Iliade*.

Bien que les Grecs, les Romains et les Italiens, au moyen âge, préférassent comme nous les cristaux unis en ce qui tient aux objets d'art, il est resté quelques beaux sujets gravés sur cette substance ; parmi, on cite comme un chef-d'œuvre de l'art le grand buste de Vénus, surnommée par les Grecs : Apostrophie ou Vénus céleste. Enrichi d'élégantes draperies, cet admirable morceau était d'une dimension de 0,115^{mm} de hauteur. Il fait partie du trésor du duc Odescalchi.

Puis une intaille de Castel Bolognèse, représentant Titus, d'après le dessin de Michel-Ange. Elle est au musée Léoni Strozzi. Enfin un cristal antique guilloché, représentant les augures de l'empereur Commode au nouvel an, gravé par Dominique de Rossi.

Cette longue nomenclature d'objets d'art voit sa valeur augmenter d'autant plus que cette matière, vu la difficulté du travail, n'est plus guère employée.

La découverte du strass, du flint-glass, du crown-glass, du cristal factice, en un mot de tous les verres silico-alcalins ou à base de plomb, a presque anéanti cette industrie ou plutôt cet art ; la beauté de nos cristaux factices et la facilité de les travailler l'emportant de beaucoup sur le cristal naturel. Malgré cela, certains lapidaires le taillent encore pour être employé sous diverses formes dans les arts de luxe.

Taillé en brillant, on avait essayé, vu sa dureté bien supérieure au strass, de s'en servir pour imiter le diamant, mais on n'avait pas songé que, quelque poli qu'il pût recevoir, quelque nombre de facettes qu'on y mît, il n'atteindrait jamais l'éclat *adamantin* et en resterait même fort loin. En effet,

le pouvoir réfringent du diamant est de 1,396, celui
du cristal de roche, 0,654, et, par suite, la puissance
réfractive du premier est de 30, quand celle du second n'est que 10 1/2 ; aussi dut-on y renoncer.

Le cristal de roche vaut, suivant ses dimensions
et sa pureté, de 2 à 60 fr. le kilogramme. L'art et
l'industrie, unissant leurs efforts, sont parvenus à
l'imiter de manière à tromper le plus grand connaisseur ; la lime et la meule seules font reconnaître la différence.

Les verres silico-alcalins de Néry, de Merret, de
Hunckel, à base de soude ou de potasse, les cristaux
splendides de Baccarat et autres remplacent depuis
longtemps le cristal de roche ; ces progrès sont sensi-
bles, et, nous pouvons le dire, ont surpassé la nature.

Tout a été obtenu, blancheur, pureté, brillant ; la
dureté seule n'a pu encore être atteinte ; et cependant nos cristaux à base de potasse et de plomb
arrivent à une grande densité.

On obtient un beau cristal factice en fondant
ensemble les quantités suivantes d'ingrédients :

Sable blanc purifié . . . .   300 parties.
Minium bonne qualité.   200   —
Carbonate de potasse sec. . . .   95 à 100

On met moins de potasse en hiver et davantage en été, à cause de la différence de tirage des fourneaux.

La pesanteur spécifique de ce produit de l'art est de 3,1 à 3,3, il donne à l'analyse :

Silice.	0,520
Oxyde de plomb. . . .	0,325
Potasse.	0,089
Chaux.	0,026

On sait que la beauté du cristal est en raison de l'extrême pureté des matières employées.

Nous en parlons, du reste, à l'article — *Strass*.

CYMOPHANE

(Du grec **Kumaphanos,** *lumière flottante.*)

Pierre précieuse de couleur jaune verdâtre, demi-transparente, cassante, à cassure conchoïde, rayant le quartz, possédant la double réfraction, infusible, électrique par frottement.

C'est le chrysobéryl de Verner, la chrysoprase de Lamétherie et la chrysolithe orientale de certains lapidaires.

On trouve ce minéral enclavé dans une gangue composée de feldspath blanc, de quartz gris et de grenats émarginés. Cette substance est assez rare, mais elle n'a pas une grande valeur, quoique assez remarquable par une singularité spéciale : cette

pierre, taillée et polie, offre dans son intérieur des
reflets laiteux et bleuâtres, semblant suivre les divers mouvements qu'on lui imprime, d'où lui vient
son nom, donné par Haüy.

Le Brésil, l'île de Ceylan, le Connecticut aux États-
Unis et Nortschink en Sibérie en ont seuls fourni
jusqu'à présent.

La cymophane du Brésil est formée généralement
en fragments d'une pesanteur spécifique de 3,7337.

Analysée elle donne :

>   Alumine.   0,7810
>   Glucine.   0,1794
>   Péroxyde de fer. . . .   0,0447

Dans cette combinaison, l'oxygène de l'alumine
est triple de celui de la glucine.

Celle de Ceylan, qui est de couleur paille, chargée
d'une légère teinte de vert pomme, contient :

>   Alumine.   0,8100
>   Glucine.   0,1900

C'est sans doute l'absence de l'oxyde de fer qui
cause sa différence de coloration. Cette variété
n'est qu'un peu moins dure que l'aigue-marine.

Quant aux qualités extérieures, telles que la

transparence, l'éclat, l'heureux mélange des couleurs, la cymophane du Brésil l'emporte de beaucoup sur celle des États-Unis, dont le tissu est aussi moins serré, et la pesanteur spécifique un peu moindre.

La cymophane de l'Oural est colorée par le chrôme; son mode de combinaison est analogue à celui du spinelle et de la ceylanite.

Analysée elle donne :

Alumine	0,7892
Glucine.	0,1802
Oxyde de chrome. . .	0,0036
Cuivre et plomb. . . .	0,0029

Dans l'analyse par Klaproth, la glucine est remplacée par la silice, mais c'est probablement par erreur.

La cymophane, rarement cristallisée en forme régulière, se trouve le plus souvent en petites masses arrondies, d'un vert d'asperge, tirant au gris jaunâtre et souvent au gris verdâtre ; elles sont à peu près de la grosseur d'un pois dans les terrains d'alluvion.

Quant à celle en grains cristallisés, elle est beaucoup plus rare et se rencontre dans certaines roches granitoïdes.

En général, la cymophane, quoique ayant des nuances fort peu agréables en elle-même, parvient cependant à plaire lorsqu'elle est bien relevée par cette espèce de globe lumineux, d'un blanc violacé ou bleuâtre qui paraît flotter dans sa cristallisation.

Bien que nommé chrysobéryl par Verner, ce minéral n'a aucun rapport avec celui décrit par Pline, lequel était probablement une variété de béryl d'un jaune verdâtre.

Ayant été appelé à examiner une assez forte partie de cymophanes venant du Brésil, nous avons pu constater différentes formes, quoique pouvant toutes se ramener à un prisme droit, ayant pour bases deux rectangles.

Nous en avons trouvé :

1° En prisme hexaèdre presque régulier ;

2° Le même prisme avec six facettes disposées en anneau autour de chaque base ;

3° Le précédent augmenté de quatre facettes verticales ;

4° Un prisme à huit faces latérales avec des sommets qui ont vingt faces pour les deux ;

5° Et la cymophane roulée et inappréciable.

Taillée par les procédés ordinaires, la cymophane

s'emploie comme les autres pierres précieuses, en bagues, boutons d'oreille, épingles, bracelets, etc.

Les cabinets de Minéralogie de Paris, ainsi que certains amateurs, en possèdent plusieurs beaux échantillons à l'état brut et taillé.

DIALLAGE

Cette pierre, très-employée en Italie, où elle paraît assez commune, est précisément la smaragdite couleur vert d'herbe, avec des reflets chatoyants gris de perle.

Taillée en cabochon, elle offre souvent beaucoup d'agrément, mais son plus grand emploi est dans sa division en tablettes ou plaques, servant à faire des coffrets, des tabatières et des bagues connues sous le nom de — bagues de *vert de Corse.*

Cette substance minérale est translucide, assez dure, quoique cassante, et d'une pesanteur spécifique de 3 à 3,1. Fondue au chalumeau, elle amène un globule d'émail gris-verdâtre. C'est un silicate alumineux coloré par de l'oxyde de chrome.

La diallage doit son nom à cette particularité, qu'elle possède deux clivages dont l'éclat diffère, ce qui empêche de la confondre avec l'émeraude et l'amphibole.

On en trouve en Suisse, en Piémont et surtout en Corse, où, comme nous l'avons dit, on l'emploie beaucoup. Mais elle est de peu d'usage à Paris.

Analysée, cette pierre présente :

Silice.	51
Chaux.	13
Alumine.	11
Magnésie.	6
Oxyde de chrome.	7,5
Oxyde de fer.	5,5
Oxyde de cuivre.	1,5
En eau.	4,5

Il faut que cette pierre soit rarement belle, et qu'il soit difficile d'en trouver de choix, car Caire dit que la ville de Turin en est pavée! J'y ai trouvé moi-même, dit-il, une de ces pierres. Elle est opaque. Les taches qu'on y admire ont la riche couleur de l'émeraude de l'ancien monde, ou, si l'on veut, le beau vert de la feuille de pampre ; ces taches, variées dans leurs formes, sont très-souvent comme un petit pois, parfois grosses comme une fève ; elles sont enveloppées d'une matière friable ; par contre, les parties vertes qui se montrent fibreuses sont fort dures.

Ceci nous explique que la diallage est une production assez rare, incrustée dans une gangue très-commune, et dont les morceaux que l'on emploie ne sont que des extraits choisis.

Telle serait une admirable plaque possédée par le docteur Bonvoisin.

Cette diallage offre quatre couleurs parfaitement distinctes et disséminées sans ordre. On y remarque un très-beau vert, du blanc, du bleu-violet foncé et du rougeâtre. Cette pierre, paraissant être remplie de petites félures dans son intérieur, était assez dure pour faire feu avec l'acier. Son poli était vif et sec, et, par conséquent, propre à entrer dans un ouvrage de bijouterie quelconque, comme beaucoup que nous avons vu figurer dans des ouvrages de rapport.

DIAMANT

Parmi les plus belles productions du genre minéral on a, dès les temps les plus reculés, placé le diamant au premier rang. Nous allons décrire succinctement une faible partie de ses qualités, lesquelles justifieront, aux yeux des lecteurs les plus prévenus, la haute estime dont il jouit à si juste titre.

Nous citerons d'abord son éclat, qui n'est égalé par celui d'aucune autre pierre précieuse, et tellement distinct, qu'il a fallu créer un mot pour le désigner ; celui d'*éclat adamantin*. Rien dans toutes les productions de la terre, naturelles ou artificielles, ne peut rendre cette espèce de sens intime du dia-

mant, si ce n'est, cependant, l'aspect adouci de
l'acier poli. Cet éclat, tout naturel, est très-facilement
appréciable; car, si l'on incline peu à peu vers la
lumière un diamant taillé, en regardant une de ses
facettes, jusqu'à ce qu'elle ait atteint, à l'égard de
l'œil, le terme de la plus grande réflexion, elle prend
un éclat qui a bien certainement une grande analogie avec celui que nous venons de citer.

Vient ensuite sa grande rareté, bien constatée,
puisqu'il ne se trouve qu'en quelques endroits pri-
vilégiés de la terre, mais toujours associé aux métaux
les plus précieux, aux minéraux les plus estimés, et
le plus souvent dans des conditions très-défavora-
bles sous le rapport de la blancheur et de la pureté
de la cristallisation, ce qui contribue à rehausser
extraordinairement le prix de ceux qui possèdent
ces avantages.

Si l'on considère maintenant la petitesse ordinaire
de ses cristaux, il semble que la nature, avare de sa
précieuse matière ou fatiguée de sa laborieuse formation, s'épuise en vain à en produire de volumineux.

Mais ce qui lui assurera toujours le rang suprême,
c'est son excessive dureté, qui lui permet de domp-

ter tous les autres cristaux et de ne pouvoir être
usé que par lui-même. Ainsi, les corps les plus
durs, les minéraux les plus denses, les rocs les plus
réfractaires, l'acier le mieux trempé, tout subit la
puissance du diamant.

On comprendra alors que toutes ces éminentes
qualités réunies sur cette production du règne minéral, déjà si riche, en aient fait la splendide personnification, et qu'en tous temps, en tous lieux,
sur la surface du monde ancien et moderne, il ait
constamment trouvé place dans les parures des humains, comme le type et l'apanage des plus hautes
fortunes; qu'on s'en soit servi comme le plus bel
ornement des emblèmes du pouvoir, et que sa place
soit marquée, entre toutes, dans les musées et cabinets de minéralogie, comme susceptible, plus
qu'aucune autre variété des trois règnes, de fixer
l'attention et les études des artistes, des savants et
des industriels.

Le diamant, du mot *adamas*, indomptable, est
une substance minérale cristallisée en octaèdre et
dodécaèdre et en presque tout les dérivés de ces
deux formes. On en trouve même de forme cubique,
rhomboïdale et même d'entièrement sphériques,

que nous avons décrits au mot *Boort*, et que les minéralogistes nomment—diamant concrétionné.— Nous avons dit que cette dernière forme, non-susceptible de clivage, ne pouvait jamais se ramener à aucun cristal primitif. Les diamants octaèdres (4 pointes) ont excessivement rarement cette forme pure; nous en avons cependant vu dans des parties indiennes, la plupart sont allongés dans un sens ou dans un autre, et la science les nomme alors — diamants hexaoctaèdres, — ceux de forme chapeau (3 angles) très-plats — diamants hexatétraèdres, ceux de forme cubique plats — diamants hémièdres maclés.

Le diamant, ainsi que nous l'avons dit, est le plus dur de tous les corps connus; il raye et sillonne très-profondément tous les autres minéraux; un seul l'égale pour cette qualité physique, c'est le *carbonado* des Brésiliens (1).

La surface du diamant brut est souvent inégale et parfois raboteuse; ses faces naturelles, couvertes de stries bien accusées, ont leurs plans un peu convexes, et elles sont généralement voilées d'une espèce de dépoli qui semble indiquer l'action chimique

(1) Voyez le mot *Carbone*.

et ignée de sa formation. Les diamants bruts, indépendamment des couleurs, des accidents d'exploitation ou de cristallisation, se présentent généralement
sous deux aspects différents. Les uns jouissent d'un
poli très-vif, les autres sont mats, sans que, dans
les uns ou dans les autres, cette disposition puisse
faire sûrement préjuger de l'intérieur. Nous devons
cependant dire, qu'à couleur égale, les polis rendent
plus de diamants incolores que ceux qui sont ternes
et sombres.

La cassure du diamant est régulière et s'obtient
par quatre clivages principaux; elle ne peut avoir
lieu que dans le sens de ses lames, qui, séparées,
ont toutes la forme octaédrique; ses fragments,
obtenus par clivages secondaires, sont le plus souvent tétraédriques (ce qui explique la forme des roses
dites —chapeau —) ; ils conservent leur prodigieuse
dureté, même étant réduits en poussière. Il peut
paraître extraordinaire qu'on puisse pulvériser ainsi
le diamant, mais on sait que la dureté dans un corps
n'exige pas que ses fragments soient aussi bien unis
que ses dernières molécules.

Ce minéral est électrique et phosphorescent. Il
acquiert la première propriété par le frottement,

mais il ne la conserve que quinze à vingt minutes.

Elle se développe principalement par les faces parallèles aux lames qui forment ses cristaux, tandis que la phosphorescence, au contraire, ne se produit que par les faces naturelles ou factices qui sont formées par les bords réunis de ces lames. Cela explique la grande différence de *jeu* ou de réfraction de lumière entre les diamants bruts et ceux taillés, abstraction faite de la propriété de cette opération ; car il est facile, pour l'observateur, de remarquer dans le parallélisme des facettes d'une pierre taillée, qu'il est merveilleusement combiné avec les rayons lumineux, et cela, joint à la puissante réfraction naturelle du diamant, produit cet éclat extraordinaire et unique, connu sous le nom d'*éclat adamantin*. On remarque bien sensiblement que les diamants bruts rugueux sont plus phosphorescents que ceux qui sont polis ; ce fait démontre encore le pouvoir et l'influence des pointes sur la phosphorescence par insolation : nous le disons, quoique ceci rentre entièrement dans le domaine de la physique.

La propriété phosphorescente du diamant est telle, qu'elle se produit, non-seulement, quand il est frappé par la lumière directement, mais encore quand il ne la reçoit qu'à travers des vitres, des rideaux et même diverses enveloppes. Ce minéral *s'imbibe* tellement de lumière, qu'il devient lumineux par insolation à travers une peau de mouton chamoisée et même une planche de tilleul de plus de 0,200^{mm} d'épaisseur.

Enveloppé dans plusieurs doubles de papier de couleurs diverses, il a fallu, pour que le diamant ne devînt pas phosphorescent :

Papiers noirs, bruns ou violet foncé, 2   doubl.
—   bleu et vert,   3   —
—   jaune ou rouge.   4   —
—   blanc.   5 à 6 —

Ces expériences réitérées par nous plusieurs fois, nous ont toujours donné des résultats semblables.

La pesanteur spécifique du diamant varie entre 3,444 et 3,550, ainsi qu'on peut le voir :

	couleur orange,	3,550	
	— rose,	3,531	
	— bleu,	3,525	
Diamant d'Orient	— vert,	3,524	moyenne
	— blanc,	3,521	3,516
Diamant du Brésil	— jaune,	3,519	
	— blanc,	3,444	

Ainsi pesé hydrostatiquement, il perd les 2/5° de son poids : c'est son seul point de ressemblance avec la topaze blanche du Brésil, sauf la couleur. Ces différences dans les poids spécifiques des diamants sous les mêmes formes, sont causées par ses divers degrés de coloration, tous dus à des oxydes métalliques plus pesants que la matière cristalline qui les renferme. Quant à celle existante entre le diamant d'Orient et celui du Brésil, c'est que la pâte de ce dernier, à couleur égale, est toujours moins pure, même dans sa plus grande limpidité, que celle du diamant d'Orient.

Une des plus précieuses qualités du diamant, est l'énergie de son pouvoir réfringent ; comparé à celui de l'eau pris pour 0,785, il est égal à 1,396, tandis que celui du rubis n'arrive qu'à 0,739, et celui du cristal de roche à 0,654. Et comme puissance réfractive, celle du diamant comparée avec des substances la possédant à un haut degré, présente des différences énormes. Car, mesurée avec des prismes dont l'angle était de 20°, celles du diamant noir et blanc arrivèrent à 32 et à 30, tandis que celle du saphir d'Orient ne fut que de 14 1/2 et un morceau de superbe flint-glass ne présenta que 11 1/4 !

La réfraction du diamant est simple dans les cristaux entiers, mais, arrivés à un grand état de division, ils présentent, dans les lames minces, la double réfraction, quoique imparfaite; il semble que les particules du diamant ont été agrégées les unes aux autres, par l'action de forces irrégulières. Ainsi, nous avons vu une lentille plano-convexe de diamètre d'environ un fort millimètre, destinée à un microscope, et dont on ne put se servir parce qu'elle donnait des images doubles. Cette lentille en diamant, bien examinée au microscope et éclairée dans une chambre obscure par un faisceau étroit de rayons de lumière, parut couverte d'une multitude de lignes parallèles, dont les unes réfléchissaient mieux la lumière que les autres et, par conséquent, possédaient des pouvoirs de réflexion et de réfraction différents, comme si, à l'époque de la cristallisation du minéral, les diverses couches dont il est composé, eussent été soumises à des pressions différentes ou déposées sous l'influence de forces attractives d'une intensité variable.

Maintenant, il est certain pour nous que le diamant *lentille* était un diamant curviligne que l'on avait usé en dessous, aussi mince que possible, sans

toucher aucunement à sa convexité naturelle, car
on sait que tout l'art du diamantaire ne pourrait
arriver à cet effet tout naturel, et c'est sûrement le
désaccord entre la direction des lames droites du
dessous (factices) avec les lames courbes du dessus
(naturelles), qui a causé le dérangement de la réflexion appliquée à l'optique, bien que nous sachions
certainement que, même dans les cristaux bien
conformés, les lames sont loin d'être parfaitement
unies et parallèles.

Enfin, le diamant a encore un caractère très-bien
défini : c'est la manière dont la lumière est polarisée
à sa surface. L'angle de polarisation, extrêmement
faible relativement aux substances minérales qui
lui présentent quelques points de ressemblance,
n'est que de 22°, tandis qu'il est de 31° dans la topaze et de 35° dans le strass.

Les diamants les plus purs sont entièrement
blancs; mais dans la plupart des mines de l'Inde et
plus particulièrement au Brésil, ils ne se trouvent
guère ainsi que dans la proportion d'un quart; un
autre quart arrive avec une certaine teinte qui constitue ce que l'on appelle — la seconde eau — et qui
est déjà bien moins estimée, et le reste a souvent

les couleurs les plus diverses, les plus mélangées et
les plus foncées. Toutefois, ces couleurs, quoique
affectant celles des pierres gemmes, ne risquent
jamais de le faire confondre avec elles, grâce à l'é-
clat qui lui est particulier.

Ces couleurs ou nuances sont généralement réparties dans toutes les molécules de la cristallisation,
et parfois elles n'en prennent qu'une partie; plus
rarement encore, elles n'occupent que l'intervalle
des lames qui forment la structure du diamant, et
enfin, il arrive aussi que cette coloration n'est qu'à
l'enveloppe ou croûte spatheuse des diamants roulés. Cependant, la majorité de ces principes colorants sont dus à des oxydes ou des vapeurs plus ou
moins métalliques qui, lors de la formation du diamant, se sont interposés entre les molécules de ses
lames.

Dans la plupart, les particules métalliques sont
appréciables avec un fort microscope, et dans certains, visibles à l'œil nu. Nous y avons constaté des
paillettes d'or. Nous pouvons, au moyen d'ingré-
diens particuliers et très-énergiques, aidés d'un
calorique approprié, enlever au diamant brut ces
diverses couleurs lorsqu'elles ne sont qu'extérieures

et les diminuer d'une manière très-sensible lorsqu'elles n'existent qu'entre les lames, ou n'atteignent que les premières couches. Les verts de toutes
nuances, les rouges limpides, les jaunes et ceux
colorés ou contenant de l'or à l'état d'oxyde ou métallique, ne nous ont jamais résisté et sont toujours
sortis de nos creusets parfaitement blancs. Par contre, les jaunes foncés mats, les bruns et les
noirâtres, n'éprouvent que très-peu d'amélioration,
malgré la puissance de nos agents chimiques et la
dilatation extrême qu'éprouve le diamant par l'ardeur du feu auquel nous l'exposons. Disons, en
passant, que nous sommes le seul qui, jusqu'à ce
jour, ait obtenu de pareils résultats dont nous ferons plus loin connaître l'importance.

Les diamants colorés, étant taillés, conservent
néanmoins le plus souvent leur transparence et leur
limpidité; certains, ceux d'un beau jaune, ont quelquefois plus d'éclat que les blancs parfaits, surtout
à la lumière; mais il en est aussi dont la trop grande
quantité de parties colorantes obscurcit la diaphanéité, et, dans ce cas, ils sont ternes, louches et
parfois atteignent à l'opacité.

On peut diviser ainsi leurs nuances ou couleurs
diverses :

1° Incolore,   limpide,   blanc reflets d'acier poli (adamantin) ;

2°   —   —   blanc de neige (grande 1re eau) ;

3°   —   —   blanc (1re eau) ;

4° Coloré,   —   blanc nuancé jaune, rouge, bleu
                               (1re seconde eau) ;

5°   —   —   blanc teinté, jaune ou vert (2e eau) ;

6°   —   —   blanc grisâtre, jaun. ou verd. (3e eau) ;

7°   —   —   jaune orange ou serin (fantaisie) ;

8°   —   translucide,   jaune topaze du Brésil (*id*) ;

9°   —   —   vert foncé ou jaune épais ;

10°   —   —   rouge de brique mate ;

11°   —   —   rouge ponceau *id.* ;

12°   — presque opaque, bleu sale ;

13°   —   —   vert bouteille foncé ;

14°   —   —   brun ou noirâtre ;

15°   —   opaque,   noir de jais (carbonado).

Ne sont pas comprises dans ce tableau toutes les nuances intermédiaires qui, variant à l'infini, prennent leur rang.

Indépendamment des couleurs, les diamants ont encore trop souvent d'autres défauts qu'on nomme : *crapauds*, *glaces*, *givres*, etc., provenant, les premiers, de particules métalliques, parfois assez fortes, disséminées ou isolées dans la cristallisation, les autres, d'une solution de continuité d'une ou de plusieurs des lames qui les forment, ou encore de fentes survenues pendant l'extraction. On remédie autant que possible à ces défauts par le *clivage*, qui permet d'éliminer les parties par trop défectueuses d'un diamant brut, opération, du reste, à laquelle toutes les formes possibles du diamant se prêtent, excepté pourtant le *boort* (1).

Le diamant a seul la propriété de couper le verre, même assez épais; il la doit à ses arêtes courbes et à ses faces bombées.

On choisit toujours pour cet usage des pierres brutes où cette forme est nettement prononcée; et ce sont le plus souvent de petits octaèdres purs, au moins par une pointe. Les arêtes courbes et les faces bombées qui s'y réunissent, pénètrent comme un coin et font éclater le verre, tandis que les autres corps les plus durs *rayent* bien le verre, mais ne le coupent pas. Cette propriété est naturelle, car tout l'art du diamantaire ne pourrait arriver à lui donner ce pouvoir, qu'il ne possède que dans son état primitif, et encore dans de certaines conditions de forme, de structure et de cristallisation.

(1) Voyez le mot *Boort*.

Bornéo en fournit beaucoup, la forme exigée s'y rencontrant souvent jointe à l'extrême dureté de la pâte.

Tous les savants qui se sont occupés du diamant s'accordent à reconnaître qu'il est formé de carbone pur : il faut cependant ajouter qu'il contient une certaine portion d'*oxygène*, en rapport avec l'intensité de sa coloration ; sans cela, il serait impossible d'expliquer sa combustion en vaisseaux clos, et pourquoi les diamants colorés sont plus combustibles que les blancs parfaits. D'ailleurs, dans cette opération, il laisse le plus souvent un résidu spongieux d'une teinte jaune-rougeâtre, incombustible, due aux oxydes colorants, s'élevant à une partie sur 2,000 et même sur 500. Ce résidu s'est trouvé être tantôt en parcelles jaune paille cristallines, et tantôt en fragments incolores également cristallins. Était-ce métallique, était-ce terreux ? C'est ce que l'on ne sait pas encore, mais dans les deux cas, la présence de l'oxygène était forcée.

Ces faits et nombre d'autres que nous exposerons en leur lieu, ont été constatés par nous dans une longue série d'expériences faites sur plus de 8,000 carats de diamants bruts, représentés par 18 à

20,000 cristaux, lors de nos travaux de décoloration des diamants bruts.

Les anciens et les modernes ont cru jusqu'à nos jours, les premiers, que le diamant n'était pas même attaqué par le feu ; les autres, qu'il fallait une énorme puissance de calorique pour le faire brûler, et de nos jours on croit encore qu'aucun agent chimique n'a de pouvoir sur le diamant : il apparaît à notre époque de réfuter ces erreurs. Le diamant est très-facilement attaquable et réductible par certains ingrédients, nous pouvons le ronger et le réduire sans le faire enflammer, et, s'il s'agit de le brûler, c'est encore plus facile.

Nos expériences si décisives et si souvent répétées nous ont convaincu que l'inflammation du diamant a lieu spontanément entre 2,750 et 2,800° far^t., et qu'une fois allumé, sa destruction est très-prompte, et que sa vive combustion, qui est en raison de sa coloration, dure dans la proportion de sa grosseur.

Le diamant, quand il est près de brûler, n'est aucunement fluide ; il est plein, solide, toujours dense ; ses molécules constituantes sont seulement dilatées par la force du calorique. Dans cet état, il

est comme boursouflé et paraît beaucoup plus gros
qu'il n'est réellement ; soudain il s'enflamme partout à la fois ; la flamme l'enveloppe en entier d'une
auréole vive et blanche ; l'étincelle électrique à son
maximum, peut à peine donner une idée de sa vive
clarté, et puis il brûle à la manière du liége, c'est-
à-dire que la flamme n'est qu'extérieure, mais em-
brassant toute son étendue, de sorte qu'on pourrait
le réduire à sa plus simple expression sans qu'il
perdît rien de sa forme primitive. Les moindres
accidents de cristallisation, les cavités, les déviations
de forme, les stries, etc., tout est scrupuleusement
conservé. Nous avons souvent constaté, en brûlant
le diamant à l'air libre, que sa flamme prenait plus
de vivacité et d'extension en de certains moments,
sans que rien parût devoir produire cet effet, notre
calorique restant stationnaire pendant cette opération. Nous avons dû considérer cet effet comme
produit par l'oxygène que renferme, à notre sens,
le diamant et dont la brusque sortie augmente l'intensité de la flamme. Aussi sommes-nous convaincu
bien fermement que le diamant devrait être considéré et nommé chimiquement — *protoxyde de carbone*.

Disons un mot, en passant, des diverses opinions sur le diamant.

Les plus anciens minéralogistes avaient placé le diamant à la tête des pierres précieuses, non-seulement pour sa supériorité sur elles, mais encore parce qu'ils croyaient sa nature identique avec les leurs. Certains lui attribuaient même diverses vertus et propriétés extraordinaires, et il passait chez eux pour tellement inaltérable, qu'ils en avaient fait l'emblème des arrêts du Destin (A δχμας — indomptable).

Pline dit : que le diamant est d'une dureté unique, vraiment extraordinaire ; que ce corps naturel triomphe des efforts du feu, au point de n'être pas même échauffé par cet élément, et qu'il peut se reproduire lui-même.

Cronstedt soupçonne que le diamant doit, eu égard à son excessive dureté, plutôt être considéré comme formé par des principes particuliers que rangé parmi les gemmifères ou quartzeux...

De Born, Pott, Scopoli, Cartheuser, Wollersdorf, etc., n'y voient qu'une terre par excellence.

Bergmann est incertain si le diamant n'a pas pour base particulière une terre différente ou supérieure aux autres... il le croit d'abord volatil, mais plus tard, mieux avisé, il le classe parmi les combustibles...

Linné croit aussi à cette différence...

Buffon dit : Le diamant peut être regardé comme une stillation de matière ignescente produite par les eaux.

Daubenton en fait la première classe de sa nomenclature...

Romé de l'Isle en fait autant...

Guyton-Morveau croit pouvoir conjecturer que le diamant n'est véritablement qu'une eau pure, c'est-à-dire séparée de tous les corps étrangers qu'elle tient en dissolution, et privée de cette portion même du principe inflammable qui la rend fluide à un degré de chaleur capable de la dissoudre...

Baumé dit : J'avais pensé que le diamant, à cause de sa belle tranparence et de sa grande dureté, était la substance terreuse la plus pure ; mais il est évident que le diamant est une substance particulière, ayant des propriétés communes aux pierres, aux matières combustibles, et à certaines matières métalliques. Le diamant n'est peut-être qu'une matière phlogistique dans un état particulier...

Macquer (qui se réfuta après, il est vrai), dit : Le

diamant est absolument apyre, c'est-à-dire incapable de recevoir la moindre altération par le feu le plus violent...

Valmont-Bomare s'exprime ainsi : Le diamant sans couleur, bien examiné, n'est peut-être qu'un cristal de roche très-pur, qui, pendant sa cristallisation qui s'est opérée avec lenteur, a acquis une figure régulière, une pesanteur spécifique considérable, en un mot une belle eau ou transparence...

De nos jours Brewster croit que le diamant est d'origine végétale...

Arago crut que c'était du carbone hydrogéné...

Davy le croit (comme nous) du carbone oxygéné...

Que d'opinions diverses ! et qui a raison ?

Quoi qu'il en soit, Boëce de Boot fut le premier qui, en 1609, soupçonna que ce précieux minéral pourrait ne pas être une pierre gemme, mais bien un corps inflammable.

Il est certain, aussi, qu'en 1673 Boyle parvint à le brûler.

Mais en 1704, Newton, mesurant la force réfringente du diamant et trouvant qu'elle est plus grande que ne le comporte sa densité, le plaça instantanément dans la classe des — combustibles.

Malgré la confiance que le témoignage de ce grand génie devait inspirer aux savants, malgré les belles expériences exécutées par les célèbres Averani et Targioni de l'Académie Del Limento, sous les yeux de Cosme III, grand duc de Toscane, et après sous l'empereur François Ier, on continua à regarder le diamant comme un gemme bien supérieur aux autres, comme une espèce de cristal de roche plus pure, plus diaphane et plus dure, et rien ne fut bien décidé à cet égard, jusqu'aux belles et savantes expériences du célèbre et infortuné Lavoisier, qui mirent au jour la véritable nature du diamant, au moins en ce qui concerne sa constitution carbonique.

Depuis, d'autres preuves n'ont pas manqué. En l'an VIII (1800), Clouet, Welter et Hachette ont traité au feu de forge environ soixante parties de *fer* avec *une* de diamant, et ils ont obtenu un culot d'*acier* parfaitement homogène dans sa cassure.

L'expérience fut faite à l'école Polytechnique; le diamant qui servit pesait 0,907^{grm} (4, 1/4 1/8 1/32 carats faible). Le carbone étant le principe radical de l'acier fondu, il ne reste aucun doute sur la nature du diamant.

Depuis de nombreux essais ont été reproduits, et tous ont constaté que le diamant se résolvait en gaz carbonique, et de nos jours, avec la moindre pile on arrive à sa combustion, et bien lui en prend d'être aussi cher pour sa conservation, le plus humble physicien voudrait se passer cette fantaisie.

La première patrie du diamant fut, sans contredit, les deux provinces de Visapour et de Golconde, aux grandes Indes.

On découvrit les premières mines ou plutôt *dépôts* à Visapour en 1430, et ceux de Golconde en 1662. Mais la première extraction de ces dépôts diamantifères doit remonter beaucoup plus haut, puisqu'il est incontestable que le diamant était connu des Grecs et des Romains. Quoi qu'il en soit, c'est de là que nous sont venus les plus beaux diamants connus, mais, soit épuisement, soit plutôt cessation d'exploitation, c'est du Brésil qu'arrive maintenant tout ce qui entre dans le domaine public. Ajoutons, cependant, qu'indépendamment de ces deux contrées, il existe d'autres lieux qui en recèlent quoique moins abondamment. Ainsi Bornéo en fournit environ 2,000 carats par an ; on en trouve à Sumatra, à l'île de Célèbes, aux mines d'or d'Antioquia, dans la Colombie, à Carthagène, en Sibérie, à Constantine et dans les lavages d'or de la Californie.

En Asie, c'est principalement dans les provinces que nous avons citées que les terrains étaient le plus abondants en diamants. On citait parmi les endroits les mieux fournis Mannemurg et Muddemurg, où l'on trouvait les plus gros.

A Latarwar, ils étaient en général très-plats, et formaient des pierres dites — étendues ; — à Malacca, ils affectaient la forme cubique ; enfin les ordinaires et les plus petits gisaient dans les terrains d'alluvions et les montagnes de Bisnagar, Gani, Gazerpellée ; dans les sables de la rivière de Gouel (Bengale), à Pégu, Ramiah, Raolconda, Visapour, Partéal, Boudelcound et Ramulconeta.

Toutes ces mines, situées dans la presqu'île de l'Inde en deçà du Gange, se trouvaient, en général, liées et adjacentes à la chaîne des Ghattes, immense barrière granitique s'étendant du Bengale au cap Comorin.

Les dépôts les plus riches et les plus célèbres, dans le siècle dernier, étaient ceux de Partéal, situés au pied de cette chaîne de montagnes à environ vingt milles de Golconde. C'est de leur sein que l'on a tiré les plus beaux diamants qui existent, notamment celui qui appartient à la France et qui est si connu sous le nom de — Régent.

Comme on le voit, les principaux gîtes se trouvaient dans les provinces du Bengale et du Dékan ; cependant la presque totalité des mines, dernièrement exploitées, étaient situées dans cette dernière localité.

La mine de Gani ou Coulour, propriété du roi de Golconde, fut une des plus renommées à cause des gros diamants qu'on y a trouvés ; les ordinaires s'y trouvaient peser jusqu'à 10 carats, et souvent ils atteignaient 40 carats ; mais leur valeur diminua vite par suite de leur coloration et de leur peu de netteté.

Le roi de Visapour possédait la mine de Raolconda, qui se trouve à environ 85 lieues de sa capitale. Elle fut découverte par un paysan qui, creusant la terre, y trouva un diamant octaèdre du poids de 20 carats !

Les diamants de cette mine se trouvaient dans les fissures de rochers que l'on faisait éclater en y introduisant de forts leviers en fer. Ces efforts, souvent mal dirigés, *étonnaient* les diamants, c'est-à-dire les faisaient fendre dans leur intérieur, lequel, en outre, offrait aussi des points rouges ou noirs qui en diminuaient beaucoup la valeur.

La rivière de Gouel, qui prend naissance dans les hautes montagnes du sud, entraînait et charriait dans sa course, jusqu'au Gange, de nombreux diamants octaèdres.

Mais de tous les fleuves de l'Inde, c'est le Krichnah qui était le plus riche en diamants; il prend sa source dans les Ghattes occidentales. Pannah, ville hindoue, dans le district de Boudelcound, fournissait à elle seule 2,000 carats de diamants par an.

Banganapilly, petite ville forte de l'Indoustan, possédait, dans ses environs des dépôts également assez riches. Il y avait aussi des diamants au Mogol, et dans d'autres contrées voisines, car aux environs de Bisnagar, existait une petite ville nommée Outore, près de laquelle ses habitants exploitaient des dépôts diamantifères. C'est tout auprès qu'était situé le fameux — Currura, — jadis si célèbre par ses riches mines.

On recueille encore de temps à autre dans le fleuve Mahynady (fleuve Adamas des anciens) des diamants de première qualité et de diverses grosseurs. En 1818, on y trouva un diamant très-étendu qui fut vendu brut à Calcutta 17,500 fr.

Tous les diamants qui se trouvaient en abondance sur tous les points asiatiques que nous avons cités étaient envoyés bruts en Europe, seulement les plus beaux étaient taillés dans la forteresse de Golconde ; c'est de là qu'on les répandait dans le commerce sous le nom de diamants de Golconde, quoique cette ville et même ses environs ne contiennent pas de mines.

Ce haut commerce est, du reste, encore aujourd'hui, quoique nous ne recevions plus guère de diamants de ces contrées, une des spécialités de l'Inde, et c'est à Bénarès, province du Bengale, que se tient le principal marché pour les diamants de l'Inde. Il se fait aussi de grandes spéculations sur cette pierre précieuse dans la ville de Bowanipour, de la même province, tous les ans, du 7 au 17 avril.

En Océanie, sur les territoires des villes de Pontianak et de Benjermassin, situées dans la partie sud-est de l'île de Bornéo et dans les monts cristallins au nord de cette île, se trouvent d'assez riches mines de diamants, surtout en qualité. Les plus fameuses sont situées aux environs de Landak, une

des principales villes de Bornéo. On y trouve les diamants quelquefois dans les crevasses des rochers,
d'autres fois dans le sable des rivières et assez souvent dans une sorte de terre jaunâtre, graveleuse,
mêlée de cailloux de diverses grosseurs. C'est une
sorte de poudingues désagglutinés. On en retire les
diamants au moyen de lavages réitérés. Ils sont généralement dans de belles et bonnes conditions; cependant les plus gros ne dépassent guère 35 carats.
Les plus petits sont vendus à Ponthianak, et les
gros sont envoyés à Batavia, d'où ils passent en
Hollande directement, surtout à Amsterdam.

Les Dayas ou indigènes de Landak exploitent ces
mines avec habileté, et leurs produits sont taillés et
polis par les Bouguis établis dans cette île.

Il y a aussi d'habiles diamantaires dans la ville de
Benjermassin. On cite encore dans cette contrée,
Matrado et la rivière de Succadan, qui sont assez
riches en diamants. Dans cette dernière, on trouve
de belles pierres de 3 à 4 carats. On y a aussi rencontré un diamant octaèdre de 25 carats 1/2. Le
commerce y est interdit. A Bornéo, les dépôts de
diamants sont du côté occidental des monts Ratous,
mais un peu plus au nord.

On y trouve un lit épais d'argile rouge et un banc
de gravier quartzeux, mélange de diorite et de syénite ; plus rarement encore on rencontre une marne
renfermant des coquilles récentes. Dans ce dépôt
sont disséminés les diamants, quelquefois accompa-
gnés de sable ferrifère magnétique, de lamelles d'or
et de platine et de petits fragments de fer natif. Le
plus sûr indice de la présence des diamants se
trouve dans la rencontre de petits morceaux de
quartz noir, de pyrites et de platine que les indigènes nomment — batou-timahan.

A Martapsera, ancienne résidence des sultans, les
habitants exploitent presque tous les mines de diamants du voisinage. Ici, le terrain où se trouvent les
diamants se reconnaît à une superficie couverte de
cailloux blancs et transparents évidemment quartzeux ; la terre est blanchâtre et l'eau qui y séjourne
prend une teinte verdâtre sur ses bords. Cette terre,
qui contient aussi de l'or vierge, est peu favorable à
la végétation. Ces dépôts, dont nous avons dit la production annuelle, n'ont encore envoyé parmi, qu'un
diamant de 36 carats ; il est vrai que les Bouguis,
qui en font une des branches les plus lucratives de
leur commerce, empêchent par tous les moyens

possibles les Européens d'arriver sur ces marchés. Cependant quelques négociants chinois et hollandais établis à Benjermassin y ont fait de grandes fortunes.

Vers l'année 1840, on a découvert dans le district de Doladoulo, à Sumatra, des terrains diamantifères paraissant assez abondants.

L'île de Célèbes, dans la Malaisie, en contient aussi.

On en trouve quelque peu à Java dans des alluvions au pied des montagnes Bleues. Les mines d'or d'Antioquia et de Guaimoco, ainsi que celles de Carthagène dans la Colombie, contiennent aussi de petits diamants. Il s'en trouve également, dit-on, en Chine, mais le peu de relations qu'a la France avec le Céleste Empire nous empêche d'être fixés, d'une manière certaine, si les diamants que l'on voit dans les trésors de l'Empereur et chez les particuliers sont trouvés dans le pays; mais tout porte à croire qu'ils les tirent des Indes ou du Turquestan, bien qu'on nous ait assuré que le fleuve Jaune en charrie, et que les Chinois le taillent au moyen de l'*émeri !* Certes, nous sommes fixés sur l'inaltérable patience des artistes chinois, mais ceci dépasserait les bor-

nes. En tous cas, si le diamant existe en Chine, il
y en a peu, ou il est peu estimé, car les parures et
les marques de distinction du céleste Empereur, des
princes et des mandarins, ne comportent que des
perles, des rubis et des saphirs.

Les sables aurifères de la mine d'Adolph, en Sibérie, sont semblables à ceux qui couvrent des es-
paces immenses au Brésil, dont nous parlerons bientôt. Aussi y a-t-on trouvé, de 1830 à 1833, environ
50 diamants, dont un d'une grosseur assez considérable, et les autres de un jusqu'à trois grains
(1/4 à 3/4 carat). Ils sont cristallisés en octaèdre et
dodécaèdres comme partout.

C'est dans le gouvernement de Perm, sur la côte
occidentale des monts Ourals et aux bords du Bis-
sersk, petit affluent de la Kama, que cette découverte, qui renverse bien des systèmes sur la formation du diamant, et qui est au moins très-extraor-
dinaire, a été faite. Le dépôt d'alluvion de l'Oural,
où se sont trouvés ces diamants, est formé comme
au Brésil d'une couche d'argile ferrugineuse, mêlée
de sable d'un rouge foncé. Elle contient beaucoup
de cristaux de quartz et d'oxyde de fer, mais en
outre : des prases, de la calcédoine, du fer oligiste,

de la dolomie noire, du schiste talcqueux ; c'est enfin le gîte de l'or, du platine et du diamant. Au-dessous on trouve des couches formées d'un sable calcaire noirâtre, qui provient de la destruction de
couches dolomitiques. Certes, nous admettons cette
découverte de diamants en Sibérie; mais comme l'exploitation n'a pas cessé depuis 1833, nous comprenons peu qu'on n'en ait pas retrouvé d'autres et que
le gîte se soit si vite épuisé, ce que nous regrettons.

En 1840, M. Héricart de Thury annonça à l'Académie des sciences qu'on avait trouvé des diamants
dans la rivière du Goumel, province de Constantine,
mêlés aux paillettes d'or que charrie cette rivière.
Un de ces diamants, pesant 3 carats, a été acquis
par l'école des Mines de Paris ; un deuxième du
poids de 5 grains (1 1/4 carat), par le musée d'Histoire naturelle, et le troisième par M. le marquis de
Drée. Depuis, nous ne sachions pas qu'on en ait
retrouvé, ce qui devait être probable, Pline ayant
signalé ce gisement.

Il est donc constant que les terrains aurifères sont
ceux où l'on trouve plus particulièrement le diamant,
mêlé avec des cristaux de topazes, de péridots, de
chrysolithes, etc.

On en rencontre plus encore dans des terres d'alluvion, renfermant des débris d'oxyde de fer et de jaspe ; dans la roche quartzo-ferrugineuse nommée sidérocriste ; cependant la véritable gangue du diamant, quoique encore peu connue paraît être le grès rouge solide (1).

Il est à remarquer que tous les terrains de transport et d'alluvion contenant des diamants, aux Indes, au Brésil, en Océanie et en Sibérie, bien que situés sous des latitudes bien différentes et parfois bien opposées, présentent, dans la réunion et l'agglomération de leurs masses, les mêmes caractères physiques et la réunion des mêmes constituants.

Ces terrains sont composés de quartz amorphes, brisés en fragments, et mêlés de beaucoup de sable ; il s'y rencontre, outre des cristaux, de l'or en grains, en paillettes, parfois du platine, du fer oligiste oxydulé. Dans ces dépôts, les diamants paraissent toujours recouverts d'une croûte, leur aspect est gris et terne, la lumière peut à peine pénétrer leur masse cristalline. Enfin, leurs arêtes et leurs angles sont moins émarginés que chez ceux qu'on trouve dans

(1) Itacolumite et grès psammite.

les terrains mouvants des rivières, lesquels sortent
généralement arrondis et polis.

Ce fut vers l'an 1729 que Bernard de Fonseca-
Lobo découvrit au Brésil, dans la province de Minas-Géraès (*Mines générales*), district de la Serra-
do-Frio (*la Montagne froide*), d'assez riches terrains diamantifères, ayant une étendue de seize
lieues de longueur du nord au sud et douze en largeur de l'est à l'ouest.

La Serra-do-Frio consiste en montagnes froides,
àpres, dont l'élévation est considérable, et qui présentent partout l'aspect le plus sinistre. Le pays est
découvert, sa surface, composée de gravier et de ga-
lets de quartz, est partout entièrement dépourvue
de bois et même d'herbe.

Le point central des mines est la petite ville de
Téjuco (Diamantina), située à 134 lieues de Rio-de-
Janeiro et à 240 lieues de Bahia. Elle est la résidence de l'intendant général des mines de diamants,
et contient plus de 6,000 habitants, tous employés
à la dure exploitation des mines. Cette seule industrie entretient dans Téjuco un mouvement considérable. On en jugera en songeant que la mine la
plus estimée des environs, et qu'on appelle la *Man-*

danga, occupe à elle seule 1,200 esclaves nègres, sans compter les employés et une multitude de colons libres. Parmi cette dernière population, les diamants circulent comme numéraire.

L'exploitation des mines et des lavages est faite tantôt par de grandes compagnies, soutenues d'énormes capitaux et possédant de nombreux esclaves, et aussi par des colons libres isolés. Ces derniers sont presque toujours d'une indolence proverbiale, énervés qu'ils sont encore par les influences et les chaudes ardeurs du climat; ils ne vont à la recherche du diamant que lorsque les besoins de leurs familles les y forcent.

Quand la faim fait sentir son aiguillon irrésistible, le colon libre se décide à se lever de sa natte ou de son hamac; il prend sa sébille, va à la rivière et, après quelques lavages, si la fortune le favorise et qu'il ait trouvé trois à quatre diamants, il les vend à des commerçants nomades à l'affût, puis il va de nouveau jouir de son *far niente* jusqu'à l'arrivée de nouveaux besoins.

Aux premiers temps de la découverte des mines et gîtes de diamants, la production fut extrême. Les voyageurs rapportent que la quantité de diamants envoyés du Brésil en Europe, pendant les vingt premières années d'exploitation, arriva au chiffre fabuleux de 3,000,000 de carats! (Environ 15 kilog.)

En effet, cette quantité est énorme, mais elle fut possible, car alors les mines étaient dans toute leur riche abondance; le temps, cet inépuisable producteur, avait répandu sur ces dépôts sa fécondité de plusieurs milliers de siècles, et venait enfin seulement d'ouvrir ses trésors aux humains, à peine revenus du rêve de la découverte de Christophe Colomb, ce sublime inventeur!

Les produits de ces dépôts, d'abord si abondants, diminuèrent sensiblement; car de 1801 à 1806, en cinq ans, les poids des diamants bruts envoyés à Rio-de-Janeiro, pour être versés au trésor, ne fut que de 115,675 carats, en moyenne 23,135 carats par année; disons aussi qu'on ne compte pas dans ce faible rendement presque la même quantité détournée par les esclaves ou trouvée par les colons libres. De 1807 à 1817 le produit en moyenne ne dépassa pas 18,000 carats par année. Tous ces diamants bruts étaient alors envoyés à la maison Hopp et Compagnie, d'Amsterdam, qui les payait en moyenne

45 fr. le carat et les revendait, taillés, 159 à 197 fr. L'exploitation alla ainsi jusqu'en 1839, que l'on découvrit les diamants en place sur le territoire de Minas-Géraès, et dans le littoral de Bahia et environs, d'où nous sont venues depuis presque toutes les parties de bruts.

A cette époque, on trouva les diamants dans une montagne composée de couches assez puissantes de grès, qui reposent sur un terrain de transition. Plus de 2,000 personnes se mirent à la fois à exploiter cette montagne, mais elles ne tardèrent pas à être arrêtées par les éboulements plus ou moins considérables causés par le peu d'ordre et d'ensemble des travaux.

Dans ces mines, en général, on concasse la roche pour y rechercher et en extraire les diamants. On a remarqué que ceux trouvés dans le grès psammite sont très-régulièrement cristallisés, tandis que ceux rencontrés dans l'itacolumite sont à angles émoussés ou arrondis. La localité où les diamants se trouvent dans cette dernière gangue, est située sur la rive gauche du Corsego des Rois, sur la Serra de Grammagoa, qui est à quarante-deux lieues portugaises de Téjuco. On y a exploité les diamants très-

avantageusement pendant plusieurs années ; actuellement les travaux ont cessé, parce que le restant
des roches diamantifères présente trop de difficultés pour son exploitation, qui est bien plus produc-
tive dans les nouveaux gisements découverts.

Indépendamment du district dont Téjuco est le
chef-lieu et des autres lieux que nous avons cités, on
trouve encore des diamants dans le Tibbigi, qui arrose la plaine de Corritiva, près Saint-Paul ; dans
les plaines de Cubaya ; dans la province de Goyaz,
où ils sont gros, mais d'une eau impure ; dans la
rivière d'Andaya, dans celle de Malhoverde, etc., etc.
Pour l'exploitation des terrains d'alluvion et le sable
de ces rivières, on a recours aux lavages réitérés.
Le volume des diamants retirés des dépôts monta-
gneux, d'alluvion ou de rivières, varie à l'infini ; il
y en a de si petits, que 200 de la même pesée
atteignent à peine au carat ! Les plus ordinaires sont
de un grain à 3 carats, puis de 4 à 10 carats ils deviennent bien plus rares, ainsi de suite et toujours
en raison de la progression du poids. Il est extraordinaire même que, dans le courant d'une année, on
en trouve 2 ou 3 de 17 à 20 carats, et il faut parfois
deux ans avant que tous les lavages et tous les dé-

pôts réunis en présentent un de **30** carats, et qui n'est pas toujours beau.

Les parties de diamants recueillies au Brésil et autres lieux, étant composées par des cristaux de diverses provenances, ne peuvent être et ne sont jamais le moins du monde uniformes ; elles présentent toujours l'aspect le plus hétérogène sous les rapports de couleur, de grosseur, de forme et de limpidité. D'ailleurs, quand il n'en est pas ainsi, et c'est rare, les détenteurs les arrangent exprès, de manière à tout écouler, les bons, mais surtout ceux qu'ils présument mauvais. Il en résulte une certaine incertitude pour la sûreté de ce commerce, et dont nous parlerons plus loin.

La majeure partie des produits diamantifères du Brésil est envoyée à Paris et à Londres ; le produit moyen actuel, tant officiel que par la contrebande, qui est très-active, peut être évalué de **100** à **120,000** carats, et représente une valeur de **10** à **12,000,000** de fr., qui, exploités, c'est-à-dire taillés, arrivent à produire **20** à **25,000,000** de fr., suivant leurs qualités. On voit qu'une large part est laissée aux éventualités de l'exploitation, et pourtant on n'y gagne pas toujours, tant il faut peu se fier à l'apparence du diamant du Brésil qui, il faut bien le dire, est loin de celui de l'Inde et même de Bornéo. Le chiffre annuel de l'exploitation des dépôts au Brésil est un peu augmenté en ce moment (1858), les mineurs ayant déjà, depuis quelques années, de nouveaux gisements assez abondants. La découverte des *laves* du Serras de Bahia date de 1844. Ces terrains présentent une analogie frappante avec ceux de la province de Tejuco. Quelques fouilles que l'on fit donnèrent du diamant tellement en abondance, que vingt mille âmes vinrent bientôt s'établir sur ces terrains qui s'étendaient sur une longueur de trente lieues.

Les villes improvisées où s'en fait le commerce sont : Sainte-Isabelle (le commerce), Andrai, à sept lieues de celle-ci ; Linsol, quinze lieues plus loin, et Pedra-Cravade, située à neuf lieues de Linsol. Toute cette étendue est désignée sous le nom de — La Chapade. — Ces nouveaux gîtes présentent des diamants semblables en qualité à ceux dits de Bahia (Sincura), mais sont inférieurs à ceux dits de Rio (Serras). La connaissance des lieux de gisements a une certaine importance, car, sous un même aspect, les exploiteurs ont déjà pu s'apercevoir, par les ren-

dements, que le diamant de Sainte-Isabelle est inférieur à celui d'Andrai, tandis que celui de Linsol
est de la plus belle eau.

A Pedra Cravade, il est petit, mais blanc. Le prix
du diamant brut, acheté sur place, varie suivant
l'éloignement des localités ; ainsi à Pedra Cravade,
il est 25 0/0 moins cher qu'à Bahia ; les difficultés
de voyages et de transports font ainsi augmenter
cette valeur, même d'un endroit à un autre, quoique
dans le même pays.

Une des singularités du commerce de diamants
est de n'avoir pu être soumis au régime décimal
pour l'appréciation de son poids. On le pèse au
moyen du carat, poids conventionnel, tout à fait arbitraire, ne se ressemblant en valeur presque nulle
part, et cependant, il faut bien le dire, presque le
seul possible, tant il est inféodé dans les habitudes
de ce haut commerce (1). Ce n'est pas, au reste, le
seul fait étrange que nous aurons à signaler dans
le cours de cet article.

Les plus gros diamants à l'état brut se nommaient
jadis parangons, et prennent, ainsi que les autres,
suivant leur degré de blancheur et d'éclat, les titres

(1) Voir le mot *Carat*.

13.

de *première eau*, *seconde eau*, etc. Les diamants octaèdres naturels sont appelés pointes naïves et plus souvent quatre pointes.

Ceux cristallisés en dodécaèdres à faces convexes : diamants bruts ingénus ou 48 faces. Ceux à lames curvilignes et de forme presque toujours sphérique, diamants de nature ou *boort*, et enfin les très-petits, diamants grains de sel ou menu. Tous ces diamants, de quelques contrées qu'ils viennent, se ressemblent tous ; leurs caractères physiques sont les mêmes, et cependant il existe pour chaque gisement un aspect particulier et propre à chaque sorte qui permet de dire à certains négociants, grands connaisseurs : Cette partie vient des Indes, celle-ci de Rio, celle-là de Bahia, cette autre de Bornéo, etc. Mais rien ne peut faire comprendre ni définir ce fait, produit par un sens tout à fait intime. Nous devons cependant dire qu'on reconnaît encore plus facilement l'ancien diamant de l'Inde, désigné sous le nom de *vieille roche* ; il possède un éclat et une pureté d'eau auxquels atteignent rarement les diamants du Brésil.

L'appréciation du diamant brut demande beaucoup de connaissances théoriques, mais encore plus de

pratiques. On doit surtout s'attacher à vérifier la
netteté des pierres, car le moindre défaut dans un
cristal, même très-blanc, lui ôte considérablement
de valeur, et souvent encore des défauts impercep-
tibles, dans un diamant à l'état brut, prennent des
proportions colossales quand ils sont répercutés par
les 64 facettes de la taille.

Il faut aussi examiner les formes avec soin pour
en supputer le déchet à la taille, et déterminer, en
quelque sorte par intuition, le diamant qui sera
sans couleur, sous quelque aspect qu'il se présente.
Puis bien vérifier tous les cristaux, car souvent on
y glisse, surtout dans le menu, des jargons, des
chrysolithes, et des spinelles octaèdres blancs, jaunâtres et verdâtres.

Pour l'appréciation des gros diamants bruts, il
faut agir avec beaucoup de précaution et faire une
large part aux éventualités, au cas où la pierre n'atteindrait pas le degré de beauté présumé ; car nous
avons vu des diamants bruts, présentant l'aspect le
plus blanc et le plus cristallin, sortir jaunes à la
taille, pourtant bien surveillée, et s'il s'agit d'une
pierre d'un fort poids, et par conséquent de haut
prix, considérer qu'un léger défaut, inappréciable

dans un petit diamant, peut lui ôter beaucoup de valeur, surtout si le travail de la taille ne peut le faire disparaître, ou au moins le dissimuler; et pour les diamants hors ligne, c'est-à-dire atteignant ou dépassant 100 carats, bien songer que le placement en étant difficile et limité aux maisons princières, l'intérêt des capitaux longtemps engagés peut rendre l'opération onéreuse au lieu de fructueuse. Quant aux pierres depuis le *menu*, comprenant quelquefois 200 cristaux au carat, jusqu'au 2 carats, la tâche n'est pas plus difficile, mais elle est plus fatigante et plus minutieuse par la quantité de cristaux à examiner. S'il s'agit d'en fixer la valeur au point de vue du produit, on doit d'abord, au moyen de passoires *ad hoc*, les partager par grosseurs, ensuite défalquer tous les cristaux trop défectueux, tels que ceux en morceaux, éclatés, fortement colorés, tachés, givreux, glaceux, le *boort*, ceux qui ne peuvent s'employer qu'en lames minces, et qui forcent au clivage, etc. En un mot, en faire une classification soignée et raisonnée, et, après les avoir partagés par parties, assigner à chacune sa valeur à produire, prendre la moyenne et établir un prix du tout, en diminuant de 10 à 15 0/0, pour parer aux pertes d'appréciation, résultant principalement de la couleur du diamant après la taille. On comprend ce que cet important commerce offre de périlleux, surtout si l'on songe que, parmi tous ceux qui s'occupent du diamant, même avec une expérience de quarante ans d'exercice, *aucun* ne peut assurer *positivement* que tel cristal brut, ayant telle apparence, deviendra ou non un beau diamant ; ils ne possèdent à cet égard que des données superficielles et excessivement variables, qui les trompent parfois cruellement. Ceci explique le haut prix du beau diamant.

Heureusement que, de nos jours, la chimie, qui a déjà rendu tant de services aux arts, au commerce et à l'industrie, s'est occupée avec ardeur et persévérance de cette question, et l'a résolue avec bonheur.

L'auteur de cet ouvrage, par un procédé qui lui est particulier, mais qu'il ne peut encore rendre public, est parvenu, au moyen d'agents chimiques d'une immense énergie, aidés d'un calorique approprié, à donner au diamant brut, dans quelque catégorie de couleur qu'il se trouve, absolument l'aspect qu'il aura après la taille, ce qui évite tous

les mécomptes que nous avons signalés, lesquels,
s'ils ne sont pas toujours une cause de perte, dimi-
nuent au moins singulièrement les bénéfices atten-
dus.

Disons que les frais de cette opération s'élèvent à
4 0/0, y compris forcément le déchet résultant de la
diminution du poids que possédait la matière colo-
rante extérieure, et qui, enlevée, met à nu le diamant ; mais malgré ce léger inconvénient, largement compensé par ses résultats, il est facile de se
rendre compte du mérite et de l'utilité de cette découverte, puisque, grâce à elle, l'exploitateur ne
livre à l'ouvrier que les diamants dont il est alors
sûr de tirer un bon parti, tandis que ceux déclarés,
par cette opération préalable, totalement et *sûrement*
défectueux , sont livrés au cliveur pour être fendus
en lames minces et former des roses, l'expérience
ayant constaté que la coloration était bien atténuée,
et même disparaissait au moyen de la division.

Les agents chimiques, dont la puissance applica-
tive est démontrée chaque jour par de nouveaux
progrès, ont donc enfin fait subir aussi leur influence au diamant, réputé inattaquable depuis sa
découverte. Malheureusement, toute idée, toute dé-

couverte nouvelle est fatalement vouée à sa naissance à la réprobation générale, et ce n'est pas un mince obstacle au progrès scientifique et industriel ; aussi avons-nous rencontré peu de sympathies.

Malgré que nous soyons prêts tous les jours à prouver *de visu* la vérité et les *avantages* de la décoloration préalable, surtout pour les pierres à partir d'un carat et au-dessus, on n'a que peu ou point essayé de notre procédé, d'une infaillibilité bien prouvée par nos travaux sur plus de *huit mille* carats de diamants bruts ; aussi, nous ne comprendrons jamais qu'un exploitateur risque à perdre 170 francs sur une pierre brute de deux carats, seulement, en la faisant tailler aveuglément, quand pour 8 francs, il peut *sûrement* s'épargner cette perte. C'est évidemment fermer les yeux à la lumière, mais comme il faut toujours qu'elle se fasse, nous sommes certains qu'on reviendra sur nos travaux, mal appréciés et surtout mal compris.

Il est difficile, pour ne pas dire impossible, de fixer la valeur constante, même approximative, du diamant brut, son prix variant excessivement suivant sa grosseur, sa qualité et aussi son abondance ou sa rareté. Ainsi, le prix du diamant brut est augmenté depuis dix ans dans une proportion de 40 à 50 0/0, et les raisons en sont faciles à déduire. Malgré que la découverte de nouveaux gîtes ait ravivé la production, la diminution des esclaves au Brésil a doublé le prix d'exploitation, et l'emploi du diamant en parure étant devenu presque général par suite de l'aisance relative d'un plus grand nombre de consommateurs, il est à présumer que, loin de diminuer de valeur, le diamant tendra sans cesse à augmenter, quand même on découvrirait de nouveaux dépôts abondants, lesquels seront toujours peu exploités faute de bras, surtout à bon marché.

Cependant, au moment où nous écrivons (1858) les parties de bruts, dans des conditions ordinaires, soutiennent les prix de 100 à 130 fr. le carat, ce qui est assurément fort cher et laisse peu d'espoir, quant à présent, à la spéculation, le diamant taillé ne suivant pas tout à fait la même proportion, eu égard aux chances de l'exploitation.

Le commerce du diamant, abstraction faite des usages commerciaux qui tolèrent que l'on vende le plus cher possible, se fait avec probité, mais aussi avec toute la rigidité possible. Lorsqu'il s'agit d'une partie quelconque, faible ou très-considérable même,

les propositions sont généralement faites par des
courtiers et le plus souvent par des courtières, les
femmes, on ne pourrait dire pourquoi, paraissant
avoir plus d'aptitude ou plutôt plus de réussite
pour ce commerce, car, en définitive, elles ne sont
qu'intermédiaires. L'acheteur ayant soigneusement
examiné les pierres, en fait ce qu'on appelle *une
offre*, après quoi il cachète le papier qui les contient, et si l'on accepte le prix qu'il a offert, il ne
les prend qu'après s'être assuré que son cachet est
intact. De cette manière, l'on est certain que la partie n'a pu être montrée à d'autres, et que les pierres
qui la composent n'ont pu être changées.

Ces précautions sont prises d'abord pour la fidélité de la transaction, ensuite, parce qu'une partie
de diamants ou même une seule pierre de grande
valeur peut perdre beaucoup de son prix si elle était
promenée, c'est-à-dire présentée partout.

Les parties de deux, trois ou quatre mille carats
envoyées du Brésil ou autres lieux, contenant parfois quelques pierres des poids exceptionnels de 12 à
20 carats, il arrive que ces fortes pierres, si elles
sont belles, procurent un bénéfice énorme au dé-
tenteur ; aussi les parties qu'on nomme *vierges*,

c'est-à-dire n'ayant pas été fouillées ni triées, sont-elles fort recherchées. Il arrive même souvent qu'un acheteur, prévenu en temps utile de l'arrivée d'une forte partie, va trouver le négociant à qui elle est adressée, et lui offre 5 0/0 de bénéfice sur la partie qu'il va recevoir, à condition qu'elle lui sera livrée avant son ouverture. On le voit, les commerçants en diamants laissent beaucoup au hasard dans leurs transactions, et cependant cette manière d'opérer peut quelquefois servir l'acheteur, car une partie de bruts peut offrir le même aspect et présenter presque la même valeur, bien que l'on en aurait retiré une pierre de **20** carats, qui, à elle seule, peut donner un bénéfice de plusieurs milliers de francs.

Les mêmes précautions ont lieu indistinctement, soit qu'il s'agisse de diamant brut ou taillé; seulement, pour ce dernier, on ne l'achète jamais sans l'avoir, au contraire, bien examiné en dessus et en dessous.

Pour en déterminer la valeur, on doit tenir compte d'abord si la pierre est bien proportionnée sous le rapport de son épaisseur, c'est-à-dire si son poids ne dépasse pas son apparence. Ainsi la pierre est *avantageuse* lorsqu'elle n'atteint point

le poids que son aspect annonce, pourvu toutefois
que ses parties soient bien en harmonie, car si elle
est trop plate et trop étendue pour son poids, l'effet
contraire se produit, elle diminue de valeur. Il reste
ensuite à déterminer son degré de blancheur et surtout d'éclat, qualités qui ne sont pas toujours réunies; ainsi, il y a beaucoup de brillants d'une
très-grande blancheur, mais qui ont fort peu d'é-
clat.

On doit ensuite examiner s'il ne s'y trouve pas
des *points*, *glaces* ou *givres*; si la taille est correcte,
si le diamant est atteint partout, si le feuilletis
(bords de la pierre) est bien tranchant, si la culasse
est parallèle au milieu de la table, si la forme est
parfaite, etc. Pour les brillants, cette dernière est
généralement carrée arrondie. Nous avons cependant vu de très-beaux brillants, taillés nouvellement,
entièrement ronds; mais cette forme, quoique faisant bien jouer le diamant, lui donne un miroite-
ment moins préférable, à notre sens, que la gravité
sévère de la forme carrée arrondie. Quant aux
roses, les plus belles, au contraire, sont parfaitement
rondes, les poires, quoique moins estimées, font parfois très-bien, et pour les petites, c'est généralement

la forme triangle émoussé, qu'on appelle *chapeau,*
qui domine.

En résumé, un beau diamant doit ressembler à
une goutte d'eau de roche parfaitement claire et
limpide, être de forme régulière, quelle qu'elle soit,
et n'avoir aucun défaut, ni intérieur, ni extérieur.

Les diamants d'une couleur quelconque bien accusée étant considérés comme pierres extraordinaires, sont très-recherchés des amateurs et arrivent à dépasser le prix du diamant blanc parfait;
mais une fois la couleur admise dans le diamant à
l'état de pureté absolue, il est constant que son prix
décroîtra en raison de son peu d'intensité. Quant
à ceux qui sont bruns ou sombres, leur valeur est
nulle, ils ne sont bons qu'à fendre ou à piler.

Il résulte de tout ce que nous venons de dire, que
le prix du diamant est en raison de sa perfection
absolue; qu'il est impossible, ainsi que nos prédé-
cesseurs ont voulu le faire, de le fixer, même approximativement, car, entre une pierre parfaite du
poids de 15 carats et une du même poids, mais avec
des défauts, il peut y avoir jusqu'à 25,000 fr. de
différence.

Il est aussi difficile d'établir le prix constant du

diamant taillé que du diamant brut et par les mêmes considérations ; seulement, nous pouvons dire qu'en ce moment (1858), le beau diamant taillé, d'un carat, est au cours de 300 à 320 fr., mais on ne doit pas perdre de vue que la valeur augmente considérablement en raison du poids : ainsi, 15 carats de diamants au carat chaque, arriveraient à environ 4,500 fr., et un seul diamant de 15 carats, dans de bonnes conditions, vaudrait de 50 à 60,000 fr.

Ceci bien établi et d'après de vives instances qui nous ont été faites, nous allons donner le prix moyen du diamant de bonne qualité, relativement à son poids et à ses diverses formes.

Le diamant d'un carat vaut...... ... .. 300 fr.
   id.   3 grains....... .. .. 240 fr. le carat.
   id.   2 grains.... 210
   id.   1 grain. 180
   id.   recoupé, 8 au carat... 180
   id.   *id.* 16 *id......* 190
   id.   non recoupé, 8 *id.....* 140
   id.   *id.* 16 *id. ....* 150
   id.   *id.* 20 *id.... .* 160

ROSES DE HOLLANDE.

Une rose de un carat vaut............. 200

Les roses de 3 grains.			170 fr. le carat.
id.	2	id.	160
id.	1	id.	140
Les roses de	8	au carat	160
id.	16	id.	165
id.	50	id.	180
id.	100	id.	200

Puis de 200 à 500 au carat, elles sont vendues l'une dans l'autre, par parties de 2,500, à raison de 1 fr. 20 c. pièce.

Le mille au carat vaut environ 50 c. pièce.

ROSES D'ANVERS.

Les grandes, bien taillées, valent 100 fr. le carat, et à partir de 2 grains, elles se vendent par parties mêlées, de 60 à 80 fr. le carat.

Nous allons maintenant présenter l'historique des diamants célèbres ; nous ne sommes malheureusement pas aussi sûr d'être dans le vrai constamment, comme dans tout ce qu'on vient de lire, mais, au moins, nous avons puisé aux sources les plus pures. Le plus beau diamant du monde est, sans contredit, le RÉGENT ; aussi commencerons-nous par lui.

Cette magnifique pierre a été trouvée dans les

dépôts de Partéal, à 45 lieues au sud de Golconde. Du poids énorme de 410 carats, ce diamant a été réduit par la taille, qu'on mit alors deux ans à accomplir, à 136 carats 14/16. Il est de forme presque carrée arrondie, taillé et recoupé en dessus et en dessous; sa forme est donc la plus belle possible. Quant à son eau, elle est d'une bonne pureté; son éclat est vraiment adamantin, et c'est, sinon le plus gros, du moins, le plus parfait du monde, par la réunion de toutes ces qualités.

Ce diamant fut acheté par le grand-père de sir Williams Pitt, lors de son séjour à Madras comme gouverneur du fort Saint-Georges. Il le paya brut 312,500 fr.; on dépensa pour le tailler 125,000 fr.; les morceaux élagués par le clivage furent encore estimés 75 à 100,000 fr. Le duc d'Orléans, régent de France pendant la minorité de Louis XV, en fit l'acquisition, en 1717, pour la somme de 3,375,000 f., dont la dernière fraction pour frais de négociations. La commission de joailliers-experts assemblée en 1791, et composée de MM. Thierry, Crécy, Christin, Bion, Louy, Ménière, Landgraff et Delattre, ce dernier rapporteur, en fixa la valeur à 12,000,000 fr., estimation aujourd'hui contestée; mais nous reviendrons sur ce sujet. Tout le monde a pu admirer cette magnifique pierre parmi les parures de la couronne à l'Exposition universelle de 1855, et contempler sa rare et unique beauté.

On a prétendu que son premier acquéreur l'avait fait violemment extraire de la jambe d'un esclave qui l'y avait caché dans une plaie profonde faite exprès ; mais la grosseur de cette pierre, étant brute, exclut cette donnée et doit la faire considérer comme apocryphe.

Il paraît plus certain que M. Pitt l'acheta, en 1701, du fameux Jamchund, le plus fort marchand de diamants de l'Inde.

Le second diamant célèbre de France fut le Sancy ; cette pierre, remarquable par une taille spéciale imaginée par Louis de Berqueen pour conserver son poids, tient son nom de Nicolas Harlay de Sancy, un de ses possesseurs. Il pèse 33 carats 12/16, est d'une très-belle eau, d'une forme un peu poire, épaisse, surchargée de facettes avec deux tables peu étendues ; il a été estimé un million dans l'inventaire de 1791.

Les pérégrinations de ce diamant sont des plus étonnantes ; on le voit d'abord briller au casque de

Charles le Téméraire, dernier duc de Bourgogne,
qui le perdit à la bataille de Granson. Trouvé par
un Suisse, il est vendu 2 fr. à un prêtre, qui le re-
vend 3 fr.; alors on le perd de vue, mais on le
retrouve, en 1589, au nombre des pierreries d'Antoine, roi de Portugal, qui le donna en gage à de
Sancy, trésorier du roi de France, lequel finit par
l'acquérir pour la somme de 100,000 livres tournois.
Ce diamant resta longtemps dans cette famille, à qui
Henri III l'emprunta, afin qu'il servît de gage aux
Suisses, dont il voulait lever un corps. Mais ce roi
ne put profiter de ce service, car le domestique qui
fut chargé de lui porter le diamant disparut, et un
long temps s'écoula avant qu'on pût savoir ce qui
lui était arrivé. Enfin, on apprit qu'il avait été as-
sassiné par des voleurs. Il paraît que ce fidèle et
courageux serviteur, se voyant sur le point de périr,
avait avalé le diamant dont il était porteur, avant
de rendre le dernier soupir, sans doute pour le sous-
traire à la cupidité des assassins ; car l'autorité
ayant fini par découvrir le lieu où il avait été en-
terré, on l'exhuma, et, l'ayant ouvert, on trouva le
diamant dans son estomac. Plus tard, le baron de
Sancy en disposa en faveur de Jacques II, lorsqu'il

était à Saint-Germain ; ce roi déchu le vendit à
Louis XIV pour 625,000 fr.; il fit, depuis, partie des
diamants de la couronne de France.

Ce diamant fut un de ceux qui disparurent lors
du vol des diamants en 1792, et qu'on ne put retrouver, ainsi que le beau diamant bleu de 67 carats,
car on ne les voit plus figurer dans les inventaires
suivants ; seulement, on assure qu'il fut vendu, en
1835, par un agent de la famille aînée de Bourbon,
au grand veneur de l'empereur de Russie, pour la
somme de 500,000 roubles argent. Depuis ce temps,
il est aux mains de la princesse Paul Demidoff.

Sous la dénomination de *Diamants de la Couronne*, la France a toujours possédé et possède encore, malgré les changements de règne et les varia-
tions du goût et de la mode, un trésor évalué près
de 21 millions, le Régent compris, il est vrai.
D'après le remarquable rapport fait par M. Delattre,
en 1791, à l'Assemblée nationale, la quantité de
diamants constatée par l'inventaire de 1774 montait
à 7,482; il en fut vendu à diverses fois, depuis, la
quantité de 1471 ; mais les achats faits pour compléter la garniture de boutons de l'épée du roi
ouis XVI, en portèrent le nombre à 9,547. Ajoutons

toutefois que, malgré ce nombre supérieur, la valeur
n'en fut pas moins diminuée de près de 128,000 fr.,
tant par les épurations de pierres mauvaises et mal
évaluées, que par le retrait de tout l'article 24, estimé 45,000 fr., et employé dans une parure particulière de la reine. Mais disons aussi que les tailles
nouvelles données à la majeure partie des diamants
compensèrent en quelque sorte ce déficit, plutôt apparent que réel.

Il existait, en outre, 506 perles, 230 rubis, 134
saphirs, 150 émeraudes, 71 topazes, 3 améthystes
orientales, 8 grenats syriens et 8 pierres de différentes qualités, sans autre désignation. La valeur
des pierreries et bijoux fut ainsi fixée :

```
Diamants...............   16,730,303ˡ 11ˢ 1ᵈ  ⎫
Perles.................      996,700   »  »   ⎪
Pierres de couleur...        360,604   »  »   ⎬  29,066,487ˡ 11ˢ 1ᵈ
Parures montées.....       5,834,490   »  »   ⎪
Bijoux................      5,144,390   »  »   ⎭
```

Dont nous donnons un tableau approximatif de
répartition, mais très-réduit, ce que l'on comprendra facilement si l'on songe que l'inventaire détaillé
comprend et forme 2 vol. in-8°. Notre but, en don-

nant ce tableau, où nous avons relaté les quantités, les poids, et l'estimation des pierres, est de familiariser le lecteur avec les prix comparés aux poids respectifs, ce qui pourra, jusqu'à un certain point, le guider un peu mieux que les tables anciennes, inintelligibles et inapplicables, même pour nous.

En tête se trouve naturellement le Régent dont l'estimation, quoique juste, est cependant hors ligne et ne pourrait servir de précédent ni de base pour une autre pierre du même poids. Ce qui fait la valeur du Régent ne gît pas seulement dans son poids, mais bien en ce qu'il est l'unique parmi toutes les pierres princières, réunissant les plus rares qualités des gros diamants, c'est-à-dire : blancheur, éclat et surtout beauté de forme. Il en est, certes, de plus volumineux, mais s'il fallait les ramener à la pureté de forme du Régent aucun n'atteindrait son poids.

D'ailleurs, toutes les pierres extraordinaires ressortent évidemment des espèces de règles d'estimation du diamant; nous disons — espèces — car rien n'est moins juste que ces faux enseignements dus à Tavernier et à Jeffries et depuis copiés par tous les écrivains.

QUANTITÉS.	POIDS TOTAL en CARATS.	ÉVALUATION en FRANCS.	OBSERVATIONS.
1	136 14/16	12,000,000	Le Régent.
1	67 2/16	3,000,000	Diamant bleu.
1	33 12/16	1,000,000	Sancy.
1	31 12/16	300,000	à la Toison.
1	28 6/16	250.000	à la Couronne.
1	26 12/16	150,000	*id.*
1	24 13/16	200.000	forme poire.
1	21 2/16	250,000	Miroir du Portugal.
1	20 14/16	65,000	à la Couronne.
1	20 12/16	48.000	*id.*
3	55 12/16	180,000	18 carats environ chaque.
3	51 3/16	118.000	17 *id.*
1	16 »	50,000	dixième Mazarin.
3	43 14/16	205,000	14 carats environ chaque.
2	27 2/16	95,000	13 1/2 *id.*
4	45 12/16	50,000	11 *id.*
4	41 4/16	94,000	10 *id.*
6	56 1/16	130,000	9 *id.*
35	249 3/16	472,000	7 *id.*
17	90 1/16	164.000	5 *id.*
21	92 6/16	113.400	4 1/2 *id.*
29	98 14/16	92,500	3 1/2 *id.*
88	207 14/16	98,050	2 1/8 *id.*
94	149 4/16	60,800	1 1/2 *id.*
13	13 8/16	2,160	1 *id.*
37	27 12/16	5,027	3 grains environ chaque.
433	229 »	39,737	2 *id.*
679	79 14/16	13,277	1 1/2 *id.*
229	16 14/16	2,560	1/16 *id.*

Demi-brillants.

QUANTITÉS.	POIDS TOTAL en CARATS.	ÉVALUATION en FRANCS.	OBSERVATIONS.
2	14 2/16	14,000	7 carats environ chaque.
1	6 12/16	8,000	
2	8 5/16	10,000	4 *id.*
4	13 3/16	14,500	3 1/4 *id.*
1	2 6/16	1,200	

QUANTITÉS.	POIDS TOTAL en CARATS.	ÉVALUATION en FRANCS.	OBSERVATIONS.
			Roses.
2	42 14/16	50,000	21 carats environ chaque.
1	4 4/16	1,200	
5	17 14/16	14,400	3 1/2 *id.*
1	2 14/16	2,000	
5	11 7/16	4,000	2 *id.*
2	1 14/16	400	15/16 *id.*
95	33 12/16	3,375	3 au carat.
340	67 4/16	6,725	5 *id.*
»	50 10/16	8,100	Lot non compté.
			Brillolettes.
2	42 10/16	300,000	Ensemble.
			Brillants, demi-brillants et roses sans poids.
4	» »	40,000	
10	» »	394,000	
478	» »	12,000	
473	» »	25,000	
»	» »	1,064,000	dans les parures.

Cette magnifique collection, que nous n'avons pu
que grouper ainsi, fut malheureusement volée en
1792. Nous laisserons ici parler M. Breton, le spiri-
tuel rédacteur de la *Gazette des Tribunaux* :

« L'inventaire des diamants de la couronne, fait
en 1791, aux termes d'un décret de l'Assemblée

constituante, venait à peine d'être terminé, au mois
d'août 1792, lors de la dernière exposition publique
qui avait lieu le premier mardi de chaque mois ,
depuis la Quasimodo jusqu'à la Saint-Martin. Après
les journées sanglantes du 10 août et du 2 septembre, ce riche dépôt fut naturellement fermé au public, et la Commune de Paris, comme représentant
le domaine de l'État, mit les scellés sur les armoires
dans lesquelles étaient déposés la couronne, le sceptre, la main de justice et les autres ornements du
sacre; la chapelle d'or, léguée à Louis XIII par le
cardinal de Richelieu, avec toutes ses pièces enri-
chies de diamants et de rubis, et la fameuse nef
d'or pesant 106 marcs, plus une quantité prodigieuse
de vases d'agate, d'améthyste, de cristal de roche, etc.
Dans la matinée du 17 septembre, Sergent et les
deux autres commissaires de la Commune s'aperçu-
rent que, pendant la nuit, des voleurs s'étaient in-
troduits en escaladant la colonnade du côté de la
place Louis XV et l'une des fenêtres donnant sur
cette place. Ayant ainsi pénétré dans les vastes salles
du Garde-Meuble , ils avaient brisé les scellés sans
forcer les serrures, enlevé les trésors inestimables
que contenaient les armoires, et disparu sans laisser

d'autres traces de leur passage. Plusieurs individus furent arrêtés, mais relâchés après de longues procédures. Une lettre anonyme, adressée à la Commune, annonça qu'une partie des objets volés était enfouie dans un fossé de l'allée des Veuves, aux Champs-Élysées; Sergent se transporta aussitôt, avec ses collègues, à l'endroit, qui avait été fort exactement indiqué. On y trouva, entre autres objets, le fameux diamant *le Régent*, et la fameuse coupe d'agate-onyx, connue sous le nom de *Calice de l'abbé Suger*, et qui fut ensuite placée dans le cabinet des Antiques de la Bibliothèque nationale.

» Toutes les recherches faites à cette époque ou postérieurement n'ont pu faire juger si ce vol eut un but politique, ou bien s'il faut l'attribuer tout simplement à une spéculation faite par des malfaiteurs vulgaires dans un moment où la police de sûreté était tout à fait désorganisée. Les uns disaient que le produit de ces richesses était destiné à stipendier l'armée des émigrés; d'autres, au contraire, prétendaient que Péthion et Manuel s'en étaient servis pour obtenir l'évacuation de la Champagne, en livrant le tout au roi de Prusse. Enfin, on alla jusqu'à prétendre que les gardiens du dépôt l'avaient violé eux-mêmes, et Sergent, dont nous venons de parler, fut surnommé *Agate*, à cause de la manière mystérieuse dont il avait retrouvé la coupe agate-onyx. Aucune de ces conjectures, plus ou moins absurdes, n'a jamais reçu la moindre sanction juridique.

» Voici toutefois un fait dont j'ai été témoin, avec toutes les personnes qui assistaient à la séance de la cour criminelle spéciale de Paris, lors de la mise en jugement, dans le courant de l'année 1804, du nommé Bourgeois et d'autres individus, accusés d'avoir fabriqué de faux billets de la Banque de France. Un des accusés, qui avait servi autrefois dans les Pandours, et qui déguisait son véritable nom sous celui de *Baba*, avait d'abord nié tout les faits mis à sa charge. Il fit, aux débats, des aveux complets, et expliqua les procédés ingénieux employés par les faussaires.

» Ce n'est pas, a-t-il ajouté, la première fois que mes aveux ont été utiles à la société, et, si l'on me condamne, j'implorerai la miséricorde de l'Empereur. Sans moi, Napoléon ne serait pas sur le trône; c'est à moi seul qu'est dû le succès de la campagne de Marengo. J'étais un des voleurs du Garde-Meuble; j'avais aidé mes complices à enterrer dans l'allée

des Veuves *le Régent* et d'autres objets reconnais-
sables, dont la possession les aurait trahis. Sur la
promesse que l'on me fit de ma grâce, promesse qui
fut exactement tenue, je révélai la cachette. *Le Régent* en fut tiré, et vous n'ignorez pas, messieurs
de la cour, que ce magnifique diamant fut engagé
par le premier consul entre les mains du gouvernement batave, pour se procurer les fonds dont il
avait le besoin le plus urgent après le 18 brumaire.

» Les coupables furent condamnés aux fers,
Bourgeois et *Baba*, au lieu d'être conduits au bagne,
furent retenus à Bicêtre, où ils moururent. J'ignore
si *Baba* donna d'autres renseignements à la suite de
l'anecdote que je viens de rapporter, et qu'on peut
lire aussi dans le *Journal de Paris*, de l'époque. »

Nous n'avons rien à ajouter à cette curieuse nar-
ration, sinon que l'empereur Napoléon Ier, jaloux
d'avoir tout ce qui pouvait contribuer à la gloire de
la France, fit rechercher et racheter par toute l'Europe tout ce que l'on put retrouver des diamants et
objets d'art disparus, et qu'on y réussit tellement,
qu'en 1810 un nouvel inventaire présentait le tableau suivant, que nous croyons devoir donner *in
extenso* :

DÉSIGNATION DES OBJETS	DÉSIGNATION DES PIERRES	NOMBRE DE PIERRES	POIDS (car.)	ÉVALUATION (fr. c.)	TOTAUX (fr. c.)
...ronne	brillants..	5,206	1872 4/32 ½	14.686.504 85	
	roses....	146	» 28/32	219 00	14.702,788 85
	saphirs...	59	120 »	18.065 00	
...re	roses...	1 569	308 8/32		261.365 99
...e glaive	brillants..	410	135 24/32		71.559 30
...	brillants.	1.576	330 24/32		241.874 73
...ette et bandeau	brillants..	217	341 25/32		273.119 37
...re-épaulette	brillan's..	127	102 28/32		191.834 06
...fe de manteau.	brillants..	197	61 6/32	30.605 00	68.105 00
	opale....	1	»	37.500 00	
...cles de souliers jarretières...	br.llants.	120	103 12/32		36.877 50
...ton de chapeau	brillants..	21	29 22/32		240.700 00
...ettes de chapeau de souliers	brillants..	27	83 10/32		89.100 00
...que du St-Esprit.	brillants..	443	194 10/32		325.956 25
...que de la Légion honneur.	brillants..	383	82 6/32	34.525 95	
	roses...	20	» 4/32	40 00	44.678 75
...x de la Légion honneur.......	brillants..	305	43 8/32	10.082 00	
	roses..	15	» 2/32	30 00	
...ure, rubis et ...illants.......	rubis...	399	410 17/32	211.336 68	
	brillants..	6.042	793 14/32	181.925 41	393.738 59
	roses...	327	»	496 50	
...ure, brillants et ...phirs..	brillan's..	3.827	558 6/32	129.951 00	283.816 09
	saphirs..	67	768 8/32	153.865 00	
...ure, turquoises ... brillants.....	brillants..	3.302	434 4/32	87.920 63	130.820 63
	t rquoises	215	»	42.900 00	
...ure de perles..	perles ..	2.101	5912 27/32	1.164.123 00	1.165.163 00
	roses..	320	»	640 00	
...ier........	brillants..	26	106 12/32		133.900 00
....	brillants..	9.175	1033 4/32		191.475 62
...ue........	brillants..	250	92 9/32		47.451 87
...ts de ceinture	brill nts..	480	49 8/32		8.352 50
		37.393	13968 11/32 ½		18.922.718 10°

The left-hand column of object names is cut off at the page edge; the visible fragments are transcribed.

Le récolement qui eut lieu en 1815, après les
Cent-jours, constata que rien n'avait été dérangé,
mais il paraît que de nouveaux achats furent faits
ou de nouvelles additions eurent lieu, sous les règnes de Louis XVIII et de Charles X, car l'inventaire fait en 1832, par MM. Bapst et Lazard, assistés
de MM. Jamet et Maréchal, présente un effectif de
64,812 pierres de toutes natures, pesant 18,750 carats 23/32, évalués 20,900,260 fr. 01 c. (1), il faut
alors admettre une augmentation assez forte, car nous
tenons de source certaine que le roi Louis XVIII
fit présent à lord Wellington d'un ordre du Saint-
Esprit fabriqué avec des diamants de la couronne,
d'une valeur totale de 750,000 fr. ; il est probable
alors qu'ils furent remplacés.

Le Sancy, ainsi que nous l'avons dit, était disparu, ce qui diminuait encore d'un million le trésor
de la couronne. Depuis, d'autres pertes ont été
faites ; ainsi, les anciens se rappellent la magnifique
opale connue sous le nom de *l'Incendie de Troie*,
et qui a appartenu à l'impératrice Joséphine, eh
bien ! on ignore ce qu'elle est devenue, ainsi qu'un

____

(1) L'inventaire de 1849 présente la même somme.

très-beau brillant de 34 carats, fourni par M. Élias à l'empereur Napoléon I", lors de son mariage. On croit cependant que c'est cette pierre qu'il perdit à Waterloo, et qu'il portait toujours comme un *en cas*. En 1848, lors du transport des diamants au Trésor, il fut volé, dans ce court trajet, un écrin contenant deux pendeloques en roses et un bouton de chapeau d'une valeur totale de 293,112 fr.

Il était réservé à l'Exposition universelle de 1855 de présenter la première exhibition publique de ces précieux joyaux, qui furent alors presque tous remontés dans de nouvelles parures, dont le bon goût et l'ornementation ne le cédaient pas à la richesse des matériaux employés. Cette exposition, autorisée par l'Empereur et due à l'heureuse initiative de M. Devin, conservateur des diamants de la couronne, fit une grande sensation dans tout le public, et frappa particulièrement les visiteurs étrangers.

Malheureusement, l'emplacement un peu sombre, choisi par les commissaires, nuisit beaucoup à l'appréciation qu'on aurait pu en faire, et nous avons remarqué telle vitrine de joaillier français et étranger parfaitement mieux éclairée. Malgré cela, il fut facile de se rendre compte que depuis 1832, de nouvelles additions de diamants avaient été faites, nécessitées par le changement des parures et le nouvel emploi des pierres provenant des anciens objets détruits. La couronne actuelle, bien moins riche en ornementation que les précédentes, contient cependant 8 gros diamants du poids de 19 à 28 carats. On sait que le Régent s'y adapte à volonté, ce qui en fait tout simplement la plus riche couronne du monde.

En somme, les diamants de la couronne de France forment par leur ensemble, leur beauté hors ligne et le bon goût de leur monture, une des plus belles collections qui existent. On y admire surtout soixante très-beaux diamants pesant de 25 à 28 carats chaque, et provenant de nouvelles acquisitions.

Nous allons passer aux diamants extraordinaires étrangers.

Le plus volumineux est sans contredit, celui dit —du Roi de Portugal.—Nous ne pouvons en donner la figure, personne, à ce que nous croyons, ne l'ayant vu. Voici cependant ce que l'on en dit : il fut trouvé au Brésil, dans un endroit nommé Cay-de-Mérin, auprès de la petite rivière de Malhoverde ; il pèse, suivant M. Ferry, 1,730 carats, et suivant M. Mawe,

1,680 carats; nous conservons ce dernier poids, qui paraît le plus probable, en ce sens que M. Ferry aurait compté le poids du carat brésilien, qui vaut $0,006^{mm}$ de moins que le poids européen; or, ces $0,006^{mm}$ produisent juste 50 carats, différence qui existe entre les deux allégations.

Ce diamant, d'une valeur fabuleuse, valut à l'esclave qui le découvrit, sa liberté et une pension viagère pour lui et sa famille. On peut bien dire, en ce cas, que la liberté est sans prix! Ce diamant est d'une couleur jaune foncé, sa forme est celle d'un pois qui serait gros comme un œuf de poule. Il est cependant un peu oblong et concave d'un côté. Les diamantaires du Brésil l'estiment, malgré ces défauts sept milliards cinq cent millions!... Malheureusement, on prétend que c'est une topaze!... Ne l'ayant pas vu, nous devons nous abstenir, tout en déplorant que dans l'état actuel de la science minéralogique il puisse régner une incertitude, qu'un seul coup d'œil exercé ou seulement la meule du plus humble diamantaire feraient cesser instantanément.

Outre ce diamant douteux que l'on conserve brut, probablement pour de bonnes raisons, le même souverain en possède deux autres moins équivoques, mais aussi moins volumineux, et cependant d'une beauté rare. Un des deux pèse 215 carats, et l'autre un peu moins, étant plus plat. Ils furent trouvés dans l'Abayté, rivière qui coule à l'est de la province de Minas-Geraes, par trois hommes bannis dans l'intérieur pour quelques méfaits.

M. Mawe les vit pendant son séjour au Brésil. Ils sont bruts et ont 28 mill. de superficie et 9 mill. d'épaisseur. Il remarqua aussi deux octaèdres presque de pure forme, l'un de 134 et l'autre de 120 carats.

Au reste, les pierreries de toutes natures abondent au Brésil, et surtout les diamants. Au cercle aristocratique où se rendent souvent les dames de la famille Carneiro-Leao, on compte avec admiration et parfois avec envie, qu'elles portent en parure pour plus de six millions de diamants des plus remarquables par leur beauté. Quant au trésor du Brésil, il abonde réellement en pierres plutôt fortes que parfaites; on l'estime, malgré cela, à plus de cent millions; une certaine partie est composée de gros diamants assez beaux, mais il en contient aussi beaucoup de l'eau dite—céleste,—la pire de toutes, car elle rend le diamant louche et sans éclat, et, d'ailleurs, la majeure partie de ces diamants teintés bleu, présentent des pailles dans leur intérieur.

On y remarque aussi un magnifique brillant taillé en pyramide, estimé 872,000 fr. ; il orne la poignée d'or de la canne de Jean VI ; le pourpoint de cérémonie de Joseph Ier, roi de Portugal, porte 20 boutons d'un seul gros brillant, estimés 125,000 fr. chaque, ce qui porte la garniture à deux millions et demi !

Puisque nous sommes au Brésil, parlons de la merveille, bien avérée cette fois, qu'on a découverte tout récemment. Vers la fin de juillet 1853, une négresse, employée aux mines de Bogagem, eut le rare bonheur de trouver un diamant brut du poids de 254 1/2 carats. Cette pierre extraordinaire, achetée depuis par MM. Halphen, qui l'ont nommée — l'Étoile du Sud, — était un dodécaèdre rhomboïdal portant sur chacune de ses faces un biseau très-obtus et passant à un solide de 24 faces. Les faces naturelles étaient mates et striées. D'une pesanteur spécifique de 3,529 (presque égale au diamant de l'Inde), ce diamant hors ligne présentait, sur une de ses faces, une cavité assez profonde, que quelques-uns ont cru être due à l'implantation d'un cristal octaèdre de même nature ; nous sommes certains après mûr examen, que ce creux produit était seulement une solution de continuité d'une des couches lapidifiques; les autres creux, moins profonds étaient certainement dus à la même cause. La partie plate paraissant clivée, et l'étant réellement par une cause accidentelle, provenait du point d'attache à la gangue.

Le savant rapporteur à l'Académie, feu M. Dufrénoy, pensait que ce diamant avait dû faire partie d'un groupe de cristaux diamantifères ; en cela, il se trompait : le diamant croît isolément dans les diverses parties de sa matrice, et jamais aggloméré ni superposé, ni enté l'un sur l'autre comme les pyrites et les cristaux de spath et de quartz. Cette pierre taillée est, somme totale, arrivée à bonne fin. Sa forme ronde ovale est assez gracieuse et lui permet de bien réfracter la lumière. C'est, du reste, une pierre très-étendue, car elle a 35 millimètres de longueur sur 29 millimètres de largeur, mais seulement 19 millimètres d'épaisseur.

Ces mesures sembleraient impliquer un poids supérieur à celui du Régent, et cependant ce diamant ne pèse plus que 124 1/4 carats, mais la parfaite

harmonie de formes que possède le Régent et qui
manque à l'Étoile du Sud explique le fait. L'Étoile
du Sud est, du reste, d'une pureté sans reproche,
fort bien taillée, quoique, comme nous l'avons dit,
on n'ait pas tiré le meilleur parti du brut. Blanche
par réflexion, elle prend, par réfraction, une teinte
rose assez prononcée, mais qui n'est pas sans agrément, quoique le blanc pur eût été préférable; mais
malgré ces légères imperfections, l'Étoile du Sud est
un beau diamant, bien digne de figurer dans une
collection princière.

Nous ne voulons certes pas établir de parallèle
entre les pierres hors ligne, mais, si nous avons été
bien compris dans nos appréciations des diverses
beautés du diamant, il est facile de se rendre compte
déjà, par les quelques mots que nous avons dits, que
l'Étoile du Sud n'est pas comparable au Régent,
non-seulement comme beauté, mais surtout comme
harmonie de forme, et cette différence, qui frappe
essentiellement sur la valeur, sera encore plus vraiment sentie, lorsque nous parlerons du Ko-hi-Noor
encore bien inférieur à l'Étoile du Sud. Car, pour
nous, la beauté d'un grand diamant gît non-seulement dans la pureté de son eau, dans son poids

élevé, mais surtout dans la forme précise que l'art peut lui donner ; et s'il en était autrement le gros diamant du Grand Mogol et l'Orlow de Russie, dont nous allons bientôt parler, et d'autres seraient au-dessus du Régent, que nous maintenons au premier rang à cause de sa forme tout à fait irréprochable. On nous dira que sa forme primitive octaèdre l'a permis; ce n'est pas probable, l'énorme perte qu'il a supportée à la taille prouve qu'on a plutôt cherché à faire une belle pierre qu'à conserver du poids, et c'est ce qu'on devrait toujours faire.

Reprenant notre historique des diamants célè-bres, nous citerons comme un des plus extraordi-naires celui de radjah de Matun, à Bornéo. Il pèse brut 318 carats, et est, dit-on, de la plus belle eau. Il a été trouvé aux environs de Landak en 1787. Le gouverneur qui résidait à Batavia, en 1820, députa M. Stewart au radjah et lui fit offrir, en échange de ce diamant, deux bricks de guerre avec leurs canons, leurs munitions et une grande quantité de poudre, de mitraille et de boulets, en outre d'une somme de 150,000 dollars ; mais le radjah refusa de s'en défaire, même à ce haut prix; car à ce diamant paraissent attachées les plus hautes in-

fluences et les destinés des siens, les Malais, ses
sujets, croyant que cette curieuse pierre possède le
pouvoir miraculeux de guérir toutes les maladies
au moyen de l'eau dans laquelle on l'a trempé!

Le roi de Golconde en possède un magnifique
brut; il est connu sous le nom de Nizam, il pèse
340 carats et est évalué 5,000,000 fr. Ces diamants
sont, certes, très-volumineux, mais ils sont éclipsés
par celui dit du Grand Mogol, qui fut découvert à la
mine de Gani.

Mirghimola, fameux capitaine indien, en fit présent au grand Mogol Aureng-Zeb; il pesait brut
780 1/2 carats; mais la taille l'a réduit à 279 9/16 carats. Cette pierre, très-défectueuse sous le rapport
de la forme, eût de nos jours conservé au moins
moitié de plus en poids et eût été plus gracieuse;
mais ce travail fut fait par un italien nommé Hor-
tensio Borghis, mauvais diamantaire, ignorant cliveur, qui gâta ce magnifique morceau. Malgré que
quelques-uns croient que ce n'est qu'un saphir
blanc, nous avons dû en parler, cette pierre étant
passée à l'état historique. Elle a la forme d'un œuf
coupé transversalement et taillé en rose, son eau est
parfaite et d'une douce teinte rosée; on l'estime

12,000,000 de fr. Il paraît que Thamas Koulikan, si célèbre sous le nom de Nadir-Schah, s'est emparé de ce diamant; il serait alors aujourd'hui en Perse et désigné sous le nom de Déryaï-Noor (océan de lumière). On cite encore le beau diamant connu sous le nom d'Agrah; il pesait brut 645 5/8 carats, et Tavernier l'estimait 25 millions. Nous ne savons d'après quelles règles, car nous le répétons, on ne peut assigner une valeur positive au diamant que lorsqu'il est taillé.

De tous temps, les Indes, la Perse, l'Orient tout entier, enfin, se firent remarquer par leur goût pour les pierres précieuses; mais quoique ces contrées parussent préférer les gemmes colorées, de nombreux et célèbres voyageurs attestent que le diamant y était aussi estimé; Rundjett-Sing, le fastueux despote, outre le Ko-hi-Noor qui brillait au pommeau de sa selle, en avait fait mettre pour 75 millions aux harnais de son cheval! Bernier estimait le trésor persan, enrichi par la conquête des Indes, à 13 milliards 1/2.

Tavernier, Chardin, Méthold, etc., etc., ne tarissent pas en éloges sur les richesses lapidaires de ces contrées, qui, au reste, en sont le berceau. De nos jours, M. Jaubert, lors de son ambassade en Perse, revenait tout ébloui des feux du soleil en diamants de la Salle du Trône, et qu'accompagnaient si glorieusement les deux splendides bracelets du roi de Perse.

Maintenant si nous considérons les principales cours de l'Europe, nous serons fondés à croire que, pour le diamant, l'Europe aura bientôt débordé l'Asie.

En effet, qui n'a admiré la beauté et la richesse des diamants de la couronne d'Angleterre, si beaux, hélas ! que le Hanovre vient d'en réclamer et d'en obtenir la restitution, en ce que les princes de cette maison y avaient concouru. Ils étaient déposés à la tour de Londres dans la salle des Joyaux, ouverte tous les jours au public, et où nous les avons vus moyennant un scheling, redevance hospitalière que payent tous les étrangers et même les nationaux.

Nous y avons remarqué d'abord, parmi une foule de bijoux d'un aspect assez lourd, la couronne de la reine Victoria ; elle est enrichie de 497 diamants et de perles fines. Les diamants, assez généralement beaux, sont ainsi répartis dans les nombreux ornements qui surchargent peut-être par trop cette pièce tout à fait dans le goût anglais :

20 autour du cercle principal, d'une valeur d'environ		750,000 fr.
2 gros au centre	id.	100,000
54 petits à l'angle des premiers	id.	25,000
60 dans les 4 croix de la couronne	id.	245,000
4 gros en haut des croix	id.	1,000,000
12 à la fleur de lis (anachronisme)	id.	250,000
18 id.	id.	50,000
Le reste en diamants, en perles	id.	450,000

La valeur totale arrive donc à près de 3 millions. Mais la pièce principale de ce monceau de richesses est le fameux Ko-hi-Noor, dont, il faut bien le dire, la réputation dépasse le mérite, comme tant de choses en ce monde.

Le Ko-hi-Noor (montagne de lumière), est le plus ancien diamant connu, s'il est vrai, comme on le prétend, qu'il aurait été porté par Karna, roi d'Anga, lequel régnait 3,001 ans avant notre ère ! Il paraît que le temps ne fit rien à sa longue existence, car on le retrouve dans les trésors de Rundjett-Sing, qui l'avait lui-même pris au schah Shouja, ex-roi de Caboul. Quoique d'une eau ordinaire et d'un ton gris, comme son poids s'élevait alors à 186 1/2 carats on l'estimait 3,500,000 fr., et maintenant qu'il est retaillé, il est loin de valoir ce prix. C'est cependant une pierre extraordinaire, mais

plus par son étendue que par son jeu, presque nul
à cause de son peu d'épaisseur.

On dit que la compagnie des Indes l'avait acquis
au prix de 6 millions ; ce ne peut être, à moins que
ce ne soit comme solde d'une mauvaise créance, car
les Anglais connaissent trop bien la valeur du diamant.

Quant à la Russie, malgré sa récente origine,
c'est peut-être la puissance actuelle la plus riche en
beaux diamants.

Elle possède, en outre d'une splendide collection
de joyaux, trois couronnes littéralement construites
en diamants : la première, celle d'Yvane Alexio-
witch, en contient 881 ; celle de Pierre le Grand,
847, et celle de la grande Catherine, 2,536 ! Et tous
les témoignages attestent qu'au couronnement de
l'empereur actuel de Russie, il fut mis au jour d'in-
croyables quantités de diamants.

Le trésor de la couronne des czars en renferme
quelques-uns d'une valeur considérable. Le plus
saillant est désigné sous le nom d'Orlow ; il pèse
193 carats. Il a la grosseur d'un demi-œuf de pigeon
et est taillé à facettes. Il sert généralement d'ornement au sceptre. Ce diamant formait l'un des yeux

de la fameuse idole de Scheringam, dans le temple de Bramah.

Dans les premières années du dix-huitième siècle, un soldat français en garnison dans nos possessions des Indes eut occasion de constater que les deux yeux de l'idole étaient de magnifiques diamants.

Il résolut de s'en emparer, et feignit alors un tel zèle pour la religion indoue, qu'il gagna la confiance des prêtres, et eut enfin la garde du temple. C'est tout ce qu'il lui fallait ; une nuit d'orage, il tenta son larcin, mais il ne réussit qu'à moitié, l'un des deux diamants seulement sortit de son orbite.

Il s'enfuit alors à Madras, où il vendit son diamant 50,000 fr. à un capitaine de navire anglais, qui, arrivé lui-même en Angleterre, le revendit à un juif pour la somme de 300,000 fr. ; enfin, un marchand grec, qui l'avait eu de ce juif, le céda à Catherine II, impératrice de Russie, pour 2,250,000 fr., plus une pension viagère de 100,000 fr.

Un des plus curieux de la Russie est celui connu sous le nom de Schah ; il a la forme d'un prisme irrégulier, il est d'une bonne eau et pèse 95 carats. Anciennement possédé par les sophis de Perse, et en dernier lieu par Nadir-Schah, il vint aux mains des Russes après le pillage des diamants de ce conquérant par ses soldats révoltés. Quant au superbe diamant appelé—la Lune des Montagnes,—il tomba au pouvoir d'un chef afghan, qui le vendit à un Arménien, nommé Schafrass, négociant à Bassora, pour 50,000 piastres. Celui-ci le garda douze ans, et envoya alors un de ses frères à Amsterdam pour en négocier la vente avec l'Angleterre ou la Russie.

Après des pourparlers qui durèrent fort longtemps, cette dernière puissance en fit l'acquisition pour la somme de 450,000 roubles argent et des lettres de noblesse au vendeur. C'est ainsi que s'obtiennent les titres en Russie. On cite encore chez cette puissance un magnifique diamant, connu sous le nom — d'Étoile polaire ; — il appartient à la princesse Youssoupoff ; il est taillé en brillant et pèse 40 carats, et enfin, le beau brillant rouge rubis parfait, pesant 10 carats, et qui fut acheté 100,000 roubles par l'empereur Paul Ier.

Pour la maison d'Autriche, elle montre avec orgueil le beau diamant jaune, nommé autrefois — le Grand-Duc de Toscane ; — il pèse 139 1/2 carats, est d'une assez belle forme, taillé à neuf pans et couvert de facettes qui forment une étoile à neuf rayons. C'était ce gros diamant qu'affectionnait le dernier duc de Bourgogne, Charles; il le perdit à la bataille de Morat avec un autre beaucoup moins gros qu'il portait au cou, et qui orne maintenant la tiare du pape.

Le prince Estherazy, colonel du beau régiment de Hongrois au service de l'Autriche, en porte pour douze millions quand il revêt son grand uniforme.

Nous terminerons cette nomenclature par le diamant dit — du Pacha d'Égypte. — C'est une pierre épaisse taillée à pans, elle pèse 40 carats et a coûté 700,000 fr.

Puis le Piggott, apporté en Angleterre par le comte de ce nom, alors qu'il revint de son gouvernement des Indes. Nous croyons que c'est le même, dit — de la loterie d'Angleterre; — la seule différence serait dans le poids, mais on peut s'être trompé.

Ce diamant, qui pèse 82 1/4 carats, n'est pas très-beau. Il fut mis en loterie, en 1801, pour le prix de 750,000 fr.; en 1818, il était la propriété de MM. Rundell et Bridge. Disons aussi quelques mots du Nassac; il appartenait jadis à la Compagnie des

Indes, et avait été pris sur le territoire de Mahratta, pendant la dernière guerre ; il était alors d'une forme très-disgracieuse et pesait 89 3/4 carats ; depuis, il a été retaillé, et quoique non encore parfait, il est plus agréable. Cette opération, exécutée par les ordres du marquis de Westminster, a diminué son poids, qui n'est plus que de 78 5/8 carats. Sa valeur serait de 7 à 800,000 fr.

La Hollande possède un diamant de 36 carats, du prix de 260,000 fr. Et pour en finir de cette interminable liste de richesses, nous citerons encore :

Le diamant bleu de Hope, pesant 44 1/8 carats ; il joint à la plus belle nuance du saphir, le plus vif éclat adamantin ; nous le soupçonnons fort, vu sa rare perfection, d'être la réduction du diamant bleu de France de 67 carats et volé en 1792.

Quoi qu'il en soit, il est unique dans son genre de beauté et a été payé 450,000 fr. Il vaut plus.

Le trésor de Dresde, qui renferme un diamant vert émeraude de 31 1/4 carats.

Le marquis de Drée, qui en possédait un gros et d'une belle couleur rose.

Ensuite, un diamant tout noir que possédait M. Bapst et qu'il vendit à Louis XVIII pour la

somme de 24,000 fr., ce diamant avait la teinte
bistrée foncée du jus de tabac; il était taillé fort
mince, et pourtant son éclat superficiel était très-
vif. Ce diamant venait de la collection Dogni. On
ignore ce qu'il est devenu.

Puis le beau diamant de couleur rose, pesant 15
carats, que possédait, en 1830, le prince de la
Riccia, à Naples. Enfin, un magnifique et d'une eau
rare, pesant 22 1/2 carats, et que nous avons vu
chez M. S. Halphen, en 1838.

Tels sont à peu près les diamants les plus rares
connus, quoique, cependant, certaines collections
particulières en contiennent encore beaucoup mé-
ritant d'être cités.

DIAMANT (taille du)

Tout fait supposer que la taille du diamant était
connue de temps immémorial, et les Romains, en
employant le diamant pour la gravure des pierres
fines, semblent aussi, d'après un passage de Pline,
avoir connu la propriété qu'il a de s'user lui-même ;
mais il est certain qu'on ne connaissait pas encore les
divisions mathématiques des facettes, qui bien coor-
données, pouvaient augmenter sa beauté, et ce ne fut
qu'avec la suite des temps et encore après de très-
longs intervalles, que ce travail, si longtemps dans
l'enfance, parvint au point où nous le voyons, ce
qui ne veut pas dire qu'il est arrivé à sa perfection

Ainsi, dès ces premiers temps, la taille du diamant fut tout à fait facultative et nullement raisonnée ; on le tailla à quatre pointes, en tables, à faces bien dressées, à tranches taillées en biseaux, à pans et à facettes, mais irrégulièrement disposées.

Par une fatalité bien déplorable ou bien préjudiciable au passé industriel de la France, tous les historiens, sur la foi d'un ouvrage intitulé : — *les Merveilles des Indes orientales*, — et se copiant les uns les autres, ont attribué à Louis de Berqueen l'invention de la taille du diamant. C'est une erreur, et on en sera bien convaincu après notre relation, si l'on se souvient que ce Brugeois ne commença à travailler qu'en 1475 ! Ainsi, les diamants épais que l'on rencontre parfois dans de vieux joyaux d'église, sont taillés, dessus, en table et à quatre biseaux, et dessous en prisme quadrangulaire ou pyramidal formant culasse. On peut voir dans l'inventaire des joyaux de Louis, duc d'Anjou, dressé de 1360 à 1368, que le diamant, bien qu'il fût déjà apprécié et qu'il entrât dans l'ornementation des parures princières pour une large part, était encore dans des conditions bien inférieures sous le rapport de la taille ; mais enfin, il était taillé. Ainsi, il est

fait mention d'un reliquaire dans lequel est un diamant *taillé* en *écusson*; puis, de deux petits diamants
plats à deux côtés faits à trois carrés; sur le fruit
d'une salière est un petit diamant plat, rond en façon de miroir; un gros diamant pointu à quatre
faces; un diamant en façon de losange; un diamant
à trois faces; un diamant en cœur; un diamant à
huit côtés; un diamant plat à six côtés, etc., etc. On
comprend que toutes ces tailles informes ne favori-
saient nullement le jeu du diamant. Aussi à cette
époque encore, les pierres de couleur étaient-elles,
et depuis longtemps plus estimées. Cet art était donc
toujours dans l'enfance, bien qu'il fût pratiqué, et
surtout à Paris, car, tout au commencement du quinzième siècle, on trouve sa trace dans les nomencla-
tures des arts et métiers; et l'on y cite un carrefour
de Paris, nommé la Courarie, où s'étaient, suivant la
coutume de l'époque, agglomérés les tailleurs de
diamants. Enfin, vers 1407, nous trouvons que la
taille du diamant fait de notables progrès sous la
pratique d'un habile ouvrier, nommé Herman. Il est
probable qu'il y avait déjà un certain temps que lui
et d'autres travaillaient, puisqu'au splendide repas
donné au Louvre, en 1403, par le duc de Bourgo-

gne au roi et à la cour de France, les nobles con-
vives reçurent, parmi les présents du glorieux
amphitryon, onze diamants estimés 786 écus d'or
de l'époque. Il est évident, dès lors, que ces diamants étaient taillés, imparfaitement il est vrai,
mais cependant assez pour augmenter leur jeu naturel et leur permettre d'être offerts en présents,
car on sait quel aspect a le diamant au sortir de la
mine. Voilà donc le diamant qui s'introduit dans
les usages princiers, grâce à ces premiers essais de
taille. Cependant, les années s'écoulent; cette industrie, paralysée, sans doute, par les difficultés de
sa base, n'avance que lentement en progrès, et déjà,
précurseur de ce qui doit arriver plus tard, une
concurrence s'établit à Bruges où, en 1465, on voit
figurer, parmi les arbitres-experts, Jean Bellamy,
Chrestien Van-de-Scilde, Gilbert Van-Histberghe et
Léonard de Brouckère, *diamantslipers* (tailleurs de
diamants).

Cette ville essayait donc déjà de rivaliser Paris, où
cependant on était plus avancé dans cet art, car ce
ne fut qu'après un assez long séjour et à son retour de
Paris que Louis de Berqueen imagina la taille actuelle, qui fit une telle révolution dans ce commerce,

que tous ses contemporains le regardèrent comme *l'inventeur* de la taille du diamant.

Il y a dans tout cela à prendre et à laisser :

D'abord, il faut reléguer au compte des absurdités, que frottant *par hasard* deux diamants ensemble, Louis de Berqueen se serait aperçu qu'ils s'usaient et se polissaient mutuellement, et aurait de là deviné la taille! Ceux qui ont écrit que c'était *par hasard*, ignorent la puissance musculaire qu'il faut déployer pour *user* le diamant, et dans ce travail le polissage ne pouvait se trouver, car c'est précisément le contraire qui arrive : deux diamants naturellement bien polis, frottés l'un contre l'autre, deviennent totalement gris et inaccessibles à tout effet de lumière.

Mais laissons cela, il faudrait des milliards de volumes pour relever des erreurs qui, à force d'être répétées par des écrivains ignorants, finissent par acquérir la force de la vérité.

Si l'on fait considérer la taille du diamant dans la découverte de la faculté qu'il a de s'user lui-même, il est certain que cette invention se perd dans la nuit des temps, et ne peut être attribuée à personne. Mais si, au contraire, on comprend sous la dénomination de taille du diamant l'art de coordonner ses facettes, de manière à produire les plus beaux jeux de lumière, alors tout le mérite de cet art est à Louis de Berqueen, orfévre et mathématicien ingénieux qui comprit que la taille du diamant était susceptible de perfectionnement, et l'exécuta telle qu'on la pratique encore aujourd'hui, au moins en ce qui concerne la coupe.

Maintenant, s'inspira-t-il des travaux des diamantaires français pendant son séjour à Paris? Nous le pensons, mais c'est ce qu'on ne peut savoir positivement; c'est donc à lui que revient la gloire d'avoir donné une forme et une taille convenables au diamant.

C'est en 1475 que Louis de Berqueen fit ses premiers essais de taille perfectionnée sur trois diamants bruts, et d'une dimension hors ligne, qui lui furent donnés par Charles le Téméraire, duc de Bourgogne, dont la magnificence était sans bornes. Le premier était une pierre épaisse que l'on couvrit de facettes, et qui fut depuis le Sancy.

L'infortuné duc le portait encore lors de la fatale bataille de Granson. Le second, pierre étendue, fut taillé en brillant et donné au pape Sixte IV, et le troisième, pierre difforme, fut taillé en triangle et monté sur une bague figurant deux mains, comme symbole de bonne foi, et donné à Louis XI. Étrange cadeau pour un tel roi !

Robert de Berqueen raconte que son aïeul Louis reçut du généreux duc trois mille ducats pour ses travaux.

Les premiers ateliers de Berqueen fonctionnèrent à Bruges, sa patrie, où il forma des élèves, dont les uns passèrent à Anvers, d'autres à Amsterdam, enfin, il en vint à Paris ; mais il paraît que, faute de travaux et d'encouragements, ou plutôt manque de diamants bruts, on fut près de deux siècles à végéter, car, à cette époque la France, sans marine, n'envoyait que rarement aux Indes, déjà presque monopolisées par le commerce hollandais, et les précieux cailloux n'arrivant pas à Paris, nos ateliers diamantaires français furent contraints de péricliter. Enfin, le cardinal Mazarin s'éprit tout à coup de cet art et résolut d'en augmenter les progrès ; et, sous sa puissante impulsion, les diamantaires de Paris travaillèrent pour toutes les cours, et s'ils n'atteignaient pas encore la perfection, du moins n'étaient-ils pas surpassés par d'autres. Le puissant ministre, glorieux de la régénération de cet art, confia alors à ces diamantaires les douze plus gros diamants de la couronne de France pour être retaillés; on fit à ces pierres de nombreuses facettes qui, quoique mal disposées, augmentèrent néanmoins le jeu des diamants. Il en fut satisfait, et les redonna de nouveau pour voir si on ferait mieux, ou plutôt pour alimenter cet art qui l'intéressait. C'est alors qu'on reprit l'idée de Louis de Berqueen, d'appliquer au diamant des divisions mathématiques, d'abord imparfaites et très-limitées; mais enfin, ces douze diamants furent ce que l'on vit de mieux alors; aussi portèrent-ils le nom des — douze Mazarins.—Que sont devenues ces pierres, précieux spécimen de l'art du diamantaire à cette époque? Nous l'ignorons; toutes nos recherches ont été vaines pour en retrouver les traces; seulement, l'inventaire des diamants de la couronne, que nous avons cité, relate, sous le n° 349, un grand diamant brillant, reconnu sous la dénomination du *dixième Mazarin*, forme carrée arrondie, de bonne eau, vif et mal net, fort épais, annoncé peser 16 carats par l'inventaire de 1774 et estimé 50,000 fr. Sous le n° 350, et assorti à ce diamant, est fait mention d'un autre pesant 17 carats ; c'était peut-être aussi un des Mazarins, mais il n'en est pas question (1).

Le haut encouragement du cardinal, le goût du diamant qui commençait à se répandre dans les hautes classes, fit faire de tels efforts aux artistes français, que l'on arriva à la taille du diamant en seize ; et plus tard, à la fin du dix-septième siècle, Vincent Peruzzi, de Venise, trouvait la taille du brillant *recoupé*, en faisant des recherches sur les diamants colorés. A cette époque, Paris possédait 75 diamantaires en pleine activité ; il y avait, parmi, des maîtres très-habiles, tels que Dauvergne, Jarlet, etc., etc. Ce dernier tailla même pour la Russie un diamant de 360 grains (90 carats). Tout faisait présager un splendide avenir à cette industrie, lorsque tout à coup elle déclina ; on ne fit plus d'élèves, toutes les anciennes pierres étaient retaillées, le brut n'arrivait pas à Paris : il fallait donc succomber. Ainsi, en 1775, il n'y avait plus que sept maîtres, gagnant à peine pour vivre, quoique d'un talent reconnu supérieur, ce qui n'empêcha pas, vers cette époque, que l'on envoya de Paris à Anvers 1,996

______

(1) Nous croyons qu'en compulsant les registres des mutations, on pourrait retrouver les onze autres.

pierres brutes, pesant 3,832 carats, pour y être taillées en brillant, et pendant ce temps, nos artistes nationaux mouraient de faim, et une de nos industries les plus artistiques s'en allait à l'étranger, où de nombreux ateliers étaient ouverts par de malheureux réformés, victimes de la révocation de l'édit de Nantes, et des israélites expulsés de France par suite de nos dissensions religieuses. On le voit, le travail si intéressant de la taille du diamant languissait, il allait périr, lorsque vers la fin du ministère de Calonne, un étranger, nommé Schrabracq, offrit au gouvernement de remonter cette industrie. On dressa donc, dans un vaste local du faubourg Saint-Antoine, vingt-sept moulins; on prit des élèves; tout semblait bien aller, lorsqu'un jour Schrabracq disparut tout à coup, sans motif plausible, et on ne le revit jamais.

Pour cette fois, ce fut fini de la taille du diamant à Paris; de hautes et persévérantes influences l'avaient enfin emporté.

Depuis, cet art ne fut plus exercé à Paris que par deux ou trois ouvriers, et encore n'étaient-ils employés, la plupart du temps, qu'à reprendre quelques facettes brisées en sertissant.

On a pu voir par l'historique abrégé des vicissi-
tudes que la taille du diamant a éprouvées à Paris,
les causes de sa disparition. Cependant, tout nous
porte à croire qu'elle y reprendra, plus puissante
que jamais, malgré les intéressés à son séjour à l'é-
tranger; et bien que Gallais et Lagroux, les derniers artistes diamantaires, soient morts de misère,
cette industrie a de telles racines dans notre sol, que
nous la verrons refleurir. Ainsi, diverses tentatives
ont encore eu lieu, et, en 1848, M. Lelong Burnet,
joaillier, voulut rendre ce beau travail à la capitale;
il inventa même un appareil fort ingénieux et très-
curieux pour la distribution parfaitement égale des
facettes, et pour lequel il fut breveté, mais la machine inintelligente ne put jamais trouver ce qu'on
nomme — le fil du diamant, — et son projet fut
abandonné. Peut-être quelques recherches et un
peu de persévérance eussent-elles produit un meilleur résultat. En 1852, M. Philippe aîné, après un
séjour de quinze années en Hollande, revint à Paris,
et n'y voyant plus un seul diamantaire, résolut de
rénover cet art à Paris, et malgré les obstacles sans
nombre que lui suscitèrent ceux-là mêmes qui de-
vaient le plus l'aider et l'encourager, il fonda une

taillerie basée et simplifiée sur des principes nouveaux, en laissant de côté, bien loin, le lourd métier
suranné des Hollandais, perfectionnement qui lui
valut un brevet.

M. Philippe, voulant rétablir à tout jamais cette
industrie en France, forma de suite un élève français:
il eut la main heureuse : ce jeune élève qui à son
tour en forme d'autres, est devenu de suite un artiste de premier ordre, et tout le monde a pu le voir
à l'Exposition universelle de 1855, dirigeant la machine à tailler le diamant de M. Philippe. Voilà
donc, grâce à cette généreuse initiative, une pépinière nouvelle de diamantaires français qui va se
former avec le temps, et un seul homme aura suffi
pour affranchir la France des millions qu'elle envoie
à l'étranger pour des travaux qu'elle peut faire
mieux. Cette heureuse tentative porte déjà ses fruits,
quoique d'une manière que nous ne pouvons ap-
prouver.

Une autre taillerie vient d'être créée à Paris par
des industriels, MM. Gaensly et Bernard. Cet établissement est monté sur une assez grande échelle :
machine à vapeur, métiers, savoir-faire, rien n'y
manque, si ce n'est cependant le savoir et une orga-

nisation nationale; une trentaine ou quarantaine d'ouvriers, tous *israélites hollandais*, y sont presque constamment occupés et façonnent, en brillant seulement, des parties de diamants bruts achetés au Brésil.

Certes, personne plus que nous ne désire avec ardeur la réintégration de cet art en France. La Hollande a conquis ce monopole pour servir des intérêts que nous ne voulons pas qualifier, et ils sont grands, puisque la majeure partie des plus fortes maisons de Paris qui s'occupent du commerce de diamants, est intéressée dans la taillerie d'Amsterdam, et a préféré fonder à l'étranger un établissement considérable, qu'il lui eût été plus agréable d'avoir sous la main; mais, nous le répétons, il s'agit d'intérêts particuliers devant lesquels, dans notre siècle égoïste, ont dû s'effacer les intérêts du pays. Aussi, sommes-nous disposés à encourager de tout notre pouvoir, toute fabrique *française* de diamants, persuadé que nous sommes des immenses progrès que le temps et une bonne installation amèneraient.

Mais, tout en émettant des vœux pour la réussite de la taillerie de diamants de MM. Gaensly et Bernard, notre devoir d'écrivain nous force à déclarer que cet établissement pèche par deux points principaux : les ouvriers, d'abord, et le travail qu'on leur laisse produire.

Pour nous, une industrie quelconque ne peut être nationale, en France, et avoir des chances de durée, sans être alimentée par des ouvriers français; or, jamais les *israélites hollandais* de cette fabrique ne consentiront à faire des élèves français. Il est donc totalement indifférent qu'un diamant soit taillé à Amsterdam ou à Paris, du moment que cet art ne peut progresser par le manque d'initiative de ceux qui l'exercent; et nous ne sachions pas qu'un ouvrier hollandais ait plus d'esprit et de bon vouloir chez nous que dans sa patrie.

Le Hollandais, naturellement apathique, habitué dès son enfance à ce travail, n'y a jamais et ne voudra jamais y changer un *iota*. Nous avons nous-mêmes présenté à des diamantaires hollandais de nouveaux modèles de taille pouvant parfaitement s'exécuter; ils n'ont pas même voulu les essayer, comme s'il était possible que tout fût dit dans cette importante question.

Quant aux pierres sorties des ateliers de cette nouvelle taillerie, elles sont en tout semblables à celles sorties des ateliers d'Amsterdam, c'est-à-dire que tout est sacrifié au poids. Ce n'est pas ainsi que nous comprenons la mission des nouveaux diamantaires ; et il faut que nous le disions, la France ne peut espérer arracher ce monopole à la Hollande qu'à la condition de mieux faire, et pour cela, il n'y a qu'à sacrifier un peu de poids à la forme et au fini, et c'est malheureusement ce qu'on ne fait pas.

Pour conserver un 16° ou un 32° de carat, on laisse une pierre difforme ou mal polie, d'épais feuilletis qui la colorent, des facettes irrégulières, etc., etc. A notre sens, c'est un mauvais calcul ; il vaut mieux produire cent carats de beaux diamants que cent dix de défectueux ; le prix compenserait, et puis, ne fût-ce qu'à avantage financier égal, il y aurait au moins progrès, et c'est tout ce que nous demandons, sachant qu'avec un peu de bon vouloir rien ne reste stationnaire dans notre France.

Les différentes formes que l'on a données et que l'on donne au diamant ont dû nécessairement varier avec le temps et le progrès. Aux Indes, berceau du

diamant, on commença à le tailler à quatre biseaux
en dessus avec une large table, et comme on tenait
déjà à conserver le poids, et que ces premiers essais
de taille furent faits sur de gros octaèdres presque
purs, il dut leur rester une forte culasse; aussi tous
les anciens diamants des Indes, dont Tavernier,
Bernier et autres ont rapporté les modèles, sont-ils
ainsi. C'est ce que l'on appelle taille des Indes. Plus
tard, lorsqu'ils connurent la division du diamant
pour en élaguer les défauts ou corriger la forme, ils
employèrent la taille dite table, qui représente en
tout celle dont nous venons de parler, excepté que
la pierre est plate en dessous. Puis ils se prirent
d'un goût tout à fait particulier pour les diamants
très-plats; ils les taillèrent en conséquence, et de
nos jours encore, en Perse, à Bagdad, en Arabie, etc.,
les diamants les plus estimés sont ceux formés d'une
lame assez mince et étendue, taillée seulement à biseau sur les bords, comme les anciennes glaces de
Venise. On ne peut se faire une idée de la limpidité
du diamant d'Orient ainsi taillé. Malgré tout, nous
devons dire que la majeure partie des diamants
taillés en Orient ont une mauvaise forme, le feuilletis est ordinairement trop épais, ils donnent sou-

vent trop à la table et pas assez à la culasse, à moins que la pierre ne s'y prête, et l'une et l'autre sont rarement au centre; enfin, les facettes sont inégales et mal polies. Cependant, malgré tous ces défauts, les vieux diamants des Indes sont toujours très estimés, à cause de la pureté de leur matière.

L'introduction du diamant en Europe devait amener des modifications dans l'art de l'employer. Aussi ne tarda-t-on pas, ainsi que nous en avons fait l'historique, à régulariser ses formes. Nous citerons les principales : la taille en brillant, celle-ci est la plus précieuse et fait le mieux ressortir les admirables reflets de lumière du diamant. On appelle brillant *recoupé*, celui sur lequel la meule a détaché trente-deux facettes en dessus et autant en dessous. C'est maintenant la plus usitée, surtout pour les pierres pures et bien proportionnées. Il y a des diamants qui sont recoupés en dessus sans l'être en dessous; cette imperfection ou omission volontaire diminue la valeur de la pierre, quelque belle qu'elle soit, avec d'autant plus de raison que la multiplication des facettes entraînant la coloration de la pierre, on ne peut juger sainement un diamant ainsi taillé.

La taille en brillant *non recoupé* se fait à huit facettes en dessus et en dessous, souvent encore, surtout dans les petits, n'en ont-ils que quatre, non compris la table et la culasse. On la nomme taille en table lorsque, la pierre étant mince, la culasse est à peine indiquée, ou même que le dessous est tout à fait uni. Parfois aussi certains brillants présentent seize facettes; mais cette taille, peu appréciée et peu avantageuse, ne se fait qu'aux mauvaises pierres.

La taille en *rose* est à vingt-quatre facettes en dessus, disposées de manière à ce que le sommet de la pierre se termine en pointe; le dessous est plat. On nomme, dans le commerce, ces pierres — roses de Hollande. — Cette taille, bien exécutée, fait merveilleusement ressortir les pierres d'une bonne épaisseur, et, dans ce cas, on dit d'une rose réunissant ces conditions, — *qu'elle est bien couronnée.* —Les roses tout à fait plates, ou provenant du clivage des diamants défectueux, n'ont que six, huit ou douze facettes. On les désigne sous le nom de — roses d'Anvers. —

Il y a aussi des diamants très-étendus, que l'on taille en dessus à trente-deux facettes et dont le dessous est plat comme aux roses ; on les nomme alors *demi-brillant*, et souvent des diamantaires habiles rapportent en dessous un cristal taillé à culasse et joignant le feuilletis du demi-brillant , auquel il paraît donner l'épaisseur qui lui manque ; alors il prend le nom de *brillant doublé*.

Il existe encore une taille pour le diamant et qu'on a employée pour le Sancy ; mais elle est peu usitée, on ne sait pourquoi, car elle économise de la perte de poids à la taille et lui donne beaucoup d'éclat par la multiplicité des facettes qui couronnent le sommet. On peut encore citer une taille inventée par Caire ; elle représente une figure étoilée offrant un assemblage rayonnant assez agréable à l'œil.

Cette taille produit, du reste, des jeux de lumière différents du brillant recoupé et des roses ; ils ont quelques désavantages très-grands, c'est de ressembler à ceux de certains cristaux et de n'être pas assez sévères pour le diamant à cause du miroitage qu'ils présentent.

Lorsqu'un diamant brut offre une forme poire un peu accusée, on le couvre de facettes partout, et, dans cet état, il se nomme brillolette.

Cette façon, peu avantageuse pour la réflexion du

diamant, ne se fait que pour ménager le poids. Ce sont, du reste, des tailles d'amateurs.

Le travail de la taille du diamant comprend trois opérations bien distinctes : le clivage, le brutage et le polissage.

Quand un diamant contient dans son intérieur un ou plusieurs de ces nombreux défauts dont nous avons parlé, on procède alors au clivage, c'est-à-dire à la séparation mécanique de ses lames aux endroits mauvais, ce qui permet de les faire disparaître, et, dans le second cas, d'élaguer les parties nuisant à la forme régulière de la pierre. Cette opération exige de la part des ouvriers une connaissance profonde du décroissement des cristaux, ou, ce qui arrive le plus souvent, une grande habitude (1).

Le brutage, dont le but est de donner au diamant la forme dont il est le plus susceptible en ménageant le poids, s'obtient au moyen du frottement mutuel de deux diamants, autant que possible de même grosseur. Pour cela, on les encimente aux bouts de deux poignées, et la poussière impalpable

______

(1) Voir le mot *Clivage*.

qui résulte du frottement, tombant dans une boîte nommée — égrisoir, — est recueillie soigneusement et sert, mélangée avec de l'huile d'olive bien épurée, afin d'éviter l'encrassement, à la troisième partie du travail. Rien ne peut rendre le son aigre et grinçant de cette opération, et, indépendamment de l'art d'*attaquer* la pierre dans le sens le plus avantageux, c'est un des métiers les plus fatigants qui existent, surtout pour les grosses pierres.

Quant au polissage, on sait qu'on y arrive en soumettant le diamant à l'action rotatoire continue de plates-formes de fer doux enduites d'*égrisée* de diamant ou de carbone.

Les principales précautions à observer sont : la juste division des facettes, et de saisir promptement ce qu'on appelle — le fil de la pierre, — c'est-à-dire le seul sens par lequel on parvient à la polir, chose indispensable, car un diamant, posé à contre-sens sur la meule, resterait des milliers d'années sans se polir ni s'user, malgré la vitesse des roues, qui font 2,500 à 3,000 tours à la minute. Il arrive parfois qu'on détachera facilement vingt à trente facettes sur un diamant, et soudain une dernière restant se montrera rebelle, et toute la puissance de l'art et de l'ouvrier n'arriveront pas à la polir, ou, si l'on y parvient, on peut toujours remarquer que cette facette est grise et sillonnée de raies.

Les anciens ont gravé sur le diamant; ce devait être une énorme difficulté vaincue, et voilà tout. Nous ne croyons pas que, de nos jours, on le fasse, et si nous avions quelque chose à regretter, ce serait le percement des brillolettes, emporté par son auteur, mort de misère et de faim, il y a une trentaine d'années, dans un galetas de la rue du Harlay.

La différence du diamant brut au diamant taillé, relativement au poids, est assez difficile à apprécier, la variété dans les rendements dépendant toujours de la pureté de la forme et de la netteté des cristaux. Cependant, le terme moyen est, pour le diamant jusqu'au carat, de 38 à 40 p. 100, de 50 p. 100 pour ceux dépassant ce poids, et souvent plus pour les fortes pierres, et c'est surtout dans celles-ci que les bruts sont plus déformés ou accidentés.

Les diamants qui venaient anciennement de Pannah, étant presque tous des octaèdres purs (quatre pointes), ne perdaient qu'un cinquième à la taille, mais ils faisaient certainement exception. On a vu,

du reste, dans l'histoire des gros diamants, que la
perte est toujours très-grande, ainsi :

Le Régent pesait brut	410	carats et taillé	136 14/16
Le Grand-Mogol	780 1/2	id.	279 9/16
Le Ko-hi-Noor	186 1/2	id.	82 12/16
L'Étoile du Sud	254 1/2	id.	124 4/16
Le Nassack déjà taillé	89 3/4	id.	78 10/16

Et cependant il est indubitable que l'on a fait de
grands progrès dans l'art de *prendre* le diamant
dans le sens le plus favorable à la taille, et d'arriver, par un clivage intelligent, à en tirer le meilleur
parti. A cet égard, a-t-on bien réussi dans les deux
fortes pierres modernes, le Ko-hi-Noor et l'Étoile du
Sud ? Nous ne le pensons pas, surtout pour la première.

On a perdu beaucoup et l'on n'est arrivé qu'à faire
une pierre trop plate, et il est facile de comprendre,
en voyant le modèle du Ko-hi-Noor indien, que s'il
eût été pris en sens contraire, on eût produit une
pierre mieux proportionnée. Quant à l'Étoile du
Sud, l'étude approfondie que nous en avons faite à
l'état brut nous porte à croire qu'on eût pu lui
conserver un peu plus de poids en la laissant un peu
plus épaisse, ce qui eût encore augmenté la beauté
de sa forme. Et on ne doit pas le perdre de vue, le

grand art du diamantaire réside dans la production de formes régulières tout en conservant le plus de matière, car si la beauté de la forme tient à l'art, la quantité de poids tient au commerce. Le diamantaire habile doit donc viser à concilier ces deux exigences. Cependant, nous avouons qu'en tous cas il vaut mieux rogner et user une pierre que de la laisser imparfaite. En un mot, nous préférons la forme au poids, persuadé que ce n'est qu'en suivant résolûment cette voie que l'on régénérera cet art en France.

DIAMANT (de Bore)

Le bore adamantoïde ou bore cristallisé vient de faire son apparition dans le monde scientifique. Cette production, digne à tous égards de l'attention publique, nous paraît être la suite des curieux travaux de MM. Ebelmen et Gaudin pour la production artificielle des gemmes de toute nature.

En ce sens, nous ne pouvons qu'applaudir et louer de pareils travaux, ce sont vraiment des efforts de science et de génie ; mais il reste à résoudre la question de savoir si les résultats obtenus sont en rapport avec les espérances un peu prématurées des auteurs.

On lit dans un rapport de l'Académie des sciences :

« Le bore cristallisé (ou diamant de bore, comme l'ont heureusement appelé **MM.** Wohler et **H.** Sainte-Claire Deville) offre une belle transparence : il est tantôt rouge grenat, tantôt jaune de miel ; mais ses diverses nuances paraissent tenir, comme la couleur des pierres précieuses, à des quantités excessivement faibles et variables de matières étrangères. On a tout lieu d'espérer que pur il est complétement blanc. Il présente un éclat et une réfringence des plus remarquables, et suivant toutes les présomptions, incolore et en gros cristaux, il aura tout le feu, tous les magnifiques effets de lumière du diamant.

» Il en a, d'ailleurs, la dureté : il raye le corindon ou rubis oriental, qui, parmi les corps durs, avait jusqu'ici tenu le second rang ; il raye même le diamant ; quant à sa forme cristalline, elle n'a pu encore être bien nettement déterminée. »

Voici ce que nous pensons, tout en désirant bien sincèrement nous tromper :

La cristallisation du bore, quoique n'ayant encore réussi à produire que des cristaux plus que microscopiques, n'en a pas moins ému le monde savant et industriel. Cette découverte, bien qu'à l'état d'enfance, prônée par les mille voix de la presse, a porté le trouble dans certains esprits, alarmé le commerce du diamant et ceux qui en possèdent, soit comme parure, soit comme fortune. Nous nous devons à nous-même, spécial dans la matière de rassurer les uns et les autres, en examinant un peu près les prétendus diamants produits.

Cette dénomination, quelque peu ambitieuse, ne doit cependant tromper personne ; elle signifie tout au plus durcissement du bore, et il ne peut être venu à l'idée des auteurs de cette découverte, admirable du reste, de comparer leurs produits au carbone cristallisé, c'est-à-dire au diamant. Examinons cependant si les qualités qu'on s'est plu à leur reconnaître ont pu être appréciées avec certitude. Il nous est permis d'en douter. Les infiniment petits cristaux produits n'ont d'abord pas encore présenté à la science de formes bien déterminées, ce qui est déjà un grand inconvénient pour leur rapprochement avec une production naturelle. Nous passerons sur leur coloration, cela n'infirmant en rien leur nature. Quant à l'éclat et à la réfringence extraordinaire qu'on a cru entrevoir, n'y a-t-il rien d'exagéré, et peut-on l'affirmer *de visu*, quand la peti-

tesse des cristaux observés permet difficilement
d'apprécier ces qualités? Puis cet éclat est-il celui
du diamant si spécial et partant si reconnaissable?
C'est ce qu'on ne dit pas. Reste la question de
dureté ; a-t-elle été bien jugée? Il nous est encore
permis d'en douter ; avec d'autant plus de raison
qu'on ne les a pas soumis à l'épreuve de la meule
du diamantaire, seul moyen de constater le degré
de dureté d'une manière irréfutable, puisque le
diamant seul peut la supporter. Parmi les masses de
faits que nous pourrions citer si notre allégation en
avait besoin, il en est un hors ligne qui mérite d'être
connu. Il y a un an environ, un Américain avait un
soi-disant diamant, gros comme un œuf, et en demandait quinze millions ; il le présenta à l'École des
mines, où, après avoir examiné sa structure et
constaté sa pesanteur spécifique, on crut reconnaître
un diamant. C'est du moins ce que l'Américain
affirmait. Cette pierre nous ayant été soumise, nous
comprimes de suite que le minéralogiste avait dû
être trompé par le poids de la pierre, lequel est
absolument le même pour la topaze blanche du
Brésil et le diamant ; et ayant reconnu à d'autres
caractères la véritable nature de cette pierre, qui

était une merveilleuse topaze, nous le dîmes à
l'Américain, qui ne voulut pas nous croire, tant il lui
en coûtait d'être désillusionné; et cela se comprend...
15 millions !... Enfin, il revint plusieurs jours
après la faire essayer sur la meule de M. Philippe,
le diamantaire. En vain le jeune ouvrier lui affir-
ma-t-il un mauvais résultat, il ne voulut rien enten-
dre et exigea qu'elle fût placée sur la plate-forme ;
au premier frottement, elle fût affreusement muti-
lée ; un tour de roue avait brisé 15 millions ! L'A-
méricain sortit comme fou et nous ne le revîmes
plus.

Il est donc patent pour nous que, bien que la
substance factice, nommée diamant de bore, étendue sur la meule du *lapidaire*, ou sur le tour du
graveur, use les gemmes corindons, on ne peut en
conclure qu'elle attaquerait le diamant avant d'en
avoir fait l'épreuve seule décisive. Autrefois cette
constatation suprême eût présenté beaucoup de
difficultés, il eût fallu aller à Amsterdam ; mais
aujourd'hui il est très-facile aux honorables auteurs
de la découverte de la cristallisation du bore de
s'assurer de son degré de dureté, Paris possédant
maintenant deux ateliers de diamantaires dont les

plates-formes saupoudrées d'*égrisée* sont au service de la science.

Notre dissertation sur le bore adamantoïde nous amène tout naturellement à parler des nombreux essais tentés par bien des célébrités scientifiques dans le but de produire le diamant. Sans remonter jusqu'aux curieux travaux et aux patientes recherches des alchimistes, nous n'en citerons que quelques-uns, bien connus de nos jours.

Nous laisserons ici parler le savant M. Julia de Fontenelle, qui en a fait un excellent exposé sous ce titre :

FABRICATION DU DIAMANT AU MOYEN DE L'ART.

« Depuis qu'il a été reconnu que le diamant est du carbone ou du charbon dans son plus grand état de pureté, quelques chimistes ont conçu l'espoir de faire cristalliser le carbone et de former ainsi des diamants. Les dernières tentatives faites à ce sujet avaient déjà alarmé les joailliers. Cependant, tout prouve que M. Gannal n'a pas réussi ; le silence de la commission nommée par l'Académie des sciences pour examiner son procédé semble l'attester. Quoi qu'il en soit, nous osons concevoir l'espérance qu'on pourra parvenir, par les miracles de la chimie ou de l'électro-chimie, à opérer cette cristallisation. Il faudrait, dans le premier cas, trouver un dissolvant du charbon qu'on pût ensuite évaporer. Malgré cela, dit M. Dumas, il n'est pas certain que le charbon cristallisât en se déposant. Comme ce chimiste n'a devers lui aucune preuve du contraire, nous continuerons à regarder cette cristallisation comme possible. On pourrait tenter avec plus d'espoir, ajoute-t-il, l'effet des réactions lentes sur des compositions liquides de carbone, qui seraient soumises à l'influence de corps capables de leur enlever les autres principes constituants : telle est la marche qu'a suivie M. Gannal. Les carbures d'hydrogène, le sulfure de carbone, etc., etc., soumis à l'influence du chlore, du brome, de l'iode, dans les circonstances convenables, pourraient peut-être se transformer en acide hydrochlorique et en charbon, assez lentement pour que celui-ci prît la forme cristalline. L'auteur cite ces corps comme exemple, et non point comme les plus favorables. En effet, le chlore qu'on fait agir sur les carbures d'hydrogène les décompose, mais il s'unit lui-même au carbone, etc., etc. Pour que cette cristallisation soit possible, il faut que le dépôt de carbone se fasse très-lentement, sinon le précipité est constamment une poudre noire. Ainsi, par des procédés électro-chimiques aussi curieux que variés, M. Becquerel est parvenu à faire cristalliser plusieurs substances minérales, et nous sommes portés à croire que la nature emploie des procédés électro-chimiques analogues à ceux de cet honorable physicien pour faire cristalliser le carbone et donner naissance au diamant.

» Il est des chimistes qui ont cherché à faire des diamants en soumettant le charbon à une très-haute température, surtout à celle d'une forte pile voltaïque; il en est qui, par suite, ont cru reconnaître des traces de fusion de carbone, ainsi que des globules vitreux. Mais tous ces effets, dit le chimiste précité, étaient dus à de la cendre qui provenait de la combustion du charbon employé, et qui, contenant de la silice, de la potasse et des phosphates, a donné lieu à des molécules vitreuses. On pourrait donner la même explication au fait rapporté par F. Joyce, que le charbon provenant de la mouchure de bougie brûlé dans une petite cuiller de platine et chauffé fortement au chalumeau donne une cendre rude qui raye le verre comme la poudre de diamant. Dans ce cas, le fait est constant, il doit se produire un composé vitreux plus dur que le verre lui-même. Il serait à désirer que l'auteur eût essayé d'user le diamant avec cette cendre; il ne resterait aucune incertitude sur sa nature.

» On a essayé aussi de brûler par l'étincelle électrique un mélange de gaz acide carbonique et d'hydrogène. De cette manière, dit l'auteur anglais précité, l'oxygène du premier a dû s'unir à l'hydrogène en déposant du carbone à l'état de pureté; mais je ne sais, ajoute-t-il, si l'on est parvenu à faire des diamants de la sorte, quoique j'aie vu souvent l'appareil destiné à cette opération, et qu'on en ait rapporté que, dans un cas, il avait formé des diamants qu'on ne pouvait distinguer qu'au moyen d'une forte lentille. Il paraît plus naturel de croire que si l'auteur eût obtenu des résultats heureux, il n'eût pas manqué de leur donner la plus grande publicité. Nous rangerons donc cette annonce au rang des hypothèses, ainsi que celle d'une formation de diamant opérée par un professeur de chimie des États-Unis en chauffant la plombagine au chalumeau à gaz hydro-oxygène. Dans cette opération, l'auteur doit avoir obtenu de l'acide carbonique et une sorte d'acier fondu.

» Le 10 octobre 1828, M. Cagnard de la Tour adresse à l'Académie des sciences dix tubes remplis de très-petits cristaux de couleur brunâtre, qu'il crut être de carbone cristallisé. Les plus gros de ces cristaux pesaient 4 centigrammes; ils furent examinés par MM. Thénard et Dumas. Ces cristaux étaient transparents, semblables au diamant; plus durs que le quartz, mais moins que le diamant; celui-ci les rayait : soumis à l'action de la chaleur la plus intense, ils n'éprouvent point de combustion; enfin, ces cristaux furent reconnus être des silicates ou bien des pierres précieuses artificielles.

» Dans la même séance, M. Arago annonça qu'un chimiste de sa connaissance s'était occupé de la décomposition du soufre par l'électricité, mais que malheureusement, le carbure de soufre n'étant pas conducteur de l'électricité, il n'avait pu y parvenir. Cet habile physicien ajoute que l'auteur continue ses travaux et sur ce carbure et sur l'acide carbonique, et qu'il espère obtenir d'heureux résultats.

» Enfin, M. Gannal, comme nous l'avons dit, adressa à l'Académie des sciences, le 23 novembre

1828, un travail sur la formation artificielle des diamants par la précipitation du carbone, qui paraissait basé sur des faits si positifs, que le commerce des diamants en fut alarmé. D'après l'auteur, si l'on introduit plusieurs bâtons de phosphore dans un petit matras contenant du carbure de soufre, recouvert d'une couche d'eau, l'on remarque, au moment où le phosphore se trouve en contact avec le carbure, qu'il se fond et se précipite à l'état liquide au fond du matras, la masse se trouve alors partagée en trois couches distinctes :

» La première formée d'eau pure, la deuxième de carbure de soufre, la troisième de phosphore liquéfié.

» Si l'on mêle les liqueurs par l'agitation, le mélange devient laiteux, et par le repos il se sépare en deux couches : la supérieure est de l'eau, et l'inférieure se trouve être du phosphore de soufre. Entre ces deux couches, on en remarque une troisième qui est très-mince et qui est formée par une poudre blanche qui, lorsqu'on expose le matras aux rayons solaires, offre toutes les nuances du prisme, et paraît formée d'une multitude de cristaux.

» Voulant obtenir des cristaux plus volumineux, M. Gannal a introduit dans un matras placé dans

un endroit bien abrité huit onces d'eau, autant de
carbure de soufre et de phosphore. Après avoir
opéré comme pour l'expérience précédente, il s'est
formé, après un jour de repos entre les deux
couches précipitées, une pellicule très-mince de
poudre blanche, qui présentait çà et là plusieurs
bulles d'air et divers centres de cristallisation formés, les uns par des aiguilles ou des lames très-
minces, et les autres par des étoiles; au bout de
quelques jours, cette pellicule augmenta graduelle-
ment d'épaisseur, en même temps la séparation des
deux liqueurs devint moins nette, et après trois mois,
elles semblaient ne plus en former qu'une. Un autre
mois après, aucun autre changement notable ne
s'opérant dans la liqueur, l'auteur les filtra à travers une peau de chamois, qu'il plaça ensuite sous
une cloche de verre, dont il eut soin de renouveler
l'air de temps en temps. Au bout d'un nouveau
mois, cette peau ne pouvant être maniée sans inconvénient, fut remise dans ses plis, ensuite lavée et
séchée. Ce fut seulement alors qu'il put examiner
la substance cristalline qui s'était déposée à sa surface, laquelle, exposée aux rayons solaires, réflé-
chissait les nuances de l'arc-en-ciel.

» Vingt de ces cristaux étaient assez gros pour être enlevés avec la pointe d'un canif, trois autres étaient de la grosseur d'un grain de millet; ils furent remis par M. Gannal à M. Champigny, directeur des ateliers de joaillerie de M. Petitot, qui les examina soigneusement et se convainquit : 1° qu'ils rayaient l'acier ; 2° qu'aucun métal ne pouvait les rayer ; 3° que l'eau en était pure ; 4° qu'ils répandaient l'éclat le plus vif. En un mot, M. Champigny lui déclara que c'étaient de véritables étincelles de diamants. L'auteur, ayant examiné quelques-uns de ces cristaux à la loupe, reconnut qu'ils avaient la forme dodécaèdrique, qui est une de celles qu'affecte le diamant.

» Il eût été à désirer qu'il eût brûlé quelques-uns de ces cristaux dans le gaz oxygène, afin de se convaincre si ce produit n'eût donné que du gaz acide carbonique. Ce caractère, qui distingue le diamant de toutes les autres pierres, eût imprimé quelque certitude à cette découverte. Mais cette épreuve n'ayant point été faite, et le silence de la commission de l'Académie des sciences pour vérifier le travail de M. Gannal, nous porte à croire, malgré cette sorte de conviction avec laquelle il s'exprime dans

son mémoire, qu'il a été induit en erreur, sans cependant nier la possibilité de pareils résultats. »

Si nous examinons maintenant les essais de cristallisation du carbone tentés par notre grand physicien, M. Desprez, nous ne trouvons malheureusement encore rien de bien décisif. Il faut alors que la
difficulté soit bien grande, car qui est plus capable ?

Voici ce que nous lisons dans une excellente
publication récente, le *Dictionnaire de la Conversa-
tion et de la Lecture :*

« M. Desprez a déjà obtenu quelques résulats
remarquables. Il a fourni de nouveaux arguments
contre la supposition que le diamant aurait une
origine ignée. Réunissant tout ce qu'il y avait de
piles de Bunsen disponibles dans la capitale, et les
rangeant en bataille, il a concentré leurs feux sur
des pôles de charbon renfermés dans une enceinte
de verre. Le carbone, qui jusque-là passait pour absolument fixe, soumis à une température effroyable,
a fourni des vapeurs qui se sont précipitées presque
aussitôt sur les parois du vase ; mais , cette fois
encore , l'intervention directe de la chaleur n'a
fourni qu'une poudre amorphe, une sorte de noir
de fumée dépourvu d'apparence cristalline.

» Après avoir reconnu que la précipitation des vapeurs de charbon, dégagées à la haute température de la conflagration électrique, ne donne qu'une poudre noire, à peu près comme une lampe qui fume, M. Desprez a cherché à opérer à froid et à compenser par l'intervention du temps la faiblesse de l'action qu'il comptait mettre en jeu. Il employa un appareil de M. Ruhmkorff, lequel, mis en relation avec un simple couple voltaïque, donne une suite de décharges dues au développement des courants d'induction ; tant que la pile conserve assez de puissance, l'instrument fait luire, à l'intérieur d'un globe privé d'air, un arc de lumière électrique, qui se reproduit périodiquement à des instants très-rapprochés. Cet arc ne développe que peu de chaleur, et cependant, à la longue, il transporte d'un pôle à l'autre de très-petites quantités de matière. En plaçant au pôle positif une masse de charbon pur et disposant au pôle négatif des fils de platine, M. Desprez a pensé que le transport et l'accumulation du carbone se feraient dans des conditions favorables à la cristallisation.

» L'expérience seule pouvait décider si cette supposition était fondée ; elle a duré plus d'un mois.

Pendant ce laps de temps, il s'est en effet formé sur les fils de platine un léger dépôt d'une couche noirâtre, que M. Desprez compare à de la poudre de diamants. Cette poudre, dit M. Desprez, vue à la loupe, ne présente rien de bien distinct; au microscope composé, avec un grossissement d'environ trente fois, elle offre plusieurs points intéressants. J'ai vu sur ces fils, et surtout aux extrémités, des parties séparées les unes des autres, et qui m'ont paru appartenir à des octaèdres. J'ai également vu sur la couche noire, et non aux extrémités, quelques petits octaèdres reposant sur un sommet. J'ai examiné ces fils à plusieurs reprises, et j'ai toujours vu les mêmes choses.

» Un cristallographe habile et exercé, M. Delafosse, a également reconnu les octaèdres noirs et blancs reposant çà et là sur les fils de platine. J'ai substitué aux fils une plaque de platine polie d'un centimètre et demi de diamètre; quoique cette expérience soit restée en activité pendant près de six semaines, il ne s'est pas déposé de cristaux sur la plaque.

» Elle était couverte, dans la moitié de sa surface, de courbes presque circulaires, d'un rayon plus grand que celui de la plaque; chacune de ces courbes était peintes des couleurs des lames minces; on voyait çà et là de petites taches d'un gris blanchâtre, qui paraissaient être le résultat de l'adhérence momentanée de dépôts isolés.... »

Nous allons essayer de résumer tous ces travaux, qui, malgré leur avortement, n'en sont pas moins d'admirables spécimens de ce que peut l'intelligence humaine unie à la science pour rivaliser avec la nature. Nous partirons d'un principe irréfutable, quoi qu'on en ait pu dire, c'est que le carbone, en quelque état qu'il se trouve, est totalement *infusible* à toute température, et *insoluble* dans quelque liquide que ce soit.

Il y avait donc impossibilité absolue à M. Cagnard de la Tour de réussir; et lorsqu'en 1837, ce savant déposa à l'Académie de soi-disant diamants produits au moyen d'un procédé de son invention, il fut constaté que ses cristaux, bien qu'inattaquables par l'hydrate de potasse en fusion, rayant le verre et disparaissant à la chaleur rouge, malgré leurs éminentes qualités, produits de l'art, ne suffisaient pas à constituer le diamant. En effet, ces cristaux, créés en lamelles microscopiques, circulaires, très-minces, transparents et incolores, il est vrai, n'ayant qu'un vingt-cinquième de millimètre de diamètre, étaient déjà, il faut le dire, très-curieux, mais les qualités du diamant leur manquaient, et force fut bien de déclarer que ce n'était pas là le carbone cristallisé. Ajoutons que, dix ans plus tard, l'auteur, dont les travaux n'en sont pas moins dignes d'admiration, reconnut lui-même qu'il s'était trompé.

Quant à M. Gannal, ses idées étaient saines, et peut-être ne lui a-t-il manqué que la puissance de l'électricité convenablement dirigée pour arriver à un meilleur résultat. Mais s'il s'agit de l'appréciation des caractères de ses cristaux faite par le directeur des ateliers de M. Petitot, il est évident pour tous que leur ensemble ne suffisait pas pour constituer le diamant, et qu'il eût dû s'en apercevoir et s'abstenir.

Maintenant, nous croyons devoir exposer succinctement aux chimistes et physiciens de notre époque, qui ont bien voulu employer leurs éminentes facultés à ces travaux scientifiques, quelques faits dont nous garantissons la véracité.

Le carbone *s'évapore* simplement au feu, *mais ne s'y fond pas ;* il se *mêle* avec certains liquides, mais ne s'y *dissout* pas.

Ainsi donc, quand de savants physiciens ont cru

voir s'opérer la *fusion* du diamant, ou même du charbon, les uns au moyen du chalumeau à gaz oxygène et hydrogène, les autres aux miroirs ardents, d'autres par l'énergie de piles voltaïques intenses, il est évident qu'ils ont fait erreur.

Le charbon et le diamant peuvent, dans certains cas, décrépiter ; mais se *ramollir*, jamais. Au contraire, plus le diamant est soumis au feu, plus il acquiert de dureté ; on peut, à cet égard, consulter tous les artistes diamantaires. C'est, du reste, un fait reconnu pour tous les combustibles dont on n'a pas enlevé le carbone au moyen de l'oxygène.

Le diamant possède la propriété d'absorber le calorique avec la même puissance qu'il absorbe la lumière. La preuve scientifique en est que, dans les expériences au moyen de la pile, la lumière électrique qui jaillit du pôle zinc semble fuir le diamant ; et la preuve pratique se montre parfaitement dans nos travaux de décoloration du diamant brut. Pendant cette opération, les diamants sont plongés dans un bain chauffé à près de 2,800 degrés ; à cette température, déjà assez élevée, les diamants sont évidemment plus imprégnés de calorique que le liquide qui les contient et sur lequel ils surnagent,

car ils s'éloignent constamment les uns des autres,
bien loin de se rapprocher, preuve positive que ce
n'est que le calorique qu'ils dégagent mutuellement
qui les fait ainsi se repousser au lieu de s'unir,
comme dans tout bain froid constitué dans un creuset ordinaire, et dont tout le monde connaît la
structure.

Quant aux quelques cas où le diamant soumis à
la pile, au miroir, au chalumeau, etc., devient noir
et paraît changer de nature, c'est seulement une
carbonisation causée par l'insuffisance du calorique,
c'est une combustion avortée ou inachevée, et non
une transformation. Le diamant, dans ce cas, se
trouve plus ou moins recouvert d'une couche carbonique très-adhérente, qui cependant cède à la meule,
et qui est produite par le même fait de la carbonisation du bois à l'état de fumeron. A cet égard, nos
expériences sur plus de 18,000 diamants bruts et
taillés ne nous laissent aucun doute, et nous nous
engageons toujours à rendre *cristallin* un diamant
que, par une opération quelconque, on aurait trans-
formé en coke ou en graphite ; il aura seulement
diminué de volume et de poids, mais voilà tout : sa
nature et sa forme seront les mêmes.

Un dernier mot maintenant. On a prétendu souvent arguer que certains cristaux factices ayant pu arriver à polir des rubis, il était clair qu'ils avaient la dureté du diamant; c'est encore une erreur. Tous les lapidaires taillant habituellement les gemmes corindons, même les pierres orientales les plus dures, n'ont jamais besoin que d'émeri et ne se servent pas *obligatoirement* d'égrisée, et par conséquent le fait obtenu par l'emploi de cristaux factices à la taille du rubis, tout en constituant une belle découverte, ne pourra jamais prouver qu'ils sont égaux en dureté au diamant. Nous avons, depuis seize années, au milieu d'autres travaux, constamment cherché la transformation du charbon en diamant, nous avons essayé et usé de toutes les théories que la science mettait à notre disposition, adjointes à des travaux qui n'appartiennent qu'à nous; eh bien ! nous l'avouons, nous avons échoué jusqu'à présent, sans pourtant être découragé, car nous sommes certain qu'à un moment donné l'on arrivera à la solution de cette importante question. Et nous pouvons dire à ceux dont les travaux tendent à ce but : Notre conviction est que la nature a créé le diamant par la voie ignée, mais que nos instruments actuels de physique ne nous fournissant pas des moyens suffisants de concentration et de condensation pour les vapeurs oxy-carboniques, il n'est possible à la science de le produire que par un dépôt amenant la cristallisation. Et pour cela, que faut-il ? le dissolvant du charbon !

ÉMERAUDE

Pierre précieuse, transparente, resplendissante, de couleur verte, depuis le clair jusqu'au foncé. Elle cristallise communément en canons tronqués, à côtés inégaux et à angles obtus. C'est une des moins dures entre les pierres précieuses et s'éclatant facilement. Elle est généralement composée de : silice 68, glucine 14, et alumine 12. Sa coloration est due à l'oxyde de chrome.

Nous n'admettons que deux espèces d'émeraudes : celle dite orientale ou de vieille roche, et celle dite occidentale ou de nouvelle roche.

L'émeraude orientale est un corindon hyalin d'un beau vert de prairie, avivé ou foncé, mais très-limpide et d'un velouté qui charme l'œil. Cette variété de corindon est très-remarquable en ce qu'elle est moins dure que les espèces saphir et rubis; l'adjonction de la glucine dans ses constituants paraît seule expliquer ce fait, dont nous parlerons plus loin.

Cette émeraude, malheureusement très-rare en gros cristaux et en beauté parfaite, vient de Matoûla (Ceylan), cristallisée en prismes réguliers à six faces, sur lesquels se trouvent diverses troncatures. Son clivage est droit et quadruple. Cette propriété la distingue bien aisément de l'émeraude du Pérou, que l'on ne peut que scier. Sa pesanteur spécifique, bien éloignée de celle des autres corindons, arrive cependant jusqu'à 3,01 dans les espèces dures, et elle offre analysée :

Silice.	64,5
Alumine.	15
Glucine.	13
Oxyde de chrome.	8,25
Chaux.	1,06
Eau.	2

Parfois on y signale :

Oxyde de fer. . .	1

Cette émeraude orientale, que l'on ne trouve presque plus et que nous avons rencontrée, atteint le prix du diamant quand son poids dépasse deux carats et qu'elle est parfaite. Les deux que nous avons vues laissaient loin derrière elles les plus belles du Pérou, pour la limpidité, le velouté, l'agrément de la couleur et la netteté. Leur dureté hors ligne était parfaitement appréciable, et rien ne peut rendre le charme qu'elles inspiraient.

Nous pouvons encore citer quelques-unes de ces rares pierres, qui nous ont été soumises il y a presque vingt ans. Elles avaient été trouvées dans des sépulcres indiens. Leur aspect particulier suffisait pour les juger. Elles étaient d'une pure et vive couleur, limpides, informes, il est vrai, mais cependant taillées en ronds, en cylindres, en cônes, et surtout percées avec beaucoup de précison. Une entre autres était gravée en ronde bosse. Ce camée, très-rare du reste, à cause de la difficulté de graver la matière toujours cassante, représentait une tête de femme assez mal exécutée, mais cependant curieuse pour nous, car c'est le seul et unique spécimen de cette pierre qu'il nous ait été donné de voir. Les intailles, ou émeraudes gravées en creux, se rencontrent cependant plus souvent. Boué en cite une qui existait déjà ainsi gravée du temps du pape Jules II, en 1503. Elle était de forme hémisphérique, d'une dimension de 0,035^{mm} sur 0,055^{mm} de diamètre, d'un très-beau vert. Au milieu se lisait le nom du pape. Elle fut rendue à Pie VII par Napoléon Ier, après trois cents ans de séjour à Paris, au Musée d'histoire naturelle.

Les belles émeraudes occidentales, et ce sont les plus employées maintenant, viennent de Muzo, dans la vallée de Tunca, près de Santa-Fé-de-Bogota (Pérou). Cristallisées en prismes hexaèdres tronqués des deux bouts, elles gisent dans des filons stériles qui traversent les roches composées et les schistes argileux, et tantôt dans les cavités accidentelles qui interrompent les masses de granit. Elles sont parfois groupées avec des cristaux de quartz, de mica et de feldspath; plusieurs ont leur surface parsemée de fer sulfuré. On en voit qui sont enveloppées de chaux carbonatée et de chaux sulfatée. Leur couleur est plus légère et plus délayée que celles de Ceylan, et d'un vert clair et souvent agréable; mais elles sont beaucoup moins dures et plus cassantes.

Ces appréciations sont faciles à constater, aussi

ne comprenons-nous pas certains faits récents ; et, avec tout le respect que nous devons à la science, nous ne pouvons nous empêcher de protester contre une des dernières allégations présentées à l'Académie au sujet des émeraudes. On est venu annoncer péremptoirement que les émeraudes, au sortir de la mine, étaient d'une friabilité exceptionnelle ; qu'on avait constaté que l'émeraude n'acquérait sa dureté, hélas ! peu grande, qu'après son exposition à l'air, et on a tiré de ce prétendu fait des considérations de nature à donner une haute idée des connaissances lithologiques du savant communicateur.

Spécial en la matière, nous devons déclarer à nos lecteurs que, sans suspecter en rien la bonne foi du minéralogiste, nous croyons qu'il a dû être induit en erreur sur le nature et la provenance des cristaux ; et l'on peut, à cet égard, consulter les mineurs, les négociants en pierreries, les lapidaires, etc., etc., dont la plupart travaillent ou font travailler la pierre au sortir de la mine pour en examiner la netteté, et pas un ne reconnaîtra ce fait plus qu'étrange quand il s'agit de pierres gemmes.

Il serait bien temps, dans un siècle éclairé et positif comme le nôtre, de mettre un terme à toutes

ces licences académiques, dont le seul profit pour le
progrès est la notoriété qu'en acquièrent les auteurs, sans aucun bénéfice pour la science, et surtout pour ceux appelés à l'appliquer. Il y aura toujours, nous le savons, de grandes différences dans
les appréciations des substances naturelles et même
factices, entre les théoriciens et les praticiens, mais
enfin, cela ne devrait pas aller aussi loin que d'énon-
cer des faits révocables par le plus humble ouvrier.
L'émeraude étant, ainsi que nous l'avons dit, un silicate alumineux, additionné d'une certaine portion
de *glucine*, se trouve dans les mêmes conditions
que les autres gemmes dans leurs mines. La nature
particulièrement terreuse de la glucine, et qui se
trouve exceptionnellement dans l'émeraude, doit, il
est vrai, altérer sa dureté et la rendre plus cassante,
à cause du peu de liaison de ses parties constituantes, mais il est certain pour nous, et *de visu*,
que sa dureté, à un degré quelconque, est la même,
soit que l'émeraude attachée à sa gangue vienne
seulement d'être extraite de la mine, soit qu'après
quelques années on la place sur la meule du lapidaire à plusieurs milliers de kilomètres du lieu de
l'exploitation.

Les mines du Pérou en produisent beaucoup et souvent de très-grosses. Nous en avons vu, en 1840, un morceau de 0,08 centimètres cubes, qui fut rapporté par le consul français de Bogota. Malheureusement, ces gros morceaux, quoique d'une belle couleur, ne sont pas d'une grande netteté; leur intérieur est parsemé de glaces, stries, givres, chatoiements irisés qui forcent à les diviser au moyen de la scie pour en isoler les parties les plus pures.

La pesanteur spécifique des émeraudes est généralement de 2,62 à 2,77. Soumises à l'action du feu, elles se fondent en un verre blanchâtre vésiculaire, tandis que celles de Ceylan résistent presque autant que les corindons rouges et bleus.

Les émeraudes, en général, se taillent à degrés et de forme carré long émoussé. Cette façon spéciale aide singulièrement à leur donner cette limpidité et ce velouté qui plaisent tant. Celles en cristaux un peu arrondis et allongés sont cabochonnées en brillolettes, mais sans facettes, et produisent souvent un effet très-agréable. Ce sont, au reste, la taille et la forme préférées en Orient.

La plus belle émeraude connue est celle que l'on voit au cabinet impérial de Saint-Pétersbourg. Elle pèse 30 carats et est d'une couleur et d'une netteté parfaites. Malheureusement on lui a donné une forme ronde surchargée de facettes dites à dentelles, et cette aberration du lapidaire lui a fait perdre la moitié de sa valeur.

L'inventaire des pierres de la couronne de France, fait en 1791, en signale d'assez belles en couleur et d'un poids assez élevé, mais ayant beaucoup de défauts. Nous pouvons citer :

```
  1 émeraude pesant 16 11/16 carats, estimée 12,000 fr.
  1        id.       20  9/16        id.       6,000
  1        id.       13  3/16        id.       1,500
  2        id.       10       chaque, ensemble 6,000
  1        id.        9  5/16        estimée   3,000
 18        id.       73  4/16        ensemble  7,300
109        id.      137                  id.   8,220
```

En résumé, il n'existe d'émeraudes pour nous que celles provenant des deux gisements que nous avons signalés, et possédant les qualités que nous avons décrites.

Nous récusons les cristaux verts du Brésil, les quartz hyalins verts nommés émeraudes bâtardes, les cristaux verts de Carthagène, ceux de Limoges, en France; les cristaux vert pâle, vert bleuâtre, bleu de ciel, jaune de miel, etc., etc., mis par quelques chimistes et minéralogistes au rang des émeraudes, rejetant toutes ces opinions hasardées sur le compte de prétendues classifications ou systèmes auxquels la nature n'a jamais songé.

Les anciens mêmes, qui faisaient venir des cristaux verts de Carthage, de l'Attique, de Chypre, de l'Éthiopie, de la Thébaïde, de l'Arménie, de la Perse, etc., etc., donnaient le nom d'émeraude à toutes ces substances vertes, confondant ensemble les fluors, les spaths, les quartz, les jaspes, les péridots, les tourmalines, les prases, les chaux colorées, etc., etc.; aussi doit-on se tenir bien en garde contre leurs récits et leurs appréciations.

Il en est ainsi de ces contes prétendus historiques, dans lesquels on raconte que Néron s'en servait en guise de lorgnon pour regarder les combats des gladiateurs et les jeux du cirque. Il est bien évident qu'il ne pouvait rien voir! L'émeraude, si mince qu'on la suppose, ne pouvait servir à cet usage; c'est donc une puérilité, ou alors le fabuleux lorgnon n'était pas une émeraude.

Disons cependant que les anciens ont connu l'émeraude véritable, et que les Égyptiens et les Grecs y ont pratiqué des intailles assez bien exécutées, malgré la fragilité de la matière. On cite entre autres une émeraude représentant Amymone, fille de Danaüs et qui fut achetée en Chypre par un musicien nommé Ismenias; et, d'ailleurs, les plus grandes émeraudes de la Bactriane ne servaient qu'à la gravure.

Nous avons vu quelques rares échantillons de ces pierres gravées en intailles dont la matière était parfaitement appréciable; mais nous les avons toujours considérées comme des exceptions. La pâte sèche et cassante de l'émeraude se prêtait peu à la difficulté native de cet art.

Malgré cela, nous ne pouvons oublier une grande émeraude ovale gravée au moyen âge et représentant un sujet mystique : l'âme entraînée par les plaisirs, portant trois figures très-bien exécutées.

Maffey cite aussi un perroquet gravé sur une émeraude. Peut-être a-t-on voulu établir une similitude parfaite en choisissant cette pierre.

L'émeraude est la pierre précieuse que l'art est parvenu à imiter avec le plus de succès. Nous en avons remarqué plusieurs dans les magnifiques collections de MM. Savary et Mosback, qui, certes, pouvaient défier l'œil le plus exercé.

ÉMERI

——

Substance minérale, une des plus réfractaires connues.

Bien que ce nom soit donné frauduleusement dans le commerce à diverses substances dures, telles que les grenats, le fer magnétique, l'hématite rouge et compacte, diverses sortes de grès, nous ne comprenons sous cette dénomination que le *corindon granulaire*, dont nous avons parlé à ce mot.

Certes, nous savons que la vulgarité du mot émeri s'applique usuellement aussi bien à des minerais de fer quartzeux, dont l'union intime a produit la force, résultat inévitable de leur combinaison, et devenus tellement réfractaires à toute exploitation métallifère, qu'on a été très-heureux de leur trouver un emploi, qui, somme toute, rend de grands services à une masse d'industries. Mais devant nous borner, en ce qui le concerne, à notre spécialité, qui n'embrasse que le travail des pierres précieuses, nous n'avons dû parler que du seul utile et indispensable pour la réduction et le fini, de la majeure partie des pierres gemmes.

Il semble que, rigoureusement, la place de l'émeri ne devrait pas se trouver parmi les pierres précieuses proprement dites, mais sa nature si identique avec elles et les services qu'il leur rend militent en sa faveur.

D'une excessive dureté, souvent opaque et d'une couleur allant du noir grisâtre au gris bleuâtre ou rougeâtre, son emploi principal est, étant réduit en poudre impalpable, la taille des pierres précieuses, et en poudre moins ténue, le polissage des métaux et autres substances dures. Le véritable émeri est un aluminate d'une pesanteur spécifique de 4, et qui présente à l'analyse :

Alumine,	86	
Silice,	3	100
Fer,	4	
Perte,	7	

Il est peu brillant, quoique certaines de ses particules, même très-fines, scintillent avec assez de
force. On le trouve parfois, quoique rarement, en
masses informes, en Allemagne, en Saxe, en Italie,
en Espagne, à Smyrne, dans l'île de Naxos, à Jersey,
Guernesey, etc., etc. Mais l'émeri est le plus souvent en grains fins, disséminés ou mélangés avec
certains minéraux toujours moins durs que lui, car
à l'exception du diamant, du carbone et des principaux gemmes corindons, rien n'égale la dureté de
l'émeri corindon granulaire. Celui qu'on trouve en
Saxe est engagé dans des couches de talc et de stéatite; son mélange avec une grande quantité de fer
magnétique le rend souvent sensible à l'aiguille aimantée.

Il n'est point de métiers travaillant les métaux ou
les pierres dures qui puissent se passer de ce produit naturel, du reste très-abondant dans la nature, aussi les armuriers, couteliers, polisseurs d'a-
cier, fabricants de machines, d'outils, serruriers,
vitriers, lapidaires, marbriers, verriers, tailleurs de
cristaux, etc., etc., en reçoivent-ils de bons secours,
soit employé en poudres de grosseurs admirablement échelonnées, soit délayé dans l'eau, l'huile,

le vinaigre, l'acide sulfurique étendu, etc., etc., soit
étendu et faisant corps avec du papier fort et résistant, quoique toujours cassant. Indépendamment du
polissage des pierres précieuses ou dures et des
métaux les plus réfractaires, l'émeri sert encore à
ajuster des pièces de verre les unes dans les autres;
de là vient le terme de — fiole bouchée à l'émeri —
indiquant que le col de la fiole et son bouchon, dé-
polis par son emploi, font corps ensemble et adhè-
rent parfaitement. On peut facilement apprécier
l'utilité et l'indispensabilité même de ces flacons
pour la conservation des acides et autres ingrédients
volatils. On s'en sert encore pour le polissage des
glaces et des verres d'optique.

Il est impossible de juger à la première vue de la
qualité de l'émeri, laquelle gît toujours dans sa dureté pour l'usage et dans l'uniformité de ses grains
pour le bon emploi. Aussi, lorsqu'il sert à réduire
certaines agates, mais surtout le saphir et le rubis,
on s'aperçoit de suite s'il est de bonne qualité.

Les bons lapidaires savent tous qu'il y a certaines
grosseurs d'émeri, de quelque nature qu'il soit,
dont ils ne doivent pas se servir, et surtout pour les
pierres de moyenne dureté; car ils risqueraient de

les endommager, de les briser, de perdre du poids inutilement et de diminuer considérablement les proportions de la pierre soumise à l'action de leur meule.

En effet, l'émeri à grains trop gros, outre qu'il attaque alors violemment la substance en contact avec lui, y trace des sillons tellement profonds, qu'il faut souvent un long travail pour les faire disparaître entièrement.

Le meilleur émeri corindon granulaire, nommé par quelques-uns — sphath adamatin, — se trouve en Chine, au Bengale et à Ceylan. Celui de Chine contient plus de fer oxydé que celui du Bengale et est d'un bien meilleur usage. Il opère sur les pierres avec énergie, mais toujours d'une manière douce et uniforme et les prépare mieux à recevoir le poli.

On sait que la séparation des diverses sortes de poudres en provenant, s'obtient au moyen de lavages et de dépôts réitérés jusqu'à satiété.

On nomme — potée d'émeri — une espèce de boue produite par l'*entier service* de l'émeri et son mélange avec la poussière, l'usure de la roue métallique, et les divers liquides que l'on emploie. Les lapidaires la recueillent sur leurs meules, roues, tourets, plates-formes , etc. , etc., et s'en servent avantageusement pour obtenir des *doucis* sur certaines pierres tendres.

Pour les usages ordinaires, c'est-à-dire son emploi au nettoyage et au polissage des métaux, l'émeri se laisse étendre sur une feuille de papier fort où il est retenu au moyen d'une colle particulière. Dans cet état, il est désigné sous le nom de papier à l'émeri, et suffisamment connu et apprécié de nos lecteurs.

ÉPIDOTE

Silicate alumineux en cristaux prismatiques, rhomboïdaux, transparents et striés, d'un vert pistache ou d'olive plus ou moins foncé.

Cette substance minérale se nomme aussi : pistacite, baïkalite, thallite, delphinite, arendalite, acanticonite, et peut-être encore autrement, car il est si glorieux pour certains savants de donner un nom à une pierre, que beaucoup ne s'en font pas faute. L'épidote, que l'on trouve plus particulièrement en Norvége, existe également en filons ou lits primitifs, et parfois en masses, en France, en Écosse, en Bavière, etc., mêlée aux grenats, à l'augite, etc. La variété cristallisée est en forme de prisme rhomboïdal à quatre faces, dont deux plus larges et deux plus étroites.

Analysée, elle donne :

	Vauquelin.	C. Descotils.	Laugier.
Silice.	37	37	38
Alumine.	21	27	26
Chaux. . - . . .	15	14	20
Oxyde de fer. . . .	24	17	13
Oxyde de manganèse..	1,5	1,5	1
Eau.	1,5	»	»

L'épidote possède un clivage double ; sa dureté, moindre que celle du quartz, mais plus grande que celle du feldspath, lui permet de recevoir un assez beau poli. Demi-translucide, son éclat à l'intérieur incline au nacré, ce qui l'empêche d'être confondue avec plusieurs variétés d'idocrase. Son poids spécifique varie de 3,39 à 3,45.

Cette substance, soumise au chalumeau, se convertit en une scorie brunâtre.

Très-peu employée dans les arts somptuaires, l'épidote, comme tant d'autres, n'a sa place que dans les musées de minéralogie et cabinets d'amateurs. On pourrait cependant l'employer avec assez d'agré-

ment en bijouterie, art que nous trouvons limité
par des substances de convention toujours les mêmes,
et qui pourrait, nous en sommes certain, prendre
plus d'extension, si, avec une bonne entente de
l'emploi de nouvelles pierres précieuses, il variait
ou augmentait les formes des objets de parure.

Les lapidaires devraient aussi fréquenter et étudier
les musées minéralogiques, et nul doute pour nous
qu'ils n'y découvriraient chaque fois quelques minéraux nouveaux, qui, encore embellis par leur art,
leur fourniraient de nouveaux travaux.

EUCLASE

Silicate alumineux, cristallisant en prismes à quatre faces obliques, striés longitudinalement et tronqués sur les bords. L'euclase est souvent d'un vert de toutes nuances, et parfois aussi d'un bleu céleste, ce qui pourrait la placer dans la classe des béryls, mais la quantité de glucine qu'elle contient la rapproche plutôt des émeraudes, dont cependant elle s'éloigne sous d'autres rapports.

Cette substance minérale, que l'on trouve au Pérou et au Brésil, quoique peu abondamment, possède plusieurs clivages, est électrique par frottement et fut d'abord présentée comme une topaze verte, ce qui fit quelque sensation; mais sa cristallisation

différente, sa pesanteur spécifique, n'atteignant que
2,9, et surtout sa grande fragilité, déterminèrent
son appellation actuelle.

Douée d'un éclat vitreux assez agréable, assez dure
pour rayer le quartz, jouissant de la réfraction double, s'électrisant par le frottement, l'euclase est,
malgré sa rareté, peu estimée et peu employée.

Elle passe à un état opaque complet lorsque, soumise au feu du chalumeau, elle est fondue en une
sorte d'émail bleuâtre.

Cette substance offre dans sa composition des
différences énormes, ce qui l'empêchera toujours
d'être une pierre facile à classer et à priser ; car,
soumise à notre analyse, nous n'avons pu nous rencontrer avec les quantités trouvées par Vauquelin.
Voici les deux résultats :

	Nous.	Vauquelin.
Silice. . . .	42 62	36
Alumine. . .	31 50	23
Glucine. . .	21 24	15
Oxyde de fer .	2 20	5
Oxyde d'étain.	0 81	»
Perte. . . .	1 63	21

Nous : 100,00 — Vauquelin : 100

La perte énorme annoncée par Vauquelin ne nous semble nullement justifiée par la constitution minérale de l'euclase. Il est probable que le grand chimiste s'est trompé dans ses chiffres ou l'a été par la pierre sur laquelle il a opéré.

Voulant, du reste, édifier le lecteur sur le néant proverbial des analyses, soit qu'il provienne des moyens employés ou de la nature du minéral, nous lui donnons celle de Berzélius relative à l'euclase, qui cependant se rapporte assez à la nôtre :

Silice,	43, 32	
Alumine,	30, 56	
Glucine,	24, 78	
Oxyde de fer,	2, 22	100, 00
Oxyde d'étain,	0, 70	
Perte,	1, 42	

FELDSPATH

Le feldspath, si commun sur la surface du globe, nous présente cette singularité qu'il est dans ses variétés cristallines la base de plusieurs pierres précieuses connues, aussi bien que de plusieurs bien communes.

Ainsi, forcé en chaux, il constitue—l'*indianite;*—forcé en soude, on le nomme — *albite;* — d'un aspect opalin, c'est—le *labrador;*—en cristallisation pyramidale, il produit — la *scapolithe*, l'*élaolithe* et la *meioïte;*—rhomboïdale,—la *néphéline*, la *chiastolithe* et la *sodalithe.* — Enfin, à l'état transparent et additionné de potasse, il nous fournit—l'*adulaire.*

Silicate alumineux, dans tous les cas, il est tour

à tour globulaire, argiliforme, lamellaire, laminaire, palmé, nacré, chatoyant, irisé, vitreux, lithoïde, décomposé, terreux, etc., etc.; dans ce dernier cas, et argiliforme, il constitue — le *kaolin* — tout à fait commun, et laminaire, il devient — *pétunzé*, — lequel, associé au kaolin, forme la porcelaine.

Il est, avec toutes les nuances intermédiaires : blanc, rouge, gris, bleu, vert, opalin, etc., etc.; tacheté de petits points blancs, il imite l'aventurine, quoique très-imparfaitement ; seulement vert et originaire de l'Amérique, il est la *pierre des Amazones*.

Sa forme, à l'état cristallin, est le plus souvent le prisme hexaèdre ou décaèdre, terminé par des sommets irréguliers ; son clivage est triple, son éclat plus généralement nacré que vitreux ; beaucoup moins dur que le quartz, le feldspath est aisément frangible, devient translucide sur les bords et est d'une pesanteur spécifique de 2,57 en moyenne. Soumis au chalumeau, il fond très-aisément et sans addition, en un verre gris translucide.

Sa composition varie suivant ses lieux de gisement et ses qualités physiques.

Nous donnons le tableau des principales variétés.

SUBSTANCES.	FELDSPATH vert DE SIBÉRIE.		FELDSPATH rouge DE CHAIR.		FELDSPATH de PASSAU.		INDIANITE.		FELDSPATH COMPACTE.		FELDSPATH VITREUX.		ALBITE.	
Silice..........	62	83	66	75	60	25	70	50	51	»	68	»	70	»
Alumine.......	17	02	17	50	22	»	19	»	30	05	15	»	19	»
Chaux........	3	»	1	25	»	75	10	50	11	25	»	»	»	»
Potasse........	13	»	12	»	14	»	»	»	»	»	15	05	»	»
Oxyde de fer..	1	»	»	75	1	»	»	»	1	75	»	05	»	»
Soude.........	»	»	»	»	»	»	»	»	4	»	»	»	»	»
Eau..........	»	»	»	»	»	»	»	»	1	26	»	»	11	»

Les plus beaux cristaux de feldspath se trouvent en France, en Suisse, en Sibérie, en Saxe, en Écosse, etc., etc., sous toutes les couleurs possibles et avec presque toutes les formes de cristallisation que nous avons indiquées, plus ou moins modifiées.

GEMMES (pierres).

On a souvent confondu les pierres gemmes et les pierres précieuses. Nous allons établir ici leur différence. Celles-ci comprennent toutes les substances minérales, végétales et même animales, susceptibles, par des qualités diverses, d'être employées en parure et en objets d'art, et qui sont toutes relatées dans notre ouvrage, tandis que les pierres spécialement désignées sous le nom de — gemmes — ont deux caractères spéciaux qui leur sont propres et que n'ont pas constamment les autres : c'est d'être assez dures pour donner des étincelles au choc de l'acier, et d'être transparentes ou au moins translucides.

Ces pierres ont encore d'autres caractères désignés par la pesanteur, la couleur, l'éclat, la réfraction double ou simple, etc., etc.

Le genre d'appréciation des joailliers et de la généralité des négociants en pierreries reposant sur
la couleur, nous présenterons ainsi les diverses ca-
tégories de pierres gemmes :

GEMMES BLANCS :

N°s 1. Le diamant (bien qu'il doive être hors ligne
       par sa constitution exceptionnellement
       carbonique et qu'il n'est blanc qu'à l'état
       parfait).

2. Le saphir blanc (cordiérite).

3. La topaze blanche du Brésil.

4. Le jargon très-pur (zircon blanc).

5. Le cristal de roche limpide incolore.

GEMMES ROUGES.

Rubis oriental.

Rubis spinelle.

Rubis balais.

Rubis du Brésil (topaze brûlée).

Vermeille.

Grenat syrien.

Grenat ordinaire.

Saphir oriental.

Saphir d'Expailly ou du Puy.

Saphir du Brésil (quartz hyalin bleu).
Béryl.

Émeraude orientale.

Émeraude du Pérou.

Péridot.

Chrysolithe.

Chrysoprase.

Prase.

Aigue marine.

Olivine.

Topaze orientale.

Topaze du Brésil.

Topaze de Saxe.

Topaze de Bohême.

Hyacinthe.

Jargon (souvent).

Améthyste orientale.

Quartz violet du Brésil ou de Sibérie.

Puis toutes les pierres de plusieurs couleurs mêlées, telles que : chrysobéryl, girasol, etc., etc., et,
en général, les feldspath colorés, les tourmalines
et les schorls, mais toujours à l'état de transparence.

Les couleurs des pierres gemmes, bien que le
plus souvent assez indicatives, nécessitent cependant quelques autres investigations pour la parfaite
sûreté de l'appréciation.

Ainsi : le diamant rouge et le rubis oriental ap-
prochent de couleur, mais diffèrent en ce que le
rubis est plus pesant et moins dur.

Les diamants bleus et jaunes ont les mêmes couleurs et les mêmes réfractions que les saphirs et
topazes d'Orient, mais ceux-ci sont encore moins
durs et plus pesants.

Au reste, pour les diamants de toutes couleurs,
leur suprême dureté et leur éclat unique, parfaitement reconnaissable malgré les nuances, les distinguent toujours suffisamment.

Le rubis du Brésil (topaze brûlée) ne peut être
confondu avec le rubis spinelle ; celui-ci a la réfraction simple et l'autre double.

Le jargon ne peut jamais être pris pour une topaze, d'abord par son aspect adamantin et son peu de couleur, puis par sa pesanteur double.

Il est donc évident que deux pierres présentant identiquement la même couleur peuvent n'être pas de même nature, si elles n'ont la même pesanteur spécifique, la même réfraction et la même dureté.

Nous devons dire ici que toutes les pierres du genre corindon, que nous avons désignées sous le nom de — fondues — présentent toutes la simple réfraction, au contraire de presque toutes les cristallisations aqueuses qui l'offrent double.

Bien que beaucoup de négociants, lapidaires et joailliers ne se trompent que très-rarement à l'appréciation d'une pierre, il nous a semblé utile de donner ces divers modes de comparaison.

GIRASOL

Le girasol est une substance minérale, mi-opaline et mi-calcédonieuse. Son caractère saillant est d'offrir dans son intérieur un point lumineux et d'y réfléchir les rayons de la lumière, de quelque côté qu'on la tourne. Cet effet se produit surtout lorsque le girasol est taillé en forme sphérique ou demisphérique.

Cette pierre est communément un quartz résinite d'un blanc bleuâtre, présentant quelques reflets jaunâtres. Mais il en existe quelques rares morceaux, dont les qualités physiques hors ligne les ont assimilés aux autres pierres orientales. Quant à nous,

nous déclarons n'en avoir jamais vu, du moins dans l'acception qu'on lui donne.

Nous donnerons cependant à nos lecteurs la relation qu'en font certains auteurs, mais sous toutes réserves, car nous croyons qu'ils ont confondu le girasol dit oriental avec certains corindons-astérie.

Le girasol oriental serait, d'après eux, un corindon hyalin, ressemblant à un saphir pâle et laiteux, mêlé d'une faible nuance jaunâtre ou rougeêtre, à réfraction simple et d'une pesanteur spécifique de 4. On dit qu'il présente, lorsqu'on le place entre l'œil et la lumière, une étoile blanchâtre à six rayons, obtenue par la réfraction, contrairement à l'astérie, ou on la distingue même sur un fond opaque et dans toutes les positions. Du reste, pour nous, quand cette qualité se rencontrerait dans un girasol d'une manière positive, nous le nommerions girasol-astérie. — Cette pierre spéciale vient des Indes, et, quoique ne possédant qu'une valeur d'amateur, elle arrive parfois à de très-hauts prix. On en cite une petite plaque que possédait M. Desmarets, et dont il refusa 25,000 fr. Nous voudrions pouvoir l'affirmer.

Quant au girasol quartzeux, il nous a été donné d'en voir plusieurs beaux échantillons. On le trouve en Chypre, en Hongrie, au Brésil, en Bohême et surtout en Sibérie, où il est souvent mêlé avec l'opale dans une pierre tendre, roussâtre et tachée de noir. Celui-ci, quoique plus dur que l'opale, n'atteint pas la dureté du soi-disant girasol oriental, qui, pour nous, ne peut être qu'un corindon.

Maintenant, constatons un fait : c'est que les véritables effets naturels du girasol proprement dit n'imitent pas l'étoile comme l'astérie; il faut qu'il y ait eu confusion ; mais il est vrai que certaines belles variétés émettent une grande quantité de rayons divergents partant du même centre ; aussi quelques-uns l'ont-ils nommé — pierre du soleil.

Disons en terminant qu'à nos yeux cette pierre est facultative et trop hypothétique pour avoir une dénomination particulière et faire un genre à part. Elle rentre dans la catégorie des pierres *figurées*, où chacun est libre d'y voir ce qu'il croit, et il faut être grand connaisseur, à notre sens, pour déterminer d'une manière certaine le véritable gisarol, soit oriental, soit même quartzeux.

Nous savons que nous blessons ici beaucoup de naturalistes et d'amateurs, qui croient à leur infaillibité quand il s'agit d'une pierre qu'ils possèdent ;

mais ils doivent savoir comme nous que beaucoup de substances minérales produisent à peu près les effets auxquels on croit reconnaître le girasol. Et on peut remarquer que cette pierre doit presque tout son mérite à l'art du lapidaire.

Ainsi, tous les corps durs, translucides, d'un blanc de lait jaunâtre, en offriront l'apparence à un certain degré, si l'artiste les forme en lentille dont la convexité soit combinée de manière à ce qu'au point central aboutissent les rayons incidents. Cette disposition bien réussie, au moindre mouvement de la main le rayonnement a lieu, et la pierre, quelle qu'elle soit, prend le nom de girasol, — c'est-à-dire soleil qui tourne.

Parmi les corps qui, taillés ainsi peuvent, jusqu'à un certain point, arriver à l'état de girasol, on peut classer l'adulaire, l'hydrophane, des quartz opalins, la chrysopale des anciens, la chrysolithe du Brésil, les saphirs laiteux, les calcédoines et certaines agathes.

Nous ne pouvons indiquer de prix pour le girasol, quel qu'il soit; il est tout à fait arbitraire, en raison du degré de beauté naturel ou plutôt obtenu par l'art.

En fait de gravure sur cette pierre, nous ne connaissons qu'un masque tragique de femme gravé par
Dioscoride avec beaucoup de soin. Ce camée, peu
commun à cause de la matière première, appartenait à l'abbé Pullini.

GRENAT

Bien qu'il se rencontre, dans la nature, une foule de silicates alumineux ferrugineux, nous croyons qu'il n'y a réellement d'employés en joaillerie que deux sortes de grenats. Le grenat oriental ou syrien, et le grenat ordinaire, beaucoup plus commun et bien moins beau, et, d'ailleurs, différent de couleur, qui nous est fourni par la Bohême et la Hongrie.

Le grenat syrien se rencontre rarement en masse; il est le plus souvent en grains arrondis et cristallisés.

Dans le premier cas, sa surface est généralement rude et inégale; à l'état de cristal, il est toujours

lisse. Sa forme primitive est le dodécaèdre rhomboïdal, mais on le trouve presque constamment en
cristaux dodécaédriques tronqués sur tous les bords,
ou en une double pyramide aiguë, à huit pans, ou
encore en une pyramide tétraèdre rectangulaire.

A l'extérieur, brut ou taillé, le grenat est peu
éclatant, mais il reflète admirablement la lumière
naturelle et tourne au brillant.

Dans son grand état de beauté, il est très-transparent, quoique souvent translucide. D'une pesanteur
spécifique de 4, il raye le quartz et parfois la topaze;
très-cassant, sa fracture est totalement conchoïde.
Sa réfraction est simple.

Analysé, il présente :

Silice,	39	66
Alumine,	19	66
Oxyde noir de fer,	39	68
Oxyde de manganèse,	1	80

Poussé à un bon feu de chalumeau, il se fond en
une sorte d'émail noir parfois vif, parfois en scorie.

Les plus beaux grenats syriens viennent de Pégu,
ou Syriam, d'où leur vient leur dénomination.

En somme, le grenat syrien est d'une belle couleur rouge violacée, transparent et velouté. La taille

qu'on lui donne généralement, et qui est la plus convenable, est à huit pans, dont quatre larges et quatre étroits avec un simple biseau et le dessous en degrés transversaux et longitudinaux.

Sans défauts et d'une bonne grandeur, ce grenat prend place parmi les pierres de couleur les plus estimées. Nous croyons que le grenat syrien était l'escarboucle des anciens.

Le grenat de Bohême et de Hongrie est d'un rouge très-vineux, et tellement caractérisé, que l'on dit — rouge grenat. — Il est translucide et souvent opaque en proportion de l'oxyde de fer qui y abonde plus que dans toute autre pierre; aussi est-il très-sensible à l'aiguille aimantée.

Analysé, il présente :

Silice, 36; alumine, 20; chaux, 3, et fer oxydé, 41. Il est moins dur que le grenat syrien, se fond plus aisément et est difficilement frangible. Sa pesanteur spécifique, plus grande que celle du grenat oriental, est de 4,1888.

Il se présente en masse, et quelquefois, mais rarement, cristallisé ; aussi le taille-t-on le plus souvent en cabochon dont le dessous est chevé pour lui donner un peu de transparence. On sait que cette taille ne s'applique qu'aux grandes pierres; quant aux petites, elles sont travaillées aussi plates que possible avec une large table et sont toujours montées à fond.

Dans ce dernier état, on remarque souvent dans son intérieur une espèce d'étoile à six rayons extrêmement curieuse; il est évident pour nous que cette astérie d'un nouveau genre est purement factice et n'est produite que par la taille, car elle n'existe pas dans l'état naturel ou brut. Et cependant la même taille, appliquée à d'autres substances minérales, ne produit pas le même effet; il faut donc qu'il y ait dans la contexture du grenat une disposition naturelle des lames qui concourent à ce résultat, du reste dû entièrement au hasard, mais que maintenant l'étude et le travail peuvent produire à volonté, mais peut-être sur cette pierre seulement.

Le grenat a été beaucoup employé en parure au commencement de ce siècle, mais son peu d'éclat à la lumière factice, où il paraît noirâtre, l'a fait abandonner et maintenant on n'emploie plus que ceux parfaitement beaux pouvant racheter le jour ce qu'ils perdent la nuit.

L'exploitation du grenat est une des industries de

la Hongrie, de la Bohême et du Tyrol. Dans ces contrées, où la main-d'œuvre est à bon marché, outre les tailles appropriées à la petite bijouterie, on en fait des boules ou olivettes facetées pour bracelets, colliers et pendeloques. Notre département du Jura s'occupe aussi de cette industrie.

Il y a de très-gros échantillons de grenat ; quelques-uns atteignent la grosseur d'une orange, mais ces masses sont toujours presque opaques et ne sont prisées que comme objets de curiosité.

Le peu de dureté relative du grenat et ses dimensions l'ont fait assez souvent employer dans la gravure sur pierres fines, particulièrement en creux, mais aussi parfois en relief.

On peut admirer au musée de minéralogie du Jardin des Plantes de Paris, deux de ces pierres illustrées, représentant, l'une, un masque de Silène couronné de pampres, l'autre Carpurnie inquiète sur le sort de César. Nous citerons encore parmi les sujets gravés sur grenat : le buste d'Adrien, du cabinet Odescalchi, d'un grand mérite ; la Vénus Génitrix, de l'abbé Pullini, à Turin, et la tête d'Auguste, mentionnée par Bracci, et appartenant au prince d'Orange ; et enfin le chien Syrius, dont la belle tête, gravée sur un magnifique grenat par Coli, passe pour ce qu'il y a de mieux en ce genre.

L'inventaire du garde-meuble de la couronne de France de 1791 mentionne plusieurs grenats syriens assez beaux; un, du poids de 5 carats, est estimé.............................. 1,200 fr.

Et six autres, pesant ensemble 20 carats, valent..................... 1,700

On remarque, en outre, une coupe ovale d'un seul grenat, riche en couleur; sa longueur est de 0,085^{mm}, sa largeur 0,062^{mm}, et sa hauteur 0,086^{mm}, estimée.................. 12,000

Plus une tasse ronde de grenat oriental glaceux; son diamètre est de 0,070^{mm} sur 0,035^{mm} de hauteur, estimée......................... 3,000

Une autre tasse estimée également............................. 3,000

Plus deux coupes ovales de 0,056^{mm} de longueur, estimées............ 2,000

Et trois autres coupes n'atteignant chaque que................ 1,500

Dans le cabinet de M. le marquis de Drée, exis-

tait un grenat syrien des plus beaux, d'une dimension de 0,018ᵐᵐ sur 0,016ᵐᵐ, de forme octogone; il
fut vendu 3,550 fr. Un autre, rouge de feu (nuance
bien moins estimée), de 0,026ᵐᵐ sur 0,016ᵐᵐ, a
cependant atteint le prix de 1,003 fr.

Si nous avons restreint le gemme grenat à deux
genres, le syrien et l'ordinaire, c'est pour éviter
l'immense nomenclature de tous ceux qui existent
en presque tous les pays.

Pour le praticien, l'origine importe peu; pour
lui, un grenat est un grenat, de quelque lieu qu'il
provienne; et si l'on voulait s'arrêter à cette considé-
ration, on ferait un in-folio de cette seule pierre.
Nous nous contenterons donc, après notre historique et nos appréciations, de citer les grenats de
Lydie et d'Arménie, supérieurs en pâte à ceux de
nos contrées, mais d'une couleur moins vive, et
renfermant comme les nôtres des amas ferrifères
qui les tachent et les obscurcissent.

Les grenats de Norvége que l'on trouve dans une
roche talcqueuse mêlée de quartz; ceux de Madagascar, assez grands, d'un beau rouge et ressemblant beaucoup à ceux de Bohême; ceux de Russie,
de forme octaèdre et parfois polygone, et qui appro-

chent, pour la couleur seulement, du grenat syrien;
ceux de Prague, dont on trouve une immense quantité dans les champs voisins et qui, taillés en perles
mal facetées ou en olivettes, servent à faire des
colliers, des chapelets, bracelets, etc., etc.; les grenats du pré Yserin, aux frontières de la Silésie,
ceux-ci sont très-rudes au sortir de la mine, et plutôt d'un rouge spinelle que grenat; ceux de Zœblitz,
en Misnie, que l'on trouve engagés dans la serpentine; les grenats noirs opaques de divers lieux, les
jaunes amorphes de Corse, etc., etc.

Mais nous devons exclure de la classe des grenats les amphigènes, ceux dits manganésifères, les
blancs de Tellemarke, ceux d'étain, de Finlande, etc.,
enfin toutes les sous-espèces qu'on persiste à y rat-
tacher, et qui font de la science des pierres précieuses un labyrinthe où les plus habiles se perdent.

HÉMATITE

Mine de fer, rouge de sang, à texture fibreuse,
plus connue sous le nom de—sanguine à brunir.—
C'est un sesquioxyde de fer, formé tantôt en sta-
lactite et le plus souvent en masses hémisphériques,
mamelonnées, protubérancées, cylindriques, coni-
ques, etc., etc. Cette substance minérale est très-
pesante, compacte et assez dure pour recevoir un
très-beau poli, quoiqu'un peu gras; on l'emploie
principalement au polissage du verre, de l'or, de
l'acier, et, enfin, de presque tous les métaux; elle
contient jusqu'à 80 p. 100 de fer. Enchâssée fortement dans des manches en bois garnis de viroles,
on en fait des brunissoirs très-estimés des orfévres,

des doreurs, des arquebusiers et des couteliers. Ses principaux gisements sont dans la province de Galice, en Espagne.

Connue dans les ateliers sous le nom de pierre sanguine, elle est d'un rouge très-sombre et possède la précieuse propriété de comprimer sur les métaux les feuilles ou couches d'or et d'argent, sans les déchirer, les érailler ou les détacher.

Pour remplir l'emploi d'un bon brunissoir, l'hématite d'Espagne doit être d'un grain fin, sans la moindre félure et surtout bien polie. Les habitants de Compostelle, dont cette exploitation est la spécialité, en fournissent toute l'Europe.

Indépendamment de l'Espagne, on trouve cette substance assez abondamment, mais dans de moins bonnes conditions, en France, en Allemagne, en Angleterre, en Russie surtout, où les minières de Goumeschefskoï en contiennent beaucoup. Quoique ne possédant aucune trace de formation lamelleuse concentrique, elle est facile à cliver en tous sens; elle montre un tissu strié dont les fibres sont pourtant moins longues que dans la malachite. Elle est luisante à sa surface et brillante dans son intérieur, onctueuse au toucher, fort pesante, et tout en annonçant une mine de fer très-riche, rien ne décèle chez elle l'aspect métallique.

L'hématite s'extrait de sa mine en morceaux de diverses grandeurs et grosseurs, qui sont la plupart recouverts d'une terre jaunâtre-brunâtre, mate, dont on la débarrasse facilement. Dans cet état, elle laisse percevoir à la langue une saveur styptique qui annonce certainement la présence de l'ammoniaque.

Réduite en poudre, l'hématite cède facilement sa couleur. Sa pesanteur spécifique est de 4,360.

Il est assez étrange que l'art de la gravure sur pierre dure paraisse avoir fait ses premiers essais sur l'hématite; car les intailles que possède notre Musée impérial des pierres gravées sont sur des cylindres d'hématite noire. Ces spécimens, tous anciens, représentent des figures symboliques au style sec et roide, et dont le tremblé des creux indique le peu de sûreté de l'artiste pour l'exécution de son art.

Nous n'avons consacré un article à l'hématite que parce que son emploi est journalier dans la bijouterie, et comme c'est pour elle que nous écrivons, nous n'avons pas dû l'omettre, bien que ce ne soit pas une pierre précieuse.

HYACINTHE

Nous ne comprenons, sous le nom d'hyacinthe, que la pierre zirconienne de couleur d'un rouge mêlé fortement d'orangé, d'une teinte mixte, plus ou moins foncée, mais cependant bien accusée ; rayant le quartz et d'une dureté approchant de celle du rubis spinelle ; laissant de côté, pour en parler en son lieu, la variété blanche, connue sous le nom de jargon. Il existe, du reste, entre ces deux espèces assez de différences, tant dans le poids spécifique que dans la composition chimique et la couleur pour les distinguer, bien que la même terre exceptionnelle (la zircone), s'y rencontre.

L'hyacinthe orientale, nommée aussi hyacinthe
la belle, vient du Pégu, et principalement de Ceylan;
beaucoup l'ont prise pour un saphir ou corindon
orangé, mais la différence de dureté est trop sensible. C'est une pierre précieuse, d'un jaune-rougeâtre, très-resplendissante, et prenant un beau poli,
surtout très-vif, quoique cependant un peu gras. La
plus belle espèce est d'une grande limpidité, d'une
couleur orangée foncée ou tirant sur le ponceau. On
trouve aussi cette espèce en Arabie. Elle cristallise
en prisme oblong tétraèdre, terminé par deux pyramides courtes. Sa réfraction est double et sa pesanteur spécifique est de 3,631 à 3,687.

L'hyacinthe occidentale, la plus répandue, se
trouve abondamment au Brésil et en France, à Expailly. Ce n'est qu'un quartz hyalin d'une couleur
safranée ou orangée. Elle est en cristaux prismatiques quadrilatères, terminés par les deux bouts en
une pyramide également quadrilatère.

Analysée elle donne :

Zircone.	64,5
Silice.	32
Fer	2
Plomb.	1,5

Sa pesanteur spécifique, plus forte que celle de l'hyacinthe de Ceylan, est de 4,38.

Cette pierre, malgré son jeu brillant, présente toujours un aspect un peu gras, surtout dans les couleurs pâles. Infusible au chalumeau, elle se décolore et devient blanche; poussée au feu, ses particules cristallines se désagrégent et présentent une masse opaque, qui, séparée, redevient des cristaux brillants, mais n'ayant plus de solidité, quoique aussi durs.

Ces cristaux réfractaires nous ont paru présenter tous les caractères de la zircone dans son plus grand état de pureté.

L'hyacinthe des deux espèces contient souvent, on ne sait pourquoi, des bulles dans l'intérieur de sa cristallisation, et qui lui font beaucoup de tort, surtout quand elle est d'une certaine dimension et d'une riche couleur orangée foncée pure également répandue.

On trouve en Silésie et en Bohême des cristaux de roche blancs-jaunâtres, tantôt clairs comme le succin ou laiteux comme l'émail, tantôt d'un jaune groné comme le miel; et à Compostelle, des cristaux quartzeux opaques de couleur de brique, formés en pyramides hexaèdres par les deux bouts.

On leur a donné à tous le nom d'hyacinthe, ainsi qu'à l'essonite et à l'idocrase, nous ne savons sur quel fondement, car ils n'ont presque rien de commun avec la pierre précieuse que nous venons de décrire.

Les hyacinthes que l'on trouve dans les laves pulvérulentes qui avoisinent le ruisseau d'Expailly, sont généralement en petits cristaux d'une belle couleur de feu ou d'un rouge tirant sur le jaune ; mais peu possèdent la véritable couleur caractéristique de cette pierre ; du reste, pour nous, les prétendues hyacinthes d'Expailly, dont nous avons eu bon nombre entre les mains, sont de véritables zircons en tout semblables à ceux provenant de Ceylan, ce qui, cependant, ne les constitue pas hyacinthes.

Quant à celles dites de Compostelle, elles nous ont semblé n'être qu'un quartz presque opaque; leur figure hexagone est composée de deux pyramides base à base.

Le plus beau spécimen d'hyacinthe enrichi par les arts que l'on connaisse, est au Muséum de France. Cette pierre de 0,054^{mm} sur 0,034^{mm}, est gravée admirablement. Elle représente Moïse tenant les tables de la Loi.

Le trésor Odescalchi en possède une représentant
Cléopâtre, une autre, l'Hymen couronné de roses ;
et un Anglais, le vicomte Ducannon, en avait une
gravée par Snéins et figurant un athlète.

L'hyacinthe, pierre évidemment de troisième
ordre, quoique assez souvent très-agréable, se taille
à l'émeri comme les autres gemmes, mais avec
beaucoup plus de facilités que certaines. Toutes les
formes semblent lui convenir, mais le bon lapidaire
doit savoir discerner, à l'aspect de la pierre brute,
s'il doit la tailler à degrés ou avec de nombreuses
facettes, car cette pierre doit plus à l'art qu'à la nature. De forme carrée, les pans sévères lui convien-
nent ; mais ovale ou ronde, souvent des facettes
multipliées lui vont bien.

HYDROPHANE

Pierre quartzo-résinite, presque opaque, d'une nature opaline, dont la plus curieuse propriété est de devenir transparente jusqu'à la diaphanéité sitôt son immersion dans l'eau.

Elle est d'un blanc sale, tantôt grisâtre, brunâtre, verdâtre ou jaunâtre ; solide, compacte, d'une faible pesanteur spécifique ne dépassant pas 2,3, recevant bien le poli, quoique peu dure et poreuse, et chatoyant aux rayons solaires.

Cette substance minérale des plus curieuses, quoique peu employée, adhère à la langue, effet produit par son affinité pour l'humidité. Plongée dans l'eau, elle laisse dégager immédiatement de petites bulles d'oxygène logées dans ses pores, et que remplace à l'instant l'eau , ce qui, dans certains cas et suivant la direction des fentes, lui donne un aspect ou des reflets irisés, et, dans toutes ses immersions, une transparence souvent limpide et qui ne cesse que lorsque la pierre est séchée au contact de l'air.

Cette substance minérale se trouve en Chine, en Arabie, en Égypte, aux îles Féroë, en Hongrie, en Silésie, en Saxe, en Piémont, en France, etc. Analysée, elle donne :

$$\begin{array}{lr}
\text{Silice} & 93 \\
\text{Alumine} & 2 \\
\text{Eau de cristallisation} & 5 \\
\hline
& 100
\end{array}$$

Son absorption du liquide est parfaitement prouvée par l'augmentation de son poids après l'immersion. Inattaquable par les acides, insoluble dans les éthers, l'acide tartrique seul l'éclaircit et semble avoir de l'action sur elle.

En résumé, l'hydrophane paraît être la gangue ou l'écorce des opales, de la nature desquelles elle participe certainement.

On la taille en cabochon aminci, et les amateurs

la font monter à jour afin de lui faire produire ses effets hydropote et hydrofuge à volonté.

Cette pierre se trouve rarement en grandes masses, intercalée qu'elle est le plus souvent dans les blocs calcédonieux et opalins, dont on brise d'énormes quantités avant que de trouver des fragments propres à produire le phénomène d'absorption, seul mérite à peu près de cette pierre, plutôt curieuse qu'utile ou employée.

Les morceaux les plus forts connus n'ont au plus que $0,065^{mm}$ à $0,070^{mm}$ de longueur sur $0,035^{mm}$ de largeur et environ 0,030 d'épaisseur. Mais la majorité de ceux répandus dans le commerce sont de la grosseur de fortes lentilles.

Leur prix est en proportion de leur faculté d'absorption et entièrement au gré du possesseur ou de l'amateur.

IRIS

—

Variété de cristal de roche très-transparente et très-limpide, remarquable par la propriété qu'elle a de présenter et de refléter toutes les couleurs du prisme au moyen de glaces, ou gerçures naturelles, qu'elle contient dans son intérieur.

Cette substance minérale, plus estimée des amateurs que dans le commerce de joaillerie, est pourtant quelquefois employée heureusement dans certains bijoux de fantaisie. L'éclat de ses couleurs variées, les feux éblouissants qu'elle lance par l'agitation, expliquent ses succès. Sa pesanteur spécifique est de 2,640. Taillée en cabochon ou goutte de suif, l'iris peut, jusqu'à un certain point, imiter l'opale, bien que ses feux soient moins serrés, et la superbe parure en iris, que portait parfois l'impératrice Joséphine, a souvent trompé des amateurs, dont elle égarait les connaissances par la vivacité et la multiplicité de ses jeux de lumière.

Ces reflets scintillants proviennent de ce que ces masses ont été — étonnées, — c'est-à-dire, fêlées dans leur intérieur, car ce qui les distingue parfaitement des imitations, assez faciles à produire, c'est que, dans les iris artificielles, les fentes partent toutes des bords de la pierre, tandis que l'iris naturelle n'en contient que dans son intérieur, renfermées et maintenues qu'elles sont par l'homogénéité des bords.

Il existe des iris — dites orientales, — possédant de vives couleurs, mais dont la diaphanéité est un peu obscurcie par une légère teinte laiteuse nuée de bleu.

L'iris dite — calcédonienne — présente trois couleurs, mais visibles seulement en regardant le soleil à travers. Quant à l'iris citrine, ce n'est qu'une fausse topaze, quoique dure.

En résumé, toutes les pierres du genre — iris, — assez employées et qu'on rencontre encore dans de vieux bijoux, n'ont plus que des prix de curiosité, et, de nos jours, aucun joaillier n'en monte. Ajoutons que beaucoup d'autres substances, soit gemmifères, soit quartzeuses, présentent parfois le phénomène particulier à l'iris; aussi dit-on, cette pierre est irisée, et, dans ce cas, c'est un défaut.

Il est toujours facile d'iriser un cristal de roche, soit par un coup de maillet, soit en le jetant tout à coup dans l'eau bouillante, soit en le faisant chauffer et le plongeant instantanément dans l'eau froide, mais, comme nous l'avons dit en commençant, dans ce cas, les fentes partent des bords de la pierre. Aussi le lapidaire habile qui taille une iris naturelle, doit-il bien veiller à laisser tout autour des accidents, un bord assez large non atteint par les fentes, afin qu'on puisse bien constater qu'elles ne sont pas factices.

Caire a dit en posséder un morceau venant du Saint-Gothard, dont l'irisation, figurant une lame de feu, avait une dimension de 0,081^{mm} sur 0,027^{mm} et était d'une beauté surprenante.

JADE

Substance minérale très-commune aux Indes et en Chine. Elle est d'un vert pâle et olivâtre, grasse à l'œil et au toucher, fort compacte, d'une dureté plus grande que celle du jaspe, et que l'on soupçonne être acquise par son exposition à un feu violent, après toutefois qu'elle a été travaillée et façonnée.

Le jade n'arrivant dans nos contrées qu'après avoir subi un travail quelconque, on n'a pu, jusqu'à présent, s'assurer de sa véritable nature à l'état brut. Il est impossible cependant que la quantité d'objets d'art qui existent de cette substance aient été tous fabriqués en Orient ou en Amérique ; d'ailleurs, beaucoup de ces ouvrages prouvent un travail européen, et particulièrement grec ou italien. Il faut donc que des parties de jade totalement brut aient été, à une époque quelconque, envoyées en Europe avant son entier durcissement, ou bien que le secret de le travailler avec facilité soit perdu, car, comme de nos jours on ne le dompte encore qu'au moyen de *l'égrisée*, il est indubitable qu'il y a, dans ces productions de l'art ancien, une particularité que nous pouvons soupçonner, mais que rien n'indique d'une manière positive.

Les couleurs du jade varient suivant les quantités d'oxyde de fer qui entrent dans sa composition. Il y en a de tout à fait blanc ; mais sa couleur la plus constante est le vert de mer très-pâle, presque toujours parsemé de saletés fort divisées, ressemblant à de la poussière grisâtre ; cependant quelques-uns ont la couleur pure.

La substance minérale nommée — pierre d'amazone, — est un jade de couleur prime d'émeraude vert foncé. Sa pesanteur spécifique est de 2,9660. Il vient de Sumatra, et plus abondamment de l'Amérique méridionale. Il contient :

Silice. . .   47

Magnésie. .   38

Fer.. . .   12

Alumine. .   4

Chaux. . .   2

On en fait des poignées de sabres et de coutelas très-estimées en Orient. Les Indiens en font des vases et des statuettes informes. Les Nouveaux-Zélandais le façonnent en haches; cependant le leur paraît être une sous-espèce, en ce sens, que la couleur est plus foncée et que la texture est schisteuse; d'ailleurs, l'analyse y trouve une certaine variété de composition, ainsi divisée :

Silice.   50,5

Magnésie. . . .   31

Alumine. . . .   10

Oxyde de fer . .   5,5

Eau.   2,75

Oxyde de chrome.   0,05

Sa pesanteur spécifique est de 2,9829.

Le jade appelé —néphrite ou pierre néphrétique, — est vert de poireau. On le trouve en masses et en morceaux arrondis. Il est mat, sa cassure est esquilleuse à grandes écailles; sa pesanteur spécifique est de 3,3890. On le trouve en Perse, en Égypte, dans le Hartz et en Suisse. Boêce de Boot, au milieu des absurdités qu'il a débitées sur les pierres précieuses, lui attribue des pouvoirs curatifs très-étendus.

Le jade blanc est généralement laiteux, mat et peu transparent. Sa pesanteur spécifique est de 2,9502 ; c'est le plus dur de tous, aussi est-il nommé — jade oriental. — Il vient de Sumatra, où, dit-on, son gîte est perdu. Tout ce qu'on sait, c'est qu'il en venait aussi de la Chine, et que ce pays en a encore.

La Nouvelle-Espagne produit des jades un peu inférieurs, mais cependant très-durs aussi ; ils proviennent sans doute des montagnes, car on les trouve en cailloux isolés çà et là dans les plaines et les champs. Les peuples primitifs de cette contrée en tiraient un excellent parti, et étaient parvenus à les percer. Avant l'arrivée de leurs conquérants, ils en portaient des amulettes façonnées en un grain rond, en olive, en poisson, en tête ou bec de perroquet; d'autres avaient des hiéroglyphes cabalistiques gravés grossièrement dessus.

Le jade d'Europe se trouve en Turquie et en

Pologne, où il sert chez ces peuples à faire des manches de sabres, de poignards, de couteaux, etc., dont ils sont très-amateurs.

Le jade paraît être connu et répandu en Europe depuis longtemps, car M. Millin assure qu'on en a trouvé des haches dans les tombeaux des anciens Gaulois. Tout le monde admire la longue cuiller de très-beau jade que l'on voit au Musée de Minéralogie de Paris; nous-même avons possédé une hache de cette substance, dont le tranchant eût défié l'acier le mieux trempé.

Nos musées possèdent quelques magots de jade blanc fort curieusement travaillés par les Chinois, et la dureté de la matière employée donne une idée de la patience de ce peuple. Les anciens graveurs paraissent avoir peu travaillé sur le jade, matière trop réfractaire pour son peu de beauté; cependant Mafféi, dans son *Traité sur les Pierres antiques*, en cite plusieurs, entre autres une intaille représentant un soldat chargé des dépouilles de l'ennemi. On voyait, le siècle dernier, au cabinet d'Orléans, sous le n° **1223**, un talisman en jade foncé; il était gravé sur ses deux faces, avec une légende sur l'un et l'autre côté.

L'inventaire de 1791, au Garde-Meuble, mentionne une grande quantité d'objets d'art en jade de prix fabuleux. Nous citerons particulièrement une grande coupe ovale de jade verdâtre estimée 72,000 fr.; deux autres, en jade vert et forme trèfle, 50,000 fr. chaque; une autre, en jade blanc, 12,000 fr.; un vase, jade gris demi-transparent, forme coquille, également 12,000 fr., et beaucoup d'autres, depuis 10,000 fr. jusqu'à 1,000 fr.

La majeure partie de ces objets sont, du reste, d'assez grandes dimensions, atteignant parfois 0,35 centimètres sur 0,28 centimètres.

Parmi les présents faits par Tipoo-Saïb à Louis XVI, on distinguait des poignards et couteaux à manches de jade, estimés de 1,000 à 3,000 fr.

JAIS ou JAYET

Le jais est une espèce de houille compacte à tissu très-fin, serré, très-dur, du plus beau noir et susceptible, par conséquent, de recevoir un beau poli. Toujours en lames superposées, il est facile à cliver; sa cassure est conchoïde et souvent très-luisante. On rencontre dans ses interstices des veines pyriteuses et des fragments ou petits grains de marcassites. Sa pesanteur spécifique de 1,3 est presque nulle, car on en trouve qui surnage l'eau. Cette substance s'enflamme promptement dans le feu en exhalant souvent une odeur fétide, et frottée, acquiert la vertu magnétique; aussi quelques-uns l'ont-ils nommée — ambre noir. — Le jais, quoique peu

dur, a cependant une consistance suffisante pour
pouvoir être tourné, taillé, faceté, poli et percé. On
lui redonne une espèce d'éclat, quand le temps et
l'usage l'ont terni, en le frottant avec de l'huile de
noix.

Le jais se trouve naturellement dans les mines de
houille en masses arrondies de toutes grosseurs,
pesant parfois 25 kilos; semblable en cela au schiste
ardoisier, il porte souvent des empreintes de pois-
sons. En Prusse, il abonde dans les mines d'ambre,
substance à laquelle il sert souvent d'enveloppe et
avec laquelle il a réellement de grands rapprochements.

Le jais n'est pas une pierre précieuse, certes, et
si nous en donnons l'historique, c'est en considéra-
tion de son emploi dans les parures de deuil.

L'Allemagne, l'Angleterre, la Russie, l'Espagne
et surtout la France possèdent de nombreux gîtes
de jais, et les départements de l'Aude, du Var, des
Pyrénées, de l'Ariége, des Ardennes, sont renom-
més pour cette production. Dans le siècle dernier,
le département de l'Aude comptait douze cents ouvriers occupés à le tailler en coupes, et à le tourner
en boules, en boutons, pour bracelets, colliers, cha-

pelets, et en pierres facetées pour bijoux de deuil. Depuis, cette industrie a périclité; quelques importations et exportations ont encore lieu de temps en temps pour la Turquie, le Sénégal et surtout l'Espagne. Mais cette matière a été remplacée par une imitation assez heureuse, quoiqu'on eût pu trouver mieux, car la tourmaline noire possède bien plus d'éclat et la mélanite de Brochant est d'un plus beau noir. L'obsidienne, découverte en Éthiopie par Obsidius, pourrait encore servir à cette spécialité, que l'habitude du luxe, même pour le deuil, rend presque une nécessité.

Le jais de Russie, un des pays où il abonde le plus, paraît être le résultat d'une sorte de pétrole desséché, car on en emploie beaucoup à la confection d'une cire à cacheter.

Le jais factice est formé par une espèce de verre noirâtre qu'on taille à facettes ou que l'on souffle en boules; on donne le noir à ces imitations au moyen de cires noires qui les emplissent ou les collent sur les bijoux en fer.

JARGON ou ZIRCON

Espèce de zirconate siliceux blanc ou d'un blanc jaunâtre et quelquefois verdâtre, naturel, mais souvent aussi par l'action du feu.

Le jargon taillé en rose, quoique possédant un peu l'éclat adamantin, a toujours un aspect terne et gras qui le fait facilement reconnaître. Cette pierre résiste à la lime, et quoique dure se casse facilement. Le plus beau jargon vient de Ceylan sous forme de cristaux quadrilatères terminés par une pyramide à 4 côtés. Sa pesanteur spécifique est de 4,78. Analysé, il donne :

Zircone,	70	»
Silice,	25	»
Oxyde de fer,	0,50	

Il possède la double réfraction à un très-haut degré. Le jargon est naturellement très-sec ; on peut cependant le cliver, car ses lames sont parallèles comme celles du diamant.

Outre celui qui vient de cette contrée, on en trouve d'inférieur dans les rochers de Trapp, aux alentours de Lisbonne ; en masses roulées de syénite, dans le comté de Galloway et en France, au ruisseau d'Expailly.

Le jargon qui, tout taillé, dans les petites dimensions, se vend de 4 à six francs la grosse, à été longtemps employé à Genève pour entourage de boîtes de montres. Plus tard, des spéculations coupables en ont fait un indigne abus, par l'espèce de ressemblance qu'il a avec le diamant taillé en petite rose. On ne l'emploie plus guère, aujourd'hui que la joaillerie a changé d'aspect en substituant l'or à l'argent pour la monture du diamant.

Comme on en trouve rarement ayant une grande dimension, quelques-uns, dans ce cas, ont une espèce de prix, quoique n'atteignant jamais de grandes proportions. Ainsi, un très-beau jargon d'un vert olive pur, octogone, de $0,012^{mm}$ en carré vaut environ 100 fr. ; moins pur ou d'une autre

couleur, il déchoit de trois quarts. A la vente du cabinet de M. Drée, un jargon vert olive de 0,013^{mm}
sur 0,011^{mm} a été adjugé pour 87 fr.

A ceux qui soutiendront l'identité du jargon avec
l'hyacinthe, nous répondrons par ces quelques
faits différentiels :

Le jargon est sec et l'hyacinthe est onctueuse.

Le jargon pèse 4,78 et l'hyacinthe 3,68.

Le jargon est blanc-jaune et l'hyacinthe jaune-
rouge.

Le jargon n'a jamais été gravé et l'hyacinthe l'a
été, etc., etc.

Nous terminerons en adjurant les joailliers hon-
nêtes de ne plus employer cette pierre dans aucun
de leurs ouvrages, et surtout mêlée avec du diamant
ou de véritables roses, à cause de l'ignoble trafic
qui en a été fait comme spéculation illicite.

JASPE

Le jaspe est un quartz simple, opaque, très-dur, formé de parties bien compactes, prenant un assez beau poli, et par sa nature spéciale, indestructible à tous les acides. Il y en a peu de blanc, encore sa teinte est-elle toujours un peu laiteuse; mais on en trouve de fort beau totalement rouge, jaune, bleu, violet, brun et noir, variété la plus rare. La plus répandue est le vert. Celui-ci, lorsqu'il est parsemé de taches rouges, éparses çà et là, constitue le jaspe sanguin, dont la valeur s'accroît en raison de la quantité et de la finesse des points rouges.

Comme toujours, les Indes, cette terre de prédilection des pierres précieuses, fournissent le plus beau,

et comme pâte et comme agrément de couleurs. Puis
vient la Bohême, la Saxe, la Sibérie, la Suède, l'Angleterre, l'Italie, la France, etc., etc. La pesanteur
spécifique du jaspe varie de 2,5630 à 2,7640, ainsi
qu'on peut le voir au tableau ci-après :

Jaspe universel	2,5630
Jaspe rouge de sanguine (égyptien)	2,6129
Jaspe fleuri rouge et blanc (grammatias et polygrammos)	2,6228
Jaspe vert foncé	2,6258
Jaspe sanguin	2,6277
Jaspe héliotrope	2,6330
Jaspe agaté	2,6608
Jaspe rouge	2,6612
Jaspe noirâtre	2,6719
Jaspe vert-brun	2,6814
Jaspe fleuri vert et jaune (panthère)	2,6839
Jaspe brun	2,6911
Jaspe grossier (sinople)	2,6913
Jaspe veiné	2,6955
Jaspe jaune (térébenthiné)	2,7101
Jaspe violet	2,7141
Jaspe fleuri, rouge, vert et gris	2,7323
Jaspe nué	2,7354
Jaspe fleuri, rouge-vert-jaune	2,7492
Jaspe fleuri rouge et jaune	2,7500
Jaspe gris-blanc	2,7640

Tous les jaspes que nous venons de citer, ainsi
que beaucoup d'autres, dont nous parlerons, paraissent avoir, malgré leur différence d'aspect, presque
la même composition, consistant, à quelques va-
riantes près, en ces quantités de produits de deux
analyses :

Silice.	54	60,75
Alumine.	30	27,25
Magnésie.	»	3
Oxyde de fer.	16	2,5
Potasse.	»	3,66

On peut les diviser en sept variétés assez distinctes, contenant elles-mêmes plusieurs sortes dénommées, le plus souvent d'après leur apparence.

1° Le jaspe sanguin se reconnaît à son fond opaque d'un beau vert, clairsemé de taches d'un rouge
de sang, ou rouge brun ou rose. Il était très-estimé
des anciens, qui lui ont attribué des vertus anti-
hémorrhagiques et anti-apoplectiques. De nos jours,
il est encore très-recherché, mais c'est seulement à
cause de sa dureté, de l'homogénéité de sa pâte et
surtout pour son aspect si agréable à l'œil : peut-
être aussi entre-t-il dans cette prédilection, un peu

des croyances naïves à ces vertus que lui octroyaient si bénévolement nos pères !

2° Le jaspe égyptien ou caillou d'Égypte, comprend lui-même deux sortes ; le rouge et le brun.

Les couleurs du jaspe égyptien rouge, sont le rouge de sang, le rouge de chair, le jaune et le brun. Ces couleurs présentent des dessins zonaires. Il constitue les jaspes agatés, onyx, camées, etc., etc. Il se trouve en morceaux arrondis, mat, à cassure conchoïde. Ses parties mates sont du jaspe pur, et les zones ou cercles sont plutôt de l'agate ; il est faiblement translucide sur les bords, dur, et aisément frangible. On le trouve dans le grand-duché de Bade, dans un lit d'argile rouge ferrugineuse. Le jaspe égyptien brun a ses diverses nuances de couleurs disposées en raies ou bandes concentriques ; il se présente en masses globuleuses, sa cassure est conchoïde. Il est peu éclatant et se trouve particulièrement dans les sables de l'Égypte, aux environs des Pyramides. On l'appelle parfois jaspe d'Éthiopie.

3° Le jaspe rubané ; ses couleurs sont le gris, le vert, le jaune, le rouge, disposées en rubans formant des dessins flambés ou tachetés. Tous les jaspes

fleuris sont de cette espèce. Il se présente en masse,
mate et à cassure conchoïde. Ce jaspe, qui se polit
très-bien, se rencontre dans un porphyre argileux
secondaire, en Écosse, en Saxe, en Sibérie et en
Corse.

4° Le jaspe universel est composé d'une grande
variété de couleurs, ne présentant rien de correct,
quoique distinctes.

5° Le jaspe porcelaine paraît n'être qu'une vitrification volcanique imparfaite. Ses couleurs sont
le gris, le bleu, le jaune, il n'est généralement que
d'une seule couleur ou avec des dessins nuagés. Sa
masse présente des déchirures dans tous les sens.
Il est opaque, peu éclatant, peu dur, comparative-
ment aux autres espèces et fusible en un verre blanc
ou gris. On le trouve dans le voisinage des terrains
volcaniques et partout où la houille a été en combustion. L'Angleterre, l'Allemagne, etc., etc., en
fournissent beaucoup. Il n'est point employé en
bijouterie, ainsi que le jaspe opalin.

6° Le jaspe commun. Ses couleurs sont le rouge
et le brun. Il est opaque, peu dur et se présente en
masse, à cassure conchoïde, ayant un éclat variable. Infusible au chalumeau, il finit cependant par

perdre sa couleur. Ce jaspe, qui prend un beau poli, se trouve en Écosse, en Angleterre, en Allemagne et en Sicile.

7° Le jaspe héliotrope est aussi estimé que le jaspe sanguin; il est d'un vert de malachite ou d'un vert olive, souvent nué de bleu et parsemé de points ou taches rouges; aminci, il devient translucide. On en fait des cuvettes de boîtes de montre admirables.

Nous citerons encore le jaspe térébenthiné, il est d'un assez beau jaune et fort rare. On le trouve à Rochlitz.

Sous la dénomination de jaspe fleuri, ou floride, ou versicolore, on comprend tous ceux de couleurs diverses, parfois mêlées indistinctement, ce qui le fait chatoyer. Ce nom ne se donne qu'à ceux ayant au moins trois couleurs dans l'ensemble de leur pâte.

Le jaspe serpentin est fleuri de blanc et de vert et moucheté de taches noires. Celui désigné sous le nom de — fleuri rouge — est parsemé de taches ou raies blanches sur un fond d'un beau rouge cornaline. Le jaspe fleuri blanc est souvent moucheté de jaune et de noir. Le grammatias n'a qu'une raie blanche sur un fond rouge. Le polygrammos est clairsemé de taches blanches. Le jaspe panthère est à fond vert moucheté de jaune. Le jaspe œillé a une pâte brunâtre parsemée de taches plus ou moins concentriques à plusieurs couches, imitant divers yeux. Enfin le jaspe onyx, très-rare, et qui présente deux couches de couleur différente.

Les jaspes de toute nature ont été, de tous temps, employés, suivant leur texture, leur dimension, leur variété de couleurs, pour en obtenir, par un travail souvent très-difficultueux, des objets d'art infiniment durables. Les sujets mythologiques en creux ou en relief, les vases, les coupes, les statuettes, les mortiers durs des laboratoires ont mis tour à tour cette pierre à contribution. De nos jours, à part quelques coupes, on l'emploie pour bagues, cachets, bracelets, cuvettes de montres, breloques sculptées, etc. Le jaspe brut vaut de 2 fr. à 120 fr. le kilo. Si l'on consulte l'inventaire du Garde-Meuble de la couronne de France fait en 1791, on va voir qu'il était et est probablement encore très-riche en objets d'art exécutés avec le jaspe, lesquels ont été prisés à des prix souvent très-élevés, ainsi qu'on peut en juger par la nomenclature suivante :

La pièce la plus extraordinaire est un grand vase de jaspe vert à taches rouges, ayant 0,584^{mm} de long sur 0,335^{mm} de large et 0,195^{mm} de hauteur. Ce magnifique morceau de jaspe, unique de cette espèce, fut estimé 100,000 fr.

Le morceau capital qui vient après est admirable, et représente la flagellation de Jésus. Les mains du Christ sont attachées à une colonne de cristal de roche placée derrière lui. Le sculpteur a tiré tout le parti possible des taches rouges de ce jaspe pour indiquer la flagellation et le sang qui ruisselle des plaies. Ce chef-d'œuvre, où l'art dépasse la nature, est estimé 50,000 fr.

Puis, vient une superbe coupe ronde de jaspe vert héliotrope admirablement sculptée ; elle est d'un diamètre de 0,188^{mm} sur 0,228^{mm} de hauteur, estimée 10,000 fr. Une autre, de jaspe vert mêlé de taches rouges et violettes, en forme de coquille à six godrons, orné d'un tonneau en cornaline sur lequel est assis un Bacchus en or massif de 0,062^{mm}. La coupe a 0,166^{mm} de large sur 0,140^{mm} de haut ; elle est évaluée 14,000 fr. Une autre coupe de jaspe vert sanguin à six godrons, ayant 0,224^{mm} de diamètre sur 190^{mm} de hauteur, estimée 12,000 fr.

On peut encore citer un vase de jaspe vert sanguin, représentant un dragon avec la légende — *Ne
refusez le don qui vient de gré.* — Ce vase a 0,312^{mm}
de long sur 0,236^{mm} de haut ; estimé 6,000 fr. Enfin
trente-deux coupes de jaspes, diverses, depuis 100 fr.
jusqu'à 10,000 fr., et formant un total de plus de
60,000 fr. Trois urnes, évaluées 7,100 fr. ; trois tasses,
1,800 fr. ; quatre vases, 11,800 fr. ; une jatte de 6,000 fr.
un plateau de jaspe vert oriental, d'une longueur de
0,472^{mm} sur 375^{mm} de largeur, évalué 8,000 fr., etc.

Parmi le nombre infini de jaspes de tous genres
qui ont été gravés, nous nous contenterons de citer
les suivants :

Dans l'ancienne collection d'Orléans, on voyait,
représenté sur jaspe vert, un sacrifice au dieu Pan.
Ce sujet, très-bien traité, comprend neuf figures :
puis, un jaspe héliotrope sur lequel est gravé Vul-
cain forgeant des armes pour Énée ; sujet de cinq
figures. On y remarque Mercure, Vénus et l'Amour.
Nous citerons encore une Bacchante en orgie sur
jaspe fleuri, et, sur jaspe Égyptien d'une seule couleur, Faustine la Jeune sous la figure de Vénus,
présentant à Marc-Aurèle un casque et un javelot.
Enfin, sur jaspes onyx égyptien, Tibère couronné de

lauriers; l'empereur Adrien tête nue ; un masque grec et une amulette en caractères grecs et basilidiens.

Le trésor Odescalchi possède le buste d'un empereur romain sur un jaspe vert de 0,081^{um} de hauteur. On croit que c'est Claude. Puis, plusieurs héliotropes, sur lesquels sont gravés Apollon, Esculape, Cérès, Omphale; un Amour avec sa torche; une amulette, etc.

Le cabinet du cardinal Ottoboni possède un ouvrage d'Aspage, représentant Minerve secourable sur jaspe rouge. Cette gravure est splendide, rien n'est plus beau ni plus correct. On voit sur le haut du casque de Minerve, un sphinx au visage de femme, avec un corps de lion, soutenant un grand panache de plumes et à côté un petit soutenu par un hippogriphe. Le devant du casque, a cinq chevaux à mi-corps en saillie qui lui font ombre sur le front, le derrière qui lui couvre le cou est orné d'écailles, et laisse sortir les cheveux tombant sur les épaules et sur la poitrine; à côté est une plaque mobile et élevée où se trouve un griffon. Minerve porte un pendant d'oreille de pierreries et un collier de deux rangs de perles, où figurent des glands en pierres précieuses, comme au siècle dernier nos broches dites — Sévigné. Sur la cuirasse, qui est de fer et écaillée, on voit une tête de Méduse privée de serpents, mais on les voit ramper çà et là sur l'habillement ; enfin, à côté de la figure, est la pique traditionnelle. Cette pierre, si curieuse sous le rapport de ces détails microscopiques, est d'une forme ovale rond, et n'a que $0,027^{mm}$ sur $0,023^{mm}$.

Le cabinet impérial des Antiques de Vienne possède aussi un buste de Minerve gravé en creux sur jaspe rouge. Winckelmann a mis cette pierre à la tête de toutes les plus célèbres des artistes grecs.

Nous terminerons cette longue nomenclature en citant une bacchante gravée en camée sur jaspe onyx, et dont le désordre heureux, si bien utilisé par l'artiste, présente l'effet le plus ravissant. La figure de la bacchante est d'un blanc d'argent ; un couronnement de feuilles rouges, entremêlé de raisins blancs fortement translucides, ceint son front. Sur son épaule est représentée une tête de mouton d'un blanc mat ; le fond de la pierre est couleur de brique et fait une opposition admirable au blanc des reliefs.

Nous avons remarqué, parmi les chefs-d'œuvre

admis à l'Exposition universelle de 1855, un magnifique morceau de jaspe oriental, extraordinaire
d'abord par ses dimensions, et sublime par sa monture, exécutée par M. Morel.

Le sujet, on le sait, est Persée délivrant Andro-
mède. A ses côtés, on voyait une autre coupe ronde
en jaspe sanguin; puis, la montre de madame la
duchesse de Luynes, dont la boîte était aussi du
plus beau jaspe.

Nous citons ces exemples de travaux d'art moderne, d'abord parce qu'ils le méritent, et pour prouver qu'en notre siècle le goût de l'emploi des belles
pierres existe toujours.

Le jaspe, dans toutes ses variétés, devait aussi être
imité; M. Reverdun a très-heureusement résolu la
question, et ses objets fabriqués en jaspe factice
font certainement illusion.

LABRADOR

Feldspath opalin à fond gris, de nuances diverses, marqué de veines blanchâtres. Exposé à la lumière dans de certaines directions, le labrador chatoie et présente souvent les couleurs les plus admirables, quoique cependant le rouge ne s'y rencontre jamais.

Cette substance minérale se trouve particulièrement dans l'île Saint-Paul, au Labrador et en Norvége. Elle est en masses et morceaux arrondis, accompagnée de pyrites et de schorl noir; à cassure luisante, son éclat, après le clivage, tient le milieu entre le vitreux et le nacré. D'un aspect translucide bien marqué, quoique transparent dans ses fragments les plus minces, le labrador offre, dans sa contexture, des fêlures ou des stries.

Le labrador, moins aisément frangible que le spath ordinaire, a une pesanteur spécifique de 2,6 à 2,7, et est aussi moins fusible. D'une dureté inégale dans ses parties, elle fait cependant feu au briquet. Ses plus beaux effets se font remarquer lorsqu'on l'a sciée, polie, et qu'elle est exposée sous différents plans aux rayons lumineux.

Le labrador s'emploie en bijouterie, mais plutôt artistique qu'usuelle, à cause de ses morceaux qui ne peuvent produire de beaux effets qu'étant étendus. Aussi en fait-on plutôt des coffrets, des petites cassettes, des tabatières, des boîtes de montre, etc., plutôt que des objets de moindre dimension.

Un des morceaux les plus remarquables est cité par Caire, qui l'a vu dans un cabinet à Londres. C'était une plaque de $0,271^{mc}$ en carré.

On annonçait en 1799 qu'on avait découvert en Russie un labrador où se trouvait dessinée, d'une manière parfaite, l'image de Louis XVI : sa tête, surmontée d'une couronne couleur de grenade, avec la bordure arc-en-ciel et un petit panache argent, était du plus bel azur, sur un fond verdâtre. Cette pierre, disait-on, est nuancée par des couleurs si vives et brillantes que l'art s'efforcerait vainement d'imiter. M. le comte de Robassomé, ci-devant au service de Russie, en était possesseur et en demandait 250,000 fr!

Nous avons dit à l'article — agate arborisée — ce que nous pensions de ces jeux de la nature et des ressemblances extrêmes ou des rapprochements singuliers que quelques personnes croyaient rencontrer; nous ne nous répéterons donc pas pour cette pierre, plus qu'extraordinaire, dont nous ne pouvons cependant nier l'existence, ni la possibilité, ni même discuter le prix demandé.

On ne doit pas confondre le labrador avec l'hypersthène, spath du Groenland, qui, du reste, en diffère par la coloration, ni avec l'adulaire dont nous avons parlé.

LAPIS LAZULI

Substance minérale assez dure pour rayer le verre, pesante, opaque, d'un bleu plus ou moins vif, souvent parsemée de pyrites brillantes, d'un tissu serré et pouvant obtenir un beau poli, présentant la translucidité sur ses bords quand il est aminci, et se cassant en morceaux irréguliers à fragments vitreux.

Les anciens comprenaient sous ce nom la *pierre d'Arménie*, dont on tirait un bleu artificiel, mais bien différent de l'outremer.

La pesanteur spécifique du lapis varie de 2,7675 à 2,9454. Son analyse présente des différences notables, quoique faite par trois chimistes distingués.

Elle offre :

	Klaproth.	Clément Desormes.	Thénard.
Silice,	46	34	44
Alumine,	14 5	33	35
Chaux,	28	»	»
Oxyde de fer,	3	»	»
Sulfate de chaux,	6, 5	»	»
Soude,	»	22	21
Eau ,	2	»	»
Soufre,	»	3	»

Parfois la potasse y remplace la soude.

On voit que nous avons quelque raison de douter de l'infaillibilité des analyses, pour y asseoir un système de classification , comme nous l'avons laissé entrevoir dans notre préliminaire.

Le lapis exposé à l'action d'un très-grand feu se fond en une masse d'un noir jaunâtre; s'il est seulement calciné, il est décoloré par les acides minéraux énergiques et forme alors une gelée.

Le lapis contient accidentellement du carbonate de chaux et de baryte, du quartz, du grenat, du feldspath et toujours du sulfure bleu de fer. Les plus beaux échantillons de ce minéral nous viennent de

la Chine, de la Perse et de la Grande-Buckarie ;
aussi le nomme-t-on lapis oriental, que sa magnifique couleur bleue lui mérite, ainsi que son excessive pureté.

Le très-beau et dont la couleur est partout d'une
égale intensité se vend 300 fr. le kilog., tandis que
celui qui vient de Californie, tout récemment découvert, et qui est de mauvaise qualité, atteint à
peine 60 cent. le kilog.

Malgré qu'il existe de très-gros morceaux de lapis, les veines, les pyrites, les points, les fragments
de feldspath, certaines parties calcaires dont il est
trop souvent parsemé, permettent peu d'en tirer de
grands morceaux entièrement purs ; aussi ceux-ci
sont-ils fort chers.

On en a découvert aussi en Sibérie, mais sa couleur est bien plus légère. Le Chili en contient, mais
il est maculé par des points et des veines que l'on
croit d'or et d'argent.

On a beaucoup gravé sur le lapis, mais la majeure
partie de cette substance étant en petits fragments, il
s'en trouve de très-insignifiants. Cependant, parmi
ceux hors ligne, on peut citer l'emblème de la Paix,
par Gorlé. On y voit avec plaisir une figure tenant

une torche d'une main, de l'autre une corne d'abondance, et paraissant vouloir embraser des trophées militaires placés devant elle.

Le chevalier d'Azara, ambassadeur d'Espagne en France, y montrait, durant son séjour, un camée du plus beau lapis représentant la tête de Méduse, mais sans serpents; et Mafféi parle d'une Vénus portée par une chèvre que fouette l'Amour.

Outre sa conversion en *outremer* et dont nous n'avons pas à nous occuper ici, le lapis est employé en objets d'art et en bijouterie, à former des vases, coupes, cachets, etc., etc.

Le trésor de la Couronne en possède un grand nombre dont les principaux sont :

Une coupe de lapis pyriteux en forme de nacelle d'une très-grande dimension; ce morceau hors ligne est estimé........................ 200,000 fr.

Un sabre à manche de lapis donné à Louis XVI par Tippoo-Saïb..... 6,000

Une cuvette de lapis entremêlée de beaucoup de quartz blanc et de pyrites, de $0,298^{mm}$ de long sur $0,166^{mm}$ de hauteur.............. 8,000

Un vase de lapis appliqué de 0,224^{mm} de hauteur sur 0,140 de diamètre.   2,600

Une coupe ronde de lapis de 0,110^{mm} de diamètre sur 0,118^{mm} de hauteur . . . .   4,500 fr.

Puis d'autres coupes diverses évaluées de 600 fr. à.   2,400

Deux urnes de 300 et.   600

Deux tasses de 200 et.   600

Et trois chapelets estimés ensemble.   3,000

On a pu remarquer à l'Exposition universelle de 1855 plusieurs coupes et autres objets exécutés en lapis lazuli, exposés par M. Rudolphi ; leurs formes originales et leur exécution soignée rivalisaient bien certainement avec ce que nous avons de plus beau dans l'art ancien, et comme excellence de matière employée et comme goût.

Puis encore une coupe de lapis taillée en forme de conque marine et admirablement montée par M. Morrel. Une autre également en lapis et dont la monture est un chef-d'œuvre de M. Duponchel.

23.

Nous devons aussi mentionner le guéridon formé d'une tablette en mosaïque de lapis et si bien ornementée par M. Jarry. C'est vraiment un morceau capital.

Comme le jaspe, le lapis a été également très-heureusement imité par M. Deverdun ; il est impossible de distinguer le naturel du factice si on ne les touche tous deux, l'œil ne suffit pas.

Nous devons cependant faire remarquer que la dureté de ces substances factices n'égalant pas celles naturelles, les conditions de durée et de bon usage sont bien restreintes, quoique pourtant le bas prix auquel on les produit fait certainement compensation, et on peut, dans une multitude de cas, centupler l'application, surtout dans les grands ouvrages.

MALACHITE

La malachite est un carbonate oxygéné de cuivre naturel divisé en deux espèces : la fibreuse et la compacte ou mamelonnée.

La malachite fibreuse est d'une couleur uniforme vert émeraude parfaite. On la trouve sous formes imitatives et cristallisées en prismes angulaires aigus à trois pans. Les cristaux sont courts. capillaires et en aiguilles. D'une pesanteur spécifique de 3,66, elle présente, avec des veines diverses, de belles touffes d'un vert foncé, mais éclatant, montrant parfois toutes les gradations du vert pâle ou du vert foncé.

Elle prend par le poli, qui est toujours un peu

gras, un aspect soyeux et velouté; sa cassure est éclatante, parfois translucide, mais le plus souvent opaque. Elle se dissout dans l'acide azotique en lui communiquant une couleur verte assez foncée. Noircie seulement par les charbons ardents, elle décrépite, devient noire, et enfin fournit un bouton de cuivre sous l'action irrésistible du chalumeau, mais en perdant beaucoup de son poids primitif.

Cette variété est la plus rare et par conséquent la plus estimée; elle se rencontre, particulièrement en filons, en Norvége, en Hongrie, en Saxe, en Tyrol et particulièrement dans les monts Ourals. Analysée, elle donne :

Cuivre.	58
Acide carbonique.	18
Oxygène. . . .	12,5
Eau.	11,5

La malachite mamelonnée est en masses opaques, ayant toutes les nuances du vert et présentant à l'œil une foule de zones, de demi-sphères, de couches concentriques, de portions de cercles, qui, lorsqu'elle est sciée et polie, font un admirable effet par leur aspect alternativement clair et sombre. Sa cassure est inégale et à grains fins, et sa pesanteur

spécifique est de 3,65. Celle-ci se trouve abondamment en grosses masses stalactiformes et mamelonnées à Goumichefski, près d'Ekatérinebourg en
Sibérie. Cette contrée, unique au monde pour la richesse de ses mines de cuivre, présente la malachite sous toutes les formes possibles : en masses,
cristallisée, cellulaire, mamelonnée, solide, fibreuse,
soyeuse, striée, en géode, en priapolite, en rognons,
enrichie d'herborisations, etc.

Les dimensions de la malachite étant presque
toujours très considérables, permettraient d'en tirer
parti pour de grands ouvrages ; malheureusement
la pâte n'est pas partout homogène ; il se rencontre
à la surface et trop souvent dans l'intérieur, des
cavernes vides ou remplies de parties terreuses,
friables, qui interrompent les dessins naturels, font
vide et détruisent toute l'harmonie de l'ensemble,
outre qu'elles retirent la solidité des grandes plaques
qu'on peut en tirer.

La malachite employée en bijouterie se taille en
plaques légèrement gouttes de suif ; on l'emploie en
broches, bracelets, etc. On en fait aussi de petits
sujets artistiques pour breloques, mais son plus
grand emploi est en tabatières, manches de couteaux

riches, serre-papiers, etc. C'est, du reste, en Russie qu'on en tire le meilleur parti.

Elle vaut brut de 4 à 20 fr. le kilo, suivant ses degrés de beauté et d'homogénéité.

Nul doute que lorsque les chemins de fer russes fonctionneront il n'arrive une baisse considérable dans les prix de cette production naturelle, si abondante en cette contrée, et qui, devenue plus commune dans nos grands centres de fabrication, en permettra un plus fréquent emploi à nos artistes de tous genres.

Un des morceaux les plus rares et les plus curieux qu'il existe de malachite est à Saint-Pétersbourg. Il est scié et poli, et présente un ensemble de $0,890^{mm}$ de long sur $0,473^{mm}$ de large, et $0,056^{mm}$ d'épaisseur. Il est estimé 29,000 fr.

Caire dit avoir vu chez le comte Schérémétoff, à Moscou, une table en malachite portant $0,812^{mm}$ sur $0,650^{mm}$ d'un seul morceau.

Macquart en cite deux morceaux provenant des mines de Gumescheskoi, l'un pesant 12 kilog. 500 et l'autre 9 kilog.; encore, prétend-il en avoir vu de plus gros dans le cabinet de l'Impératrice.

Nos pères ont vu au grand Trianon, sous le règne

de Napoléon Ier, une coupe, un dessus de table et des candélabres en superbe malachite, présents de l'empereur de Russie.

Il en existe de magnifiques morceaux à l'état brut et poli au musée de minéralogie du Jardin des Plantes. Certains se distinguent par leur aspect soyeux, fibreux, cristallisé et mamelonné.

En somme, les plus belles qualités de malachite se trouvent également dans les deux espèces. Les premières conditions sont que la couleur dominante ne soit pas trop intense et agréablement nuancée de plus foncées.

Une des plus estimées est celle dont la masse se compose d'une multitude d'aiguilles divergentes, tantôt en forme de panaches, de plumes d'autruche, tantôt d'étoiles, suivant qu'elles partent d'une ligne ou du centre. Dans ces divers états, son poli, aidé des jeux de lumière, prend tout à fait l'aspect chatoyant et nacré.

Le peu de dureté de la malachite la rend peu propre à la gravure sérieuse ou d'art, d'autant plus que ses nuances alternatives s'y prêtent peu ; cependant, quelques artistes ont essayé de seconder la nature par l'art. Nous doutons qu'ils aient réussi, étant dans des conditions tout à fait défavorables, et, d'ailleurs, les échantillons venant de Russie que nous avons vus nous ont tout à fait édifiés. Les sujets peut-être bien traités, n'étaient pas appréciables, ils étaient défigurés par les zones et couches concentriques naturelles à la malachite. Cependant, on remarquait au cabinet d'Orléans une tête d'Isis de haute bosse et une tête de Socrate.

Crozat dit avoir vu une tête de Trajan.

A Turin, le commandant Génévosio possédait un masque couronné de pampres; mais tout cela ne devait pas être bien beau.

MARBRE

La multitude des substances calcaires auxquelles on pourrait donner le nom de marbre serait innombrable, si l'on n'était convenu de ne l'accorder qu'à celles dont le grain serré et le tissu compacte sont susceptibles d'être dociles au ciseau de l'artiste et de recevoir un beau poli sous la main de l'ouvrier.

Les caractères indélébiles qui distinguent les marbres d'avec les porphyres et les granits, sont qu'ils font effervescence avec l'acide azotique; qu'ils sont rayés par l'acier, et qu'ils se réduisent tous en chaux par la calcination, en dégageant de grandes quantités de gaz acide carbonique.

Ces caractères sont faciles à reconnaître, aussi ne comprenons-nous pas que dans les ateliers de marbrerie on donne cette dénomination, qui devrait être toute spéciale, à des substances qui en diffèrent beaucoup, telles que : les porphyres, les serpentins, les granits, etc., pierres toutes beaucoup plus dures.

Le marbre contient dans sa composition une sorte de métal, jusqu'alors peu défini, mais présentant l'aspect ferrugineux et combiné avec le carbone et l'oxygène. Les proportions sont variables suivant les diverses qualités, mais cependant offrant en moyenne trois dixièmes de métal, un dixième de carbone et le reste en oxygène fixé. La pesanteur spécifique de cette substance minérale varie de 2,650 à 2,850.

Le marbre le plus pur est blanc, aussi est-ce celui qui produit le plus de gaz acide carbonique, et ses diverses colorations, qui font souvent ses qualités, ne sont dues qu'à des adjonctions de matières étrangères, soit pierreuses, soit métalliques, dont les diverses dispositions modifient sa texture et le colorent. Ainsi le marbre cipolin ne présente une couleur verte qu'à cause du talc qu'il renferme en grande quantité.

Les marbres de toutes natures sont une des productions les plus appliquées aux arts et à l'industrie ; tous les chefs-d'œuvre de la statuaire et de l'architecture n'ont vécu des siècles que grâce à leur abondante et solide matière, et, dans des productions plus modestes, leur application plaît sans cesse; aussi, voit-on le plus humble praticien être fier de sa cheminée, de sa pendule ou de ses meubles recouverts en marbre.

Les bornes de notre ouvrage ne nous permettent pas d'entrer dans de grands détails sur les marbres anciens, dont, d'ailleurs, beaucoup de gîtes sont perdus ou épuisés; leurs magnifiques qualités sont, du reste, encore facilement appréciables à la vue des trésors d'art auxquels ils ont concouru comme matière première et qui peuplent nos musées. Nous ne parlerons donc que des marbres modernes les plus employés, et la majeure partie ne le cède point en beauté, en agencement de couleurs, en finesse de grain, en dureté de pâte, aux plus célèbres de l'antiquité. Nous allons en donner ici une nomenclature rapide, mais cependant suffisante pour leur appréciation.

Le marbre *statuaire*, que l'on ne trouve qu'à Carrara et à Seravezza (Toscane), est le plus précieux de tous, non-seulement parce que seul il peut être employé fructueusement à la statuaire artistique, mais encore par sa blancheur, imitant à s'y méprendre le plus beau sucre cristallisé, et par son grain fin, homogène et d'une texture toujours parfaitement égale.

On sait que les carrières de Seravezza furent jadis exploitées sous la direction de Michel-Ange, l'artiste géant, qui ne crut pas déroger en acceptant ce travail. Les énormes blocs qu'il sut en extraire furent transportés à Florence et servirent à l'ornementation de la superbe basilique de Saint-Laurent.

L'exploitation de ces carrières, situées au sommet du mont Altissimo, et qui commencent à 900 mètres et arrivent à 1,165 mètres au-dessus du niveau de la mer, a été reprise en 1822 par un Français propriétaire du mont. Depuis ce temps, elle n'a pas cessé, et peut à peine suffire aux besoins de l'étranger. Le prix de ce marbre si précieux varie, suivant la dimension des blocs, de 1,800 fr. à 3,000 fr. le mètre cube. On trouve encore à Carrara un marbre blanc clair, dont le fond est légèrement tatoué de petits points noirs. Les plus beaux viennent de *Ravaccione*, dont ils portent le nom, et, indépendamment des ouvrages en petit qu'exécutent avec eux les marbriers, on peut citer les magnifiques colonnes du palais du

Corps Législatif, les douze statues colossales du pont qui y aboutit, la colonnade du palais du quai d'Orsay et la statue équestre de Louis XIII à la place Royale. Ce marbre, dont le grain est parfois mêlé à des parties de quartz hyalin, ce qui le rend défectueux, vaut à Paris de 900 fr. à 1,800 fr. le mètre cube.

Seravezza et Carrara nous fournissent encore des marbres bleus turquins, vulgairement nommés — bardigle. — Dans leur grand état de beauté, ils sont d'un bleu très-foncé veiné de blanc. Les variétés inférieures, bien moins estimées, ont un fond gris clair avec des veines noires. Les marbriers emploient de préférence le plus beau en cheminées, consoles, tables rondes, etc.; il vaut 900 fr. le mètre cube.

Le bleu fleuri de Seravezza est employé aux mêmes usages que le turquin, très-estimé quoique infiniment variable dans ses nuances annexées. Il présente presque toujours un fond blanc d'où ressortent admirablement des veines bleuâtres, parfois noires et d'un dessin très-riche. La manière de l'entamer par la scie offre ses veines ou contournées, ou rectilignes, ce qui rend son aspect bien différent. Son prix est de 1,000 à 1,200 fr. le mètre cube.

Enfin à Stazemma, distant de quelques kilomètres, on trouve le marbre brèche-violette, dit — fleur de pêcher. — Cette variété à taches lilas, roses et blanches, tantôt larges et tantôt petites, est employée monumentalement dans le premier cas, et artistiquement dans le second.

Notre musée du Louvre en possède plusieurs colonnes et tables du plus agréable effet. Son prix est le même que celui du précédent.

Le *vert de Gênes*, remarquable par sa dureté hors ligne, a sur son fond nominatif des veines blanches, rougeâtres et parfois de vert très-sombre. Plus les veines et taches sont petites, plus il est employé pour la pendule et autres objets usuels et d'art. On l'utilise beaucoup en France ; son prix est de 1,500 fr. à 1,800 fr. le mètre cube.

Un des marbres les plus riches provenant des mêmes contrées, est le *portor* (porte-or), et se distingue par son fond d'un beau noir, très-agréablement mélangé de veines d'un jaune splendide. Il n'a de prix, du reste, que dans un grand état de beauté, et, en tous cas, ne dépasse pas ceux des deux derniers que nous venons de citer.

Vient enfin le *jaune de Sienne*, si estimé pour son

beau fond, d'où surgissent des veines d'un violet plus ou moins foncé. Bien qu'on le trouve rarement en gros b'ocs, son emploi pour pendules et diverses marqueteries ou mosaïques, élève son prix de 2,400 fr. à 3,000 fr. le mètre cube. Ce marbre tire son nom de la ville près de laquelle on le trouve.

Si maintenant, continuant notre revue de l'étranger, nous passons en Belgique, nous citerons, non comme le plus beau, mais comme le plus employé, le marbre dit — Sainte-Anne, — de constitution madréporique à fond gris mélangé de blanc, et qui provient du Hainaut. Sa consommation est immense pour dessus de meubles ordinaires, cheminées, tables de café, devantures de boutiques, dessus de comptoirs, etc.; son prix varie de 600 fr. à 700 fr. le mètre cube.

Le marbre noir des environs de Liége est aussi très-employé aux divers usages que nous venons de citer, et, quand il est beau, il a plus de valeur que le dernier et atteint le prix de 800 fr. le mètre cube. Sa plus grande spécialité d'emploi est dans la construction des riches monuments funéraires.

Il nous reste à parler des marbres rouges de Belgique, désignés sous les noms de — *royal* et de

Malplaquet. Le premier, dont le fond est rouge mélangé de blanc et parfois de bleu, se trouve dans la province de Namur.

Nos palais impériaux en ont d'énormes quantités employées dans leur ornementation. Ce marbre dont on extrait parfois des blocs de 7 mètres de longueur sur 2 dans les autres sens, se vend de 600 à 700 fr. le mètre cube.

Le second présente un fond d'un rouge pâle, vineux, ondulé de gris. Il se trouve à **Merlémont** et a la même valeur que le précédent.

Nous allons entrer dans les marbres français, lesquels nous intéressent à plus d'un titre, non seulement comme amour-propre national, mais encore pour la multiplicité que nous possédons et les nombreux objets d'art et ouvrages divers qu'ils nous aident à produire et dont ils sont la base.

Disons tout d'abord que nous n'avons pas de marbres blancs propres au grandes œuvres.

On a cru en avoir trouvé dans certains de nos départements, tels que l'Isère, la Loire, les Hautes-Alpes, la Haute-Garonne, les Pyrénées, etc. ; mais le grain, la qualité, la texture, n'ont jamais répondu aux espérances préconçues.

Parmi les marbres statuaires que l'on croyait posséder, on citait celui de—Louvié-Soubiran,—dans les
Basses-Pyrénées, mais on fut bientôt forcé de reconnaître qu'il n'en avait nullement les qualités indispensables. Celui de Saint-Béat, sur la rive gauche de la
Garonne, lui est supérieur et nos artistes l'emploient
à défaut d'autre, quoique toujours sans grand succès
ni satisfaction, d'autant plus qu'il a l'immense inconvénient de se déliter à l'air, ce qui ôte la condition de durée à l'œuvre exécutée. La majeure partie
des œuvres de David (d'Angers) ont été produites
avec ce marbre, et c'est à regretter.

Quant aux marbres de couleur, nos départements
des Hautes et Basses-Pyrénées nous en offrent de
magnifiques, et l'exploitation de leurs carrières a pris
un accroissement que rien ne saurait arrêter, si ce
n'est l'épuisement, ce qui n'est pas près d'arriver.

Nous citerons le marbre schisteux de *Campan*,
dont la carrière fournit 4 variétés bien distinctes ;
la première et la plus estimée est le Campan *vert-
vert*, dont le fond est vert clair, et relevé par des
veines en réseau de vert foncé et parfois de quelques
veines blanches. Il se vend à Bagnères de Bigorre de
300 à 400 fr. le mètre cube.

Vient ensuite le Campan *mélangé*, ainsi nommé de ce qu'il présente à la fois dans sa masse le vert, le blanc et le rouge. Il vaut de 230 à 250 francs le mètre cube.

Puis le Campan *griotte*, peu exploité, parce qu'il est peu recherché ; il est parsemé de coquilles en spirales (œils de perdrix) et son fond n'est pas très-vif. Enfin le Campan *rosé*, agréablement mélangé de rose et de blanc. Malheureusement tous ces marbres s'altèrent à l'air et ne peuvent servir qu'à l'intérieur de nos habitations.

Le marbre d'*Aspin*, tirée d'une carrière située à 2 kilomètres d'Argelez (Hautes-Pyrénées), présente plusieurs variétés assez agréables ; une surtout est d'un fond gris-bleu avec de légères nuances blanchâtres et parfois bleu très-foncé, jaspé de blanc. Il vaut environ 180 fr. le mètre cube.

Aux environs de Lourdes, on trouve la variété dite Lumachelle *pont-vieux*. Ce marbre, que l'on exploite en masse, est d'un gris-clair relevé par des parties plus foncées. On distingue dans sa pâte des coquillages noirs et blancs parfaitement conservés. Son prix est le même que celui d'Aspin.

Le marbre brèche de Baudéan ne s'obtient guère

qu'en petits blocs. Sur un fond presque toujours noir, on voit ressortir des veines d'un rouge éclatant, parfois jaunes, et quelques lignes blanches.

Certains présentent des espèces de poudingues noirs sur un fond couleur de brique pâle. Son prix, variable selon la richesse des couleurs, est de 340 à 360 fr. le mètre cube.

Le marbre *Serancolin*, dont on voit de magnifiques placages au palais impérial de Versailles, à l'intérieur de la Bourse de Paris, dans l'église de la Madeleine et dans la grande salle du palais du Corps législatif, est remarquable par de très-beaux accidents qu'on y rencontre assez souvent. Ses couleurs principales sont le rouge cornaline orientale, le jaune, avec de fortes parties de gris toujours un peu jaunâtre.

Le *jaune Larrey*, presque toujours feuilleté, offre certains avantages pour la pendule et la marqueterie. On le trouve dans les environs de Bagnères, ainsi que le *Médoux*, dont le sciage présente beaucoup de difficultés.

Le prix du premier est de 18 à 20 fr. les cent kilogrammes, et du second 300 à 360 fr. le mètre cube. Nous passerons sous silence les marbres de la Haute-

Garonne, du Pas-de-Calais, du Nord, etc., leur emploi étant presque nul dans les arts et même dans l'architecture, à cause du peu de durée de leur poli, pour arriver à ceux des départements des Bouches-du-Rhône, de l'Aude et de l'Hérault. Nous citerons la grande brèche d'Alet (vulgairement d'Alep), la brèche jaune de Tholonet, lesquels se vendent de 900 à 1050 fr. le mètre cube. Ces marbres brèches sont une agglomération de cailloux presque uniformément sphériques et de plusieurs nuances dont l'ensemble plaît à l'œil. La griotte du Languedoc, longtemps appelée griotte d'Italie, se distingue par la richesse de ses tons, son fond, souvent rouge-brun avec des taches d'un rouge très-clair, est agréablement varié par des coquillages noirs et blancs vulgairement nommés spirales.

On distingue quatre variétés de ce marbre désigné sous les noms de : griotte, griotte fleurie, griotte brune et griotte verte. Leurs prix varient de 1150 à 1800 fr. le mètre cube. Les beaux morceaux sont rares.

L'*incarnat*, plus connu sous le nom de Languedoc, se présente sous les plus vastes dimensions. On peut admirer les magnifiques effets de ses veines blanches et grises sur son fond rouge de feu, dans

les colonnes de l'arc de triomphe du Carrousel, celles
du Grand-Trianon, celles du Capitole à Toulouse,
dans beaucoup d'églises d'Italie, etc., etc. Il revient
de 700 à 900 fr. le mètre cube.

Nous citerons encore *le gris de Caunes*, l'isabelle
ou rosé, souvent en blocs de 4 mètres de haut sur
2 mètres dans les autres sens. Le premier à fond
gris, fouetté de taches d'un rouge clair, décore avec
beaucoup d'agrément certaines parties de notre
musée de peinture au Louvre.

Notre exposition universelle de 1855 s'est chargée
de réhabiliter nos marbres de l'Ariége, dont les cent
vingt espèces rassemblées ont réellement prouvé à
cet égard la richesse des Pyrénées. Les marbres de
l'Isère et des Hautes-Alpes, dont les prix varient de
750 à 1000 fr. le mètre cube, se sont fait particulièrement remarquer. Le *Noir-Sainte-Lucie*, au grain
si fin et si pur, le *Vert-Saint-Veyran*, la brèche grise,
le marbre rose Saint-Laurent et le lilas et rose ont
étalé leur richesse de tons et la finesse de leur pâte.

Quant à l'Algérie, cette intéressante annexe de la
France, ses produits en marbre dépassent toute
attente. Les immenses carrières, ouvertes par Carthage et Rome, aidées du temps, ont par des infil-

trations lentes, mais successives, vu presque combler leurs gouffres par des dépôts calcaires jeunes, frais, d'un admirable coloris et d'un grain irréprochable. Ces marbres, en majeure partie remarquables par une certaine transparence opaline, présentent les couleurs les plus tendres et les plus adoucies : ce sont des tons rosés ou vert de mer passant à des nuances plus accusées et se fondant merveilleusement dans la pâte.

Mers-el-Kébir nous fournit des portor et des verts admirables; la contrée gauche voisine de l'Oued, de très-beaux marbres statuaires; Arzew, des roses charmants, et Philippeville des jaunes qui ne le cèdent en rien aux plus beaux antiques.

Le morceau le plus saillant de notre époque pour l'emploi des marbres riches, est, sans contredit, la chapelle monumentale construite dans l'église des Invalides, qui accompagne si dignement le nouveau tombeau de l'Empereur Napoléon Ier, et dont le style sévère et grandiose est peut-être égalé par la somptuosité des marbres employés.

Voici, d'après les documents qui nous ont été fournis par M. Séguin, l'habile constructeur de ce tombeau unique au monde, la nomenclature des marbres admirables qui le composent ainsi que de ses accessoires.

Les colonnes de l'autel sont de marbre dit grand antique des Pyrénées ; le soubassement est en vert des Alpes et en noir fin de Dinan (Belgique). La crypte si remarquable est en marbre blanc d'Italie. Le splendide sarcophage, en porphyre rouge de Russie, a son soubassement en granit vert des Vosges et son revêtement intérieur en granit de Corse dit — Algayola.

En somme, l'ensemble est digne du sujet et les matériaux employés, par leur beauté hors ligne, ne le cèdent pas à l'art, qui les fait magnifiquement ressortir.

La collection des marbres de la couronne de France relatés dans l'inventaire, se composait d'environ quarante pièces de sculpture ancienne et moderne, parmi lesquelles on distinguait un buste de Faustin jeune, estimé 12,000 fr., un buste romain antique, 6,000 fr.; une dame romaine, 10,000 fr.; une buste, de Trajan, 7,000 fr.; Homère et Cicéron, 5,000 fr. chaque, l'empereur Commode en Hercule 4,000 fr. etc. Le reste de moins de valeur et atteignant à peine ensemble 30,000 francs.

MARCASSITE

Pyrite ferrugino-sulfureuse , cristallisée , à facettes, et sous différentes formes régulières, jouissant de la propriété d'être inaltérable à l'air, opaque, très-cassante, assez dure, quoique attaquée par la lime.

Elle est d'un gris de fer qui prend un poli très-vif étant taillée à facettes comme les diamants roses. Cette substance minérale qui paraît tenir autant aux pyrites qu'aux minéraux, est probablement un mi-fer sulfuré contenu dans une terre non métallique, lui servant d'agrégat et à laquelle il est joint parfois du cuivre. Sa pesanteur spécifique varie de 3,9000 à 4,9540.

La marcassite a été jadis très-employée dans di-

vers ouvrages, tels que boucles de souliers et de
jarretières, entourages de boîtes de montre, broches, bracelets, bagues marquises, médaillons, etc.
Elle était tout à fait tombée en désuétude, lorsqu'en
1846 une grande quantité de ces pierres étant arrivée à Paris, on eut l'idée de les utiliser en les
montant sur des modèles d'après les anciens bijoux;
ce fut d'abord une vogue extraordinaire, puis le
mauvais goût, le peu de solidité, et enfin le trop plein
de ces sortes de parures, parfois encore assez chè-
res, finit par les faire retomber dans l'oubli.

Les anciens tiraient leurs marcassites du Pérou,
les nôtres viennent de l'Allemagne et du Jura.
L'ancienne pierre dite — des Incas, dont les Péru-
viens faisaient des miroirs, existait en grandes plaques que l'on ne trouve plus nulle part.

Toutes les marcassites du commerce sont généralement petites; rarement il en est atteignant la
dimension d'une pierre de deux carats. Une variété
jaune-paille, que l'on trouve sous forme cubique
dans la vallée d'Antigoria, près du lac Majeur, est
plus rare et moins employée; d'ailleurs elle a moins
de brillant métallique, quoique présentant naturellement un poli assez vif.

Cette espèce a souvent tenté les spéculateurs par le teint jaune qu'elle présente et qui faisait supposer qu'elle pouvait contenir le précieux métal; on en fit des essais à diverses reprises, mais on n'en trouva pas ou par hasard en quantité si minime, qu'il n'eût jamais pu couvrir les frais de recherche et d'exploitation.

Genève et notre Jura en taillaient et mettaient en œuvre des quantités immenses, qui de là se répandaient dans toutes les contrées; mais, comme nous l'avons dit, l'engouement cessa pour cette production, probablement à cause de son abondance; et cependant cette pierre avait son agrément et surtout une grande qualité : c'était de présenter le brillant bleuâtre de l'acier poli, tant employé à cette époque, mais de ne pas subir l'influence de l'air humide; en un mot, de ne pas s'oxyder.

Nous croyons qu'à un moment donné, on reviendrait à l'usage de la marcassite, surtout si elle était montée avec goût.

MOSAÏQUE

Cette pierre toute factice, bien souvent composée de morceaux de pierres dures, n'aurait pas dû trouver sa place dans un ouvrage spécialement consacré aux pierres précieuses ; mais son usage répandu dans la bijouterie, comme ornement dans les bracelets, broches, épingles, dessus de tabatières, de coffrets, etc , etc., nous engage à en dire quelques mots.

On appelle — mosaïque — une espèce de peinture durable composée au moyen de fragments de pierres, de marbres, de verres ou d'émaux colorés, divisés en parallélipipèdes souvent microscopiques suivant la dimension du dessin. La pierre qui les

reçoit et les enchâsse est le plus souvent une vitrification noire ou aventurinée creusée assez profondément.

Tous ces petits fragments, parfaitement ajustés
les uns près des autres et disposés par couleurs ou
nuances suivant les exigences du dessin, sont tenus
ensemble au moyen d'une pâte ou ciment particulier. Les couleurs avec leurs dégradations de nuances qui peuvent entrer dans une mosaïque présentent un choix de 1,700 variétés, aussi arrive-t-on
souvent à de magnifiques résultats et les mosaïques
sont d'autant plus estimées, lorsqu'à la perfection
du dessin elles joignent la ténuité des fragments et
l'abondance des couleurs.

Les Romains et les Milanais excellent dans ce
genre de travail, qui leur permet de reproduire des
portraits, des figures, des monuments, des animaux,
des paysages, des fleurs, des fruits, des ruines, etc.

L'Exposition universelle de 1855 a présenté à
l'admiration du monde entier plusieurs pièces hors
ligne exécutées en mosaïque moderne, dont l'art, le
bon goût, l'heureux choix des matières ne le cèdent
en rien à l'art ancien.

Une d'elles, commandée par le duc de Toscane,

est un merveilleux chef-d'œuvre; il a nécessité qua-
torze années de travail et a coûté 700,000 fr.

On remarquait encore une table exposée dans la
rotonde du Panorama, et dont la richesse et l'élé-
gance étaient à peine rémunérées par son prix
de 400,000 fr.

On a aussi jugé dignes d'admiration les superbes
mosaïques de MM. Robert et Barré, artistes français ;

Celles de M. Galand, auteur du fameux tableau
du Campo-Vacino de Rome, et qui a coûté à cet habile artiste dix années de travail.

Quant au chien de grandeur naturelle exécuté en
mosaïque avec des cailloux de la Seine, par M. Poggi,
c'est tout simplement magnifique.

ŒIL DE CHAT

Variété de feldspath chatoyant offrant dans sa contexture des veines concentriques et changeantes imitant d'une manière extraordinaire le jeu des rayons visuels de la race féline.

On trouve les plus beaux échantillons à l'île de Ceylan, où cette pierre est très-estimée. Les nuances diverses du gris, du brun, du rouge, du vert, s'y distinguent alternativement. A l'intérieur, ce minéral est très-éclatant et toujours translucide. Sa cassure est presque conchoïde, et sa dureté est assez grande pour rayer le quartz. D'une pesanteur spécifique de 2,55 à 2,64, sa contexture le rend facilement frangible. Il résiste à l'action du chalumeau

Analysé il offre :

Silice.	95
Alumine. . . .	1,75
Chaux.	1,50
Oxyde de fer. . .	0,25

On ne doit pas confondre l'œil de chat bien conformé, pierre éminemment orientale (et on sait l'acception que nous donnons à ce mot), avec certaines agates œillées venant de la Perse et de l'Arabie, qui lui ressemblent beaucoup, mais dont la dureté est moindre, la pâte moins fine, et les couleurs moins tranchées.

Le plus grand mérite que l'on estime dans ce minéral est dans sa nature même, sans qu'il soit aidé par l'art, c'est-à-dire lorsqu'il est parfait à l'état brut.

Aux Indes Orientales on lui attribue des vertus d'autant plus merveilleuses que les échantillons en sont plus beaux et plus grands.

Jean Ribeiro, dans son *Histoire de Ceylan*, en cite un, appartenant au prince d'Ura, qui était parfaitement rond et de la grosseur d'un œuf de pigeon. Ses magnifiques couleurs chatoyantes changeaient au moindre mouvement qu'on lui imprimait.

On taille ordinairement l'œil de chat en cabochon rond, ce qui aide encore à l'illusion. S'il n'a pas de point parfaitement central, ce qui constitue sa plus grande beauté, on lui donne la forme ovale ; alors le chatoiement est en long, ce qui le rend bien inférieur.

Ceux-ci, du reste, sont les plus communs.

OLIVINE

Silicate de magnésie. C'est une sous-espèce de chrysolithe d'une couleur olive claire.

Moins transparente et moins dure encore que la chrysolithe, elle est colorée par le fer.

On la trouve en masses et en morceaux arrondis en France, en Écosse, en Irlande, en Bohême, au Vésuve, etc., etc. Cette dernière est cristallisée en prismes allongés et striés. Assez éclatante, l'olivine possède un clivage imparfaitement double; sa cassure est inégale et à petits grains.

Sa pesanteur spécifique est de 3,24.

Analysée elle donne :

Silice.	50
Magnésie. . . .	38,5
Chaux.	0,25
Oxyde de fer. . .	12

Traitée au chalumeau avec addition de borax, elle amène un bouton mat, d'un verre foncé. Mise dans l'acide azotique concentré, elle perd sa couleur, ce qui annonce une grande porosité, très-rare dans sa contexture, et la fait ressortir des pierres qui lui ressemblent.

L'olivine se rencontre en grains plus ou moins forts dans les basaltes, la pierre verte, le porphyre et les laves, presque toujours accompagnée d'augite.

Cette pierre est peu estimée et peu employée en joaillerie.

ONICOLO ou NICOLO

Variété d'onyx d'un fond brun foncé sur lequel est une bande de blanc bleuâtre. Cette pierre, peu estimée, est cependant aussi employée en camée.

La différence de l'onicolo avec l'onyx consiste dans un certain mélange des deux couches dont la bande inférieure est toujours la moins épaisse.

L'onicolo est souvent à pâte de sardoine foncée mais d'une finesse de contexture extraordinaire. Sa pesanteur spécifique est de 2,5900.

Le cabinet de Minéralogie de Paris possède plusieurs camées sur cette matière, remarquables par leurs dimensions et leur parfaite exécution. L'un d'eux représente la *Piété militaire*.

Le camée d'*Adonis*, gravé sur onicolo, par Coïnus, n'est pas très-grand et de forme ovale rond.

Il représente Adonis à la chasse avec son chien, admirablement proportionné à son maître, difficulté énorme eu égard à l'exiguïté des deux figures vraiment microscopiques.

Tout porte à croire que cette variété d'onyx, quoique assez commune, est l'*Ægyptilla* de Pline, si souvent employée par les anciens et dont il nous reste d'admirables sujets épars dans toutes les collections.

ONYX

Variété d'agate et plus souvent de calcédoine, possédant une alternation régulière de couches ou lits plus ou moins épais et diversement colorés, quoique le plus souvent le blanc grisâtre, le brun et le noir y dominent.

On doit cependant remarquer que lorsque une ou deux couches de l'onyx sont rouge cornaline, elle prend le nom de sardonyx et est encore plus estimée.

Cette substance minérale, lorsqu'elle réunit la finesse de la pâte, l'épaisseur et la netteté des couches, puis la vivacité des couleurs et une certaine dimension atteint un très-haut prix, surtout si elle offre quatre couches et plus.

Les anciens savaient tirer un merveilleux parti
de cette pierre en disposant leur dessin de manière
à ce que les couches superposées de l'onyx viennent s'agencer avec ses exigences, ce qui formait un
heureux alliage de la nature et de l'art.

Il est constant que dans cette pierre les couches
foncées sont toujours opaques, ce qui tranche très-
vivement avec les couches blanches qui, amincies,
sont presque translucides.

Les anciens qui, comme on le sait, ont excellé
dans la gravure sur pierres fines, se sont surtout
servi de magnifiques onyx qu'ils faisaient venir de
l'Arabie et de l'Inde. L'extrême dureté et la finesse
de grain de ces pierres leur a mérité le titre d'onyx
oriental.

La bibliothèque impériale, à Paris, offre aux amateurs ce qu'ils ont fait de plus beau en ce genre et
les onyx-camées représentant Germanicus, Marc-
Aurèle et Faustine; Agrippine et ses deux enfants,
sur onyx à trois couches; Tibère, Jupiter fou-
droyant, sur onyx à deux couches; Vénus sur un
taureau marin, entourée de petits amours, un taureau, etc., etc., sont restés la personnification suprême de cet art.

Le superbe fragment existant à Rome et représentant Antiloque annonçant à Achille la mort de
Patrocle, est digne de tous éloges.

Ce camée est à fond noir et dessus blanc. On y
remarque trois personnages exprimant d'une manière sensible le degré de douleur que leur position
respective doit leur faire éprouver. Cet admirable
travail peut prouver à tous la suprématie en ce
genre de l'art ancien sur l'art moderne.

Ajoutons cependant que nous avons chez notre Mi-
chellini des onyx magnifiquement gravés; les dessins
et portraits sont d'une pureté et d'une ressemblance
parfaite, les reliefs fort bien détachés; il semble
qu'ils soient rapportés; eh bien, malgré leur exécution irréprochable et toute artistique, il leur manque ce certain cachet que le temps seul, peut-être!
a donné aux autres.

Citons encore parmi les onyx anciens, la tasse *di
Capo di monte*, du musée du roi de Naples, et le
grand camée d'Alexandre et Olympie, appartenant à
la maison Bracciano.

A notre musée français, le camée d'Antonin et
Faustine, gravé sur un onyx à lignes non parallèles,
mais de diverses couleurs. On ne peut voir rien de

plus beau ; les couleurs sont supérieurement distri-
buées et agencées. Sur le fond, qui est d'agate cristalline la plus pure, se détache, en brun, l'image
d'Antonin. Au-dessus, et sur une matière admirablement blanche, paraît la suave figure de Faustine,
dont la chevelure et la draperie sont d'un lilas très-
prononcé, avec cependant quelques nuances dont
l'artiste a noblement su tirer le plus excellent
parti.

Disons que, malgré son haut mérite, ce camée
est d'un travail plutôt moderne qu'ancien. Nous
ignorons avec regret le nom de son auteur.

Quant aux onyx qu'on rencontre habituellement
montés et gravés en camée, dans le commerce de
bijouterie, quel que soit leur mérite artistique, ce
sont toujours des pierres inférieures en dureté et en
finesse de pâte ; leur pesanteur spécifique est de
2,376.

On les tire de la Bohême, de l'Allemagne, surtout
des environs d'Oberstein ; aussi ont-ils beaucoup
moins de prix, quoique cependant se vendant encore
assez cher.

Au moment de mettre sous presse, voici ce que
nous lisons dans les papiers publics :

« M. Marshal, après son retour d'Orient, présente à l'exposition de la ville de Dijon la fameuse coupe des empereurs de la Chine. Elle est en agate-onyx translucide, d'un magnifique travail, et mesure $0,230^{mm}$. Elle est bien supérieure à celle de Ptolémée Philadelphe, de $0,170^{mm}$, estimée un million. »

N'ayant pas vu cette coupe chinoise, nous donnons cette note sous toutes réserves.

OPALE

Silicate hydraté dont la contexture intérieure et extérieure lui donne la curieuse propriété de réfléchir et d'émettre tous les rayons colorés du prisme. Dans son grand état de beauté, c'est-à-dire lorsqu'à une certaine grandeur elle joint la demi-transparence, la variété et l'éclat des couleurs, avec les changements du kaléidoscope, suivant les mouvements qu'on lui imprime, cette pierre est peut-être la plus admirable et la plus splendide du monde; et pourtant, cette pierre n'a pas de couleur proprement dite, excepté cependant son fond laiteux toujours un peu bleuâtre; les feux colorés qu'elle présente sont causés par une multitude de petites fissures, contenant des lames d'air reflétant toutes tour à tour les plus aimables nuances du spectre solaire.

Cette pierre, très-variable dans sa composition, quoique offrant toujours les mêmes principes constituants, présente à l'analyse :

$$\begin{array}{lll}
\text{Silice.} \ldots & 90 & \text{à } 93,5 \\
\text{Eau} \ldots & 5 & \text{à } 10 \\
\text{Oxyde de fer} & 0, 25 & \text{à } 1
\end{array}$$

La pesanteur spécifique est de 2 à 2,18, suivant l'eau qu'elle contient. On la trouve en Arabie, à Ceylan, en Hongrie, en Saxe, en Islande, au Mexique, en Irlande, en Écosse, et presque toujours ces pierres ont des distinctions particulières, comme les divers lieux où on les trouve. Dans toutes ces contrées, elle se présente en masse disséminée, en plaques et en filons, dans une gangue d'une teinte rougeâtre tachée de blanc, à environ 6 mètres de profondeur dans les terrains graniteux. Sa dureté varie ; quoique cédant toujours à la lime, sa pâte est d'une extrême finesse et prend un très-beau poli. L'opale est excessivement frangible, sa cassure est luisante et parfaitement conchoïde ; elle ne fond pas au chalumeau, mais elle décrépite, éclate et perd ses couleurs.

L'opale, nouvellement extraite de la terre humide,
est très-tendre et privée de feux ; mais l'air et le soleil
parviennent promptement à lui donner ses divers
degrés de beauté et de consistance, et c'est une chose
très-curieuse que de la voir rapetisser sensiblement
et de former ses couleurs à mesure que son eau s'é-
vapore et que l'air la remplace. Cet effet est surtout
particulier aux opales de Hongrie, beaucoup plus
humides que celles d'Orient.

L'opale craint tout à la fois la chaleur et le froid.
Cette pierre ne peut conserver sa beauté que dans le
milieu de ces deux extrêmes, bien qu'on emploie
souvent les rayons calorifiques du soleil pour en faire
ressortir les feux. Ainsi on a vu des opales entièrement détruites pour y avoir été trop longtemps ex-
posées, les bulles d'air renfermées dans les fentes
intérieures s'étant évaporées. D'autres fois les
mêmes accidents se sont reproduits sous l'influence
d'un froid intense et prolongé.

L'opale, de quelque contrée qu'elle vienne, doit,
pour être belle, n'être ni trop opaque, ni trop
claire; et taillée, ni trop mince, ni trop épaisse ; ses
feux et ses couleurs doivent être au complet et varier dans leur position et dans leur chatoiement;

plus ses qualités sont réunies, plus ses dimensions sont grandes et harmonieuses et plus elle acquiert de prix.

On a trouvé jusqu'à sept variétés d'opale; la joaillerie n'admettant que l'opale orientale ou noble, l'opale feu et l'opale commune, nous ne traiterons longuement que ces trois espèces, tout en relatant succinctement les autres.

L'opale orientale, dite aussi — arlequine, — est très-remarquable par sa dureté, ses feux triangulaires et multipliés. On admire en elle un velouté multicolore qui produit les plus suaves effets. Généralement de forme ovale, et taillée en double goutte de suif ou en amande, elle présente à l'œil émerveillé tout ce que les conteurs arabes ont imaginé de plus riche en fait de pierres précieuses. Associant sur un fond d'un blanc de lait plus ou ou moins transparent, le rouge du rubis, le vert de l'émeraude, le bleu du saphir, le jaune de la topaze et le violet tendre de l'améthyste, elle offre, par l'heureuse harmonie de ces couleurs diverses, l'aspect le plus éclatant et le plus varié.

Sa pesanteur spécifique de 2,35, sa composition de 90 parties silice et 10 eau, et surtout son extrême richesse de tons supérieurement colorés, la font aisément distinguer des variétés inférieures.

Cette opale, qui nous venait autrefois de l'Arabie, se trouve maintenant en filons dans des porphyres argileux de la haute Hongrie. Ses morceaux, lorsqu'ils sont grands et beaux, acquièrent une valeur proportionnelle à leur rareté.

Les anciens les avaient en grande estime, et tout le monde connaît l'anecdote du sénateur romain Nonius, qui préféra les rigueurs de l'exil à l'abandon d'une magnifique opale qu'il possédait, et que Marc-Antoine lui enviait.

Le trésor de la couronne de France en possède deux très-remarquables par leur dimension et par leur rare beauté. L'une est placée au centre de l'ordre de la Toison d'or, l'autre forme l'agrafe du manteau impérial ; elles ont été achetées 75,000 fr.

Les vieux amateurs de pierreries se rappellent la splendide opale qui parut à Paris, il y a presque cinquante ans. Sa partie inférieure était entièrement opaque, surmontée de diverses sinuosités extrêmement curieuses ; quant à sa partie supérieure, rien ne peut en rendre l'idée : elle était composée d'une telle multitude de feux rouges, qu'on lui avait donné le nom de — l'Incendie de Troie. — Il paraît que cette pierre, unique au monde, fut acquise par l'impératrice Joséphine.

A Vienne, on voit au cabinet impérial une opale d'une très-grande dimension, et probablement d'une grande valeur, quoique cependant mitigée par cette circonstance, qu'elle est fêlée en plusieurs sens à l'intérieur.

Cette pierre est rarement gravée ou facetée, sa contexture ne le permettant que difficilement et d'ailleurs n'y étant nullement appropriée. Ainsi, l'opale gravée en camée que l'on voit au Musée de minéralogie de Paris, et qui représente le buste de Louis XIII enfant, quoique assez belle, ne produit aucun effet analogue à nos beaux onyx. On cite encore de la collection d'Orléans, une opale gravée, ayant pour sujet Juba, roi de Mauritanie, tête jeune et sans diadème. Elle était sous le n° 197.

On citait, le siècle dernier, deux opales appartenant à MM. Fleury et Daugny ; la première était ronde et de la grandeur d'une pièce de 1 franc. Celle de Daugny ovale. Celle-ci, orientale ou arlequine, laissait admirer de nombreuses paillettes lumineuses de diverses couleurs, extrêmement vives et fort rapprochées les unes des autres. Elle fut acquise par le comte Waleski, grand amateur.

Caire en possédait une d'une grandeur extraordinaire et jouissant de feux très-vifs et très-variés. Taillée en Orient, on y avait pratiqué en certains endroits de légers *chevages*, qui avaient fait surgir tout à coup de magnifiques couleurs, restées enfouies sans ce travail, qui ne dépare pas trop la pierre lorsqu'il est peu profond. Elle fut acquise par S. Halphen.

L'opale *feu*, par ses tons rouge hyacinthe passant au rouge carminé ou vineux, est bien reconnaissable. Elle se trouve à Zimapan, au Mexique, dans une variété de horstein porphyrique. Cette variété est fort belle lorsqu'on la détache de sa gangue, mais peu durable, surtout exposée à l'air ou à l'humidité; ainsi, mise dans l'eau, on la retire entièrement transparente et sans feux, qui pourtant peuvent reparaître lorsqu'elle redevient sèche.

L'opale du Mexique est facile à reconnaître encore par une particularité assez sensible : posée sur la langue, elle laisse dans la bouche une saveur désagréable; il faut alors s'en défier, car souvent, par l'application d'une mince couche d'huile d'olive, on repousse au dehors les feux intérieurs en faisant disparaître les félures extérieures de la pierre, mais au bout de quelques jours, l'opale est sans valeur.

L'opale feu, vue à travers, est parfaitement translucide, et, mise en contact avec les rayons solaires, prend une iridescence particulière et souvent une couleur rouge de chair pâle.

D'une pesanteur spécifique de 3,12, elle offre à l'analyse :

Silice.	92
Eau.	7,75
Fer.	0,25

Il existe aussi des variétés d'opale jaunâtre et noirâtre, mais sans aucune valeur, ainsi que l'opale commune, dite — opale haricot.

La couleur de cette dernière est le blanc de lait, ce qui la rend demi-transparente. Elle ne laisse voir que très-peu ou point de feux. D'une pesanteur spécifique de 1,958 à 2,015, elle est composée de :

Silice. . . .	93,5
Eau.	5
Oxyde de fer. .	1

Elle se rencontre en filons, avec l'opale orientale,

dans du porphyre argileux, et parfois dans des filons métallifères.

L'opale de toutes les provenances se taille, comme nous l'avons dit, en cabochon, parfois ronde, mais le plus souvent ovale ou poire, au moyen d'une plate-forme en plomb humectée *d'adoucis*, puis ensuite d'une roue de bois garnie de pierre ponce bien porphyrisée, et enfin, sur une troisième roue recouverte d'un feutre légèrement humide. On termine par le poli qui s'obtient au moyen d'un morceau de drap imprégné de Tripoli.

Les belles opales se montent à jour, soit seules, soit entourées de brillants ou de roses. On doit se défier de celles montées à fond, car souvent leurs feux sont produits ou augmentés par une addition de soies de diverses couleurs, très-ingénieusement placées au fond du chaton, enduit lui-même d'encre de Chine, le noir faisant merveilleusement ressortir les feux naturels ou factices de l'opale, et ce fait est tellement reconnu, qu'on ne l'enveloppe jamais que dans du papier de cette couleur et lissé.

Des rumeurs sans aucun fondement et provenant sans doute de la légende de Robert le Diable, ont un peu fait abandonner de nos jours l'emploi de l'opale comme ornementation. On lui attribue (au dix-neuvième siècle!) de frapper de malheurs ceux qui les portent. Inutile de dire toute l'absurdité de ces prétendus maléfices, qui se manifestent, dit-on, sitôt la disparition des couleurs de l'opale. Nous avons décrit dans cet article les causes atmosphériques ou accidentelles qui pouvaient produire cet effet.

PÉRIDOT

Silicate de magnésie colorié par l'oxyde ferrique. Sa couleur vert-poireau ou olive est peu agréable; son aspect gras diminue sensiblement l'éclat de son poli, cependant assez vif, quoique cette pierre soit bien inférieure en dureté aux autres gemmes.

Le péridot présente tous les caractères des productions volcaniques; il diffère de la chrysolithe, non-seulement par la couleur, mais encore par la constitution intime, car la chrysolithe provient des quartz hyalins et le péridot des schorls. On a donc placé à tort cette pierre dans les gemmes.

Composée de :

Silice,	38	à	40
Magnésie,	43	à	52
Oxyde de fer,	10	à	18

D'une pesanteur spécifique de 3 à 3,4, elle jouit de la double réfraction à un très-haut degré, causée par sa cristallisation irrégulière. Sa puissance réfractive mesurée avec des prismes à angles de 20° est de 11. Peu estimée en joaillerie, on a toujours dit d'elle : qui a deux péridots en a un de trop; — et cependant en Angleterre, en Allemagne et en Italie elle est quelque peu employée. Bien que possédant peu des qualités qui distinguent les pierres précieuses, le péridot se divise également en oriental et en occidental; cette différence est établie seule par son degré de beauté ou de dureté. Cette pierre vient de Ceylan, de Perse, d'Égypte et de Bohême, où on en rencontre parfois des morceaux d'assez grande dimension en forme de prismes comprimés bien construits et de huit pans au moins, terminés par par un sommet pyramidal tronqué à son extrémité. Celui du Groenland est disséminé dans des masses de fer magnétique et au milieu d'un mica à larges feuilles sous la forme de petits grains verdâtres et parfois rougeâtres. Dans les roches de leucite et d'albite des îles Açores, il est sans cristallisation déterminée, quoique toujours transparent.

Le péridot se taille ordinairement à huit pans et

à degrés, comme l'émeraude ; dans ce cas, la table est assez souvent en goutte de suif ; ou bien en cabochon et en pendeloque à pans coupés, mais sans facettes. On se sert pour l'obtenir ainsi, d'une plateforme en plomb saupoudrée d'émeri très-fin et on le polit à la roue d'étain recouverte de tripoli détrempé dans l'acide sulfurique étendu.

Le peu de dureté de cette substance minérale a permis d'en graver assez souvent. Il existe encore épars dans divers cabinets un assez grand nombre de péridots d'une gravure ancienne. Celui d'Orléans en possède un représentant, en camée, Caton le Censeur, vu de face. Crozat fait mention d'une sibylle gravée sur péridot. L'abbé Pullini avait dans sa collection une tête de Méduse, vue de face, bien exécutée, sur un magnifique péridot remarquable par sa netteté, sa limpidité et le vrai ton de sa couleur.

Le péridot taillé en pierre précieuse se vend au carat et très-bon marché, à moins que ce ne soit une pierre hors ligne. On doit se méfier des péridots de Ceylan ; ceux qu'on en apporte pour tels ne sont souvent que des tourmalines ; du reste, on peut les distinguer au moyen de l'expérience magnétique.

PERLE

—

Bien que nous ayons, dans notre avant-propos, présenté notre profession de foi relativement à toute classification et tout rapport de genre, il peut sembler anormal, au premier abord, que nous placions la perle au rang des pierres précieuses. Mais si le corail, la turquoise, l'ambre, etc., etc., y occupent un rang distingué, à plus forte raison la perle, une des plus suaves créations de la nature, réunissant en elle l'éclat, la couleur agréable et douce, la beauté de la forme, et s'harmonisant parfaitement avec toutes les carnations. Et si l'on remarque que de tous les ornements recherchés par la femme c'est celui qui convient le mieux à la jeunesse, à la

beauté, à la chasteté, à la modestie, on sera surpris de voir, dans l'historique que nous en donnerons, bien des hommes outrager leur caractère en
aimant à s'en parer et même à s'en revêtir.

Chef-d'œuvre de la nature, l'art n'y peut rien, au
contraire de toutes les autres pierres précieuses; et
vouloir augmenter sa beauté, c'est la détruire.
Toutes les tentatives faites à ce sujet ont toujours été
vaines, et sa contexture calcaire et animale s'y est
constamment opposée.

Les perles sont le produit d'une sécrétion particulière causée par une irritation quelconque de
certains bivalves, entre autres de l'huître du genre
ostrea, quoique cependant on en trouve aussi, mais
inférieures, dans les *putelles*, les *moules* et les
oreilles de mer. La perle est composée de carbonate
de chaux et d'un peu de matière animale ; sa pesanteur spécifique est de 2,6840.

Tous les coquillages sont généralement nacrés à
l'intérieur et parfois à l'extérieur, mais la matière
qui forme les perles est certainement plus fine que
la nacre, et l'on peut difficilement admettre que les
couches concentriques de l'une et les couches plates
de l'autre en fassent seules la différence. On peut

d'ailleurs remarquer que la perle est *orientée* et la nacre *irisée* et que jamais ni l'une ni l'autre, quelque travail qu'on leur fasse subir, n'atteignent d'autre aspect que celui qui est particulier à chacune.

La nacre est toujours aussi bien plus dure que la perle, et les nacres noires rebutent souvent les scies les mieux affûtées et les limes les plus trempées. Du reste, les perles noirâtres sont aussi plus dures que les blanches, mais pas dans la proportion de la nacre.

La perle, quelque petite qu'elle soit, contient toujours à son centre une particule de matière étrangère, le plus souvent extrêmement minime, et dont le plus parfait état de rondeur donne la sphéricité pure des belles perles, et il est facile de reconnaître, en sciant par le milieu les perles dites—baroques—c'est-à-dire déformées, que le point central est toujours d'une matière différente, et présente exactement en petit la même forme que la perle en grand; preuve évidente de l'accroissement égal des couches de la perle; et nous sommes convaincu que si l'on pouvait introduire dans une huître perlière une figure microscopique quelconque pour servir de noyau, la perle qui en surgirait présenterait exactement la même figure et les mêmes caractères, pourvu, toutefois, qu'elle fût flottante entre les coquilles.

Dans une série d'expériences sur la perle, nous nous sommes assuré de la parfaite égalité de ses couches sphériques en la soumettant à l'action d'une acide étendu ; la couche de dessus est arrivée à l'état de gelée, sans que la couche suivante ait été attaquée le moins du monde, et nous avons pu enlever la première et constater sa parfaite égalité d'épaisseur.

Cette opération nous a prouvé *à priori* l'impossibilité de la dissolution prompte et complète de la perle de Cléopâtre dans du vinaigre, ainsi que le rapportent les historiens, si, d'un autre côté, la boisson en résultant ne dût pas être affreusement mauvaise.

Les perles étaient connues et fort estimées des Grecs et des Romains, et sitôt que les liens du commerce ou des conquêtes les eurent unis aux Indes, ils estimèrent bien plus les perles de ces contrées que les rares qu'ils tiraient des fleuves d'Europe et même de la Méditerranée.

Alors le goût des perles devint une passion, une folie. On prodigua des sommes immenses pour se procurer des raretés en ce genre ; on en fit des colliers, des bracelets, des pendants d'oreilles ; on en orna les habits, les coiffures et jusqu'aux chaussures. Des milliers de grands sesterces (200 francs) furent prodigués aux acquisitions des plus belles et des plus extraordinaires. Celles de Cléopâtre avaient coûté (les deux) près de quatre millions de notre monnaie ; et celle dont Jules César fit présent à Servilie, la sœur du célèbre Caton d'Utique, avait été payée 1,200,000 fr.

Lollia Paulina, l'épouse de Caligula, en portait dans ses parures pour plus de huit millions de francs, alors que lui-même outrait la profusion jusqu'à en orner ses bottines. Néron en parsemait le lit de ses débauches et en couvrait ses favoris ; aussi de nos jours, avec de tels exemples, paraissait petit, malgré sa magnificence, le beau Buckingam, en en laissant défiler pour trois cent mille francs dans les salons d'Anne d'Autriche et du roi Louis XIII.

Nous n'entrerons pas dans le long détail de la pêche des huîtres à perles, ceci ressortant de notre sujet ; nous nous contenterons de faire observer que les immenses difficultés, les périls, les mécomptes qui accompagnent ce travail sont les prin-

cipales causes de l'extrême cherté des perles, unies
à leur rareté, surtout dans certaines conditions de
grandeur, de beauté et de pureté de forme.

Les plus belles perles nous viennent de la côte
occidentale de Ceylan, des mers chaudes du Japon,
des îles Philippines, des côtes de l'Arabie, du Pérou,
de la Californie et surtout de Panama, qui fournit
maintenant la majeure partie de ce commerce.

Les perles, pour être estimées, doivent être parfaitement rondes ou poire pure, sans solution de
continuité ni aspérités, et de couleur blanche légèrement azurée ou faiblement jaunâtre ; en un mot,
être d'une belle eau, et posséder un bel orient. Ces
qualités réunies sur des perles d'un certain poids,
comme à partir de 10 carats, leur font atteindre des
prix énormes eu égard au bas prix des petites qui
se vendent à l'once (encore !) au lieu de se vendre
au carat.

Quant aux perles baroques, elles ne sont estimées
et employées qu'en Espagne et en Pologne. Leur
prix est excessivement variable suivant les grosseurs, la beauté et aussi la rareté sur place. Les
morceaux de perle, détachés des coquilles, souvent
moitié nacre et moitié perle, dits — de fantaisie,

toujours très-irréguliers, parfois très-gros ou présentant quelque analogie avec diverses parties du corps humain ou animal, servent à la confection d'objets d'art ou de curiosité. Leur plus grand mérite est dans l'heureux emploi qu'on en fait. Il arrive cependant parfois que ces morceaux sont creux et renferment une perle ronde non adhérente aux parois intérieures, ce que l'on peut quelquefois reconnaître en les agitant dans tous les sens. Un négociant français établi au Mexique, ayant acheté d'un pêcheur un de ces morceaux pour un prix minime, résolut de se passer la fantaisie d'en connaître l'intérieur. Il le fendit en deux et fut agréablement surpris d'en voir sortir une perle pesant 14 carats 1/4, d'une telle rondeur, d'une si belle eau et d'un orient si vif, qu'il la vendit près de 5,000 fr. à Paris.

Les perles dites baroques présentent parfois les ressemblances les plus extraordinaires et des jeux de nature souvent incompréhensibles.

Caire en possédait beaucoup ; il en cite entre autres une, formant la tête d'un chien barbet, une autre, l'ordre de la Toison ; une troisième de 0,032^{mm}, ayant la forme du *Torso* du Vatican.

Il y avait, de son temps, en vente à Paris, une coquille nacrée dans l'intérieur de laquelle existait une forte excroissance de matière de perle, figurant un Chinois avec ses bras croisés. Au reste, ces productions naturelles ne sont pas très-rares ; souvent il en est d'elles comme de ce que certains croient voir dans les agates arborisées ; cependant, ici, l'art du monteur, venant en aide à ces ébauches de la nature, fait qu'il y a réellement en ce genre des morceaux remarquables et pouvant jusqu'à un certain point faire illusion. Ainsi, nous pouvons citer, comme un modèle d'emploi de ces curiosités perlières, les corps des tritons et des syrènes formant les anses de la coupe d'agate montée par M. Rudolphi, et dont nous avons parlé à l'article — *Agate*.

Les perles, telles qu'elles arrivent des pêcheries, sont dites — vierges. — Souvent le premier acheteur les fait percer (opération assez facile, vu le peu de dureté de la perle) pour les classer ; c'est un grand art et contre lequel le nouvel acheteur doit être constamment en garde ; en effet, les perles enfilés sur de la soie blanche ou bleue, suivant leur teinte et formant des rangs de 0,330^{mm} à 0,390^{mm} de lon-

gueur, sont disposées de manière à ce que les
teintes diverses, parfaitement agencées et déteignant
l'une sur l'autre, fassent paraître le rang entier
d'une complète uniformité. L'acheteur habile ne s'y
trompe pas; pour distinguer sûrement le mérite
intrinsèque de chaque perle, il les examine une à
une en ayant soin de les isoler de leurs voisines,
pour éviter l'échange des reflets qu'elles s'envoient
mutuellement et qui trompent l'œil le mieux exercé
lorsqu'il les regarde en masse. On les compte alors,
on pèse la masse en faisant abstraction du poids de
la soie et des houppes d'or et de soie qui la terminent, et on suppute au moyen de la division le
poids moyen de chaque perle. Dans les conditions
ordinaires, les perles du poids

de 1 grain (1/4 de carat) valent   4 fr le carat;
de 2   —   (1/2 carat)   —   10 fr.   —
de 3   —   (3/4 carat)   —   25 fr.   —
et de 4   —   (un carat)   —   50 fr.   —

Au-dessus de ce poids, elles se vendent à la pièce
et au-dessous à l'once. Les perles baroques se vendent de 300 à 1,000 fr. l'once. La petite semence
(*perles tout à fait petites*) bien ronde a beaucoup de
prix, elle vaut environ 120 fr. l'once. S'il fallait la

percer en France, elle centuplerait de prix, mais les Indiens, qui les percent admirablement, ont des procédés particuliers, et d'ailleurs gagnent peu.

Nous prions qu'on fasse bien attention que les prix que nous indiquons ne sont pas arbitraires, et que, suivis à la lettre, ils pourraient tromper souvent, soit en laissant échapper un bon marché, soit en en faisant conclure un mauvais. Ce n'est qu'une longue habitude, une expérience consommée, des points de comparaison dont on est sûr, qui doivent guider dans ce commerce, d'autant plus que telle perle bien ronde, mais d'une eau pure et d'un bel orient et d'un poids donné, mise en regard d'une autre du même poids, mais moins parfaite, quoique belle, peut cependant valoir trois fois plus en raison du moins de pureté de l'eau et du moins de beauté dans l'orient de la seconde.

Aussi, ceux qui font ce commerce en grand, comme ceux qui font celui de toutes les pierres précieuses, ont-ils toujours en réserve des spécimens de la plus grande beauté, avec lesquels ils comparent les marchandises à acheter, afin de ne pas être trompés par le premier coup d'œil.

A part les aberrations de forme, la perle est géné-

ralement d'une couleur passant du blanc azuré ou
argenté au blanc jaunâtre ou au jaune d'or très-
pâle. On en rencontre aussi beaucoup ayant toutes
les nuances du noir, jusqu'au plus intense, quoique
souvent un peu bleuâtre, puis de roses, de lilas et
de bleues. A part les perles roses, très-prisées du
commerce, toutes les perles colorées n'ont de valeur
que pour les cabinets d'amateurs.

La pêche des perles jette dans le commerce un
produit annuel qu'on peut évaluer de 3 à 4 millions
de francs, donnant lieu à des transactions sans
nombre.

De nombreux essais ont été faits dans le but d'a-
viver et d'orienter les perles mortes ou dénuées
naturellement d'éclat.

Jusqu'à ce jour on ne paraît pas avoir réussi, la
nature tendre de la perle s'opposant à l'emploi de
moyens énergiques.

On prétend qu'à Ceylan on les fait avaler par des
poulets, et qu'une minute de séjour dans l'estomac
de ces volatiles suffit pour leur donner le plus magnifique orient.

Nous croyons devoir ranger ce procédé au nombre
des contes de bonnes femmes, à moins que les pou-

lets de Ceylan n'aient du rapport avec les huîtres,
ce qui pourrait alors étonner moins, car il est probable que si on pouvait introduire une mauvaise
perle dans une huître et que celle-ci l'entourât d'une
ou de plusieurs couches pures, elle devrait sortir
meilleure. Nous donnons cette idée pour ce qu'elle
vaut, tout en regrettant de n'être pas à Panama ou
toute autre pêcherie pour l'expérimenter.

Enfin, la seule amélioration connue jusqu'à ce
jour consiste à les jaunir un peu au moyen d'un
procédé chimique dont on fait grand mystère, encore qu'il paraisse peu efficace. Nous avons nous-
même tenté souvent de les améliorer, et nos efforts,
quoique basés sur des analogies présentant quelques chances de succès, sont restés sans résultat.

D'après l'inventaire de 1791, le trésor de la couronne de France possède pour un million de francs
de perles fines, ainsi réparties :

Une perle ronde vierge d'un magnifique orient,
pesant 27 carats 5/16, estimée, 200,000 fr.

Deux perles forme poire, bien formées et d'un très-bel orient, pesant
ensemble 57 carats 11/16, estimées
(la paire), 300,000 fr.

Deux autres paires de perles pendeloques, pesant ensemble 99 carats 6/16, estimées (les quatre),   64,000 fr.

Trois autres diverses formes, pesant ensemble 114 carats 5/16,   60,000 fr.

Quatre autres diverses formes, pesant ensemble 164 carats 6/16,   60,000 fr.

Une, forme poire, mais plate d'un côté, pesant 36 carats 10/16,   12,000 fr.

Six perles rondes et poires, pesant 193 carats 8/16,   60,000 fr.

Trois perles rondes, pesant 58 carats 11/16,   22,000 fr.

Cinq perles rondes, pesant 102 carats 1/6,   30,000 fr.

Sept perles rondes, pesant 116 carats 5/6,   33,000 fr.

Huit perles rondes, pesant 157 carats 8/16,   24,000 fr.

Huit perles rondes, pesant 124 carats 5/16,   17,200 fr.

Six perles rondes, pesant 98 carats 8/16,   9,100 fr.

Onze perles rondes, pesant **178** ca-
rats 2/16,   **11,200 fr.**

Et le reste en perles de divers poids et de divers
degrés de beauté, des prix de **900** fr. à **300** fr.
chaque.

Indépendamment de cette magnifique collection
de perles, nous citerons encore pour notre époque
l'énorme perle forme poire, rapportée de Berlin par
l'empereur Napoléon Ier, et qui, admirablement montée en broche par M. Lemonnier, l'habile artiste,
figurait dernièrement à l'Exposition universelle
de **1855**.

Enfin n'avons-nous pas remarqué, lors de la célé-
bration du mariage du prince Frédéric-Guillaume
avec la princesse royale d'Angleterre, qu'elle portait
au cou un splendide collier de perles fines du plus
bel orient, et dont nous pûmes évaluer les trente-
deux qui le composaient à au moins 500,000 fr.?

Si nous remontons deux siècles, nous lisons dans
Boëce de Boot la description de la perle du poids
de **180** grains ayant appartenu à l'empereur Rodolphe II.

Puis celle du roi d'Espagne Philippe II, en forme
de poire et de la grosseur d'un œuf de pigeon. Elle

pesait 134 grains, et venait de Panama. Elle fut estimée plus de 50,000 ducats, aussi la nomma-t-on
— pérégrina — (l'incomparable). Mais on n'avait
pas compté sur celle que rapporta des Indes, en
1620, Gougibus de Calais, au roi d'Espagne Philippe IV. Elle était aussi de forme poire et pesait
480 grains. On raconte que le roi dit au marchand :
— Comment avez-vous pu oser mettre toute votre
fortune sur une aussi petite chose ?—Sire, répondit
le marchand, je pensais qu'il y avait au monde un
roi d'Espagne qui me l'achèterait. Cette superbe
perle appartient aujourd'hui à la princesse Yous-
sopoff.

Tout le monde connaît les admirables imitations
de perles fines; l'art humain a été poussé à un si
haut degré dans cette branche d'industrie, que souvent l'amateur le plus éclairé peut s'y tromper, à
moins de les toucher. Le poids seul n'a encore pu
être atteint, mais quant aux formes, aux tons, à l'o-
rient, tout est irréprochable et de nature à produire
l'illusion la plus complète.

Les imitations de perles présentées à l'exposition
de 1855, par M. Constant Valès et M. Topard
étaient, nous devons l'avouer, d'une perfection dés-

espérante pour l'avenir de la pêche des perles.

On sait que les perles artificielles sont de petites boules de verre soufflé, remplies de cire vierge et orientées au moyen de l'écaille d'ablette.

Les perles dites — de roses de Turquie — sont formées d'une pâte de pétales de roses fraîches, pilées dans un mortier et humectées d'eau de rose.

On parvient à lui donner une certaine consistance et à en faire de petites boules que l'on perce et que l'on enfile. Elles sont généralement noires, mais on en fait aussi de rouges et de bleues.

Les perles dites — de Rome — sont formées d'un petit grain d'albâtre percé et recouvert d'une mixture dans laquelle entre pour beaucoup la substance nacrée des huîtres perlières.

Les perles dites — de Venise — sont produites au moyen du verre blanc soufflé et quelquefois moulé, d'autres fois en tube coupé dans la composition duquel on fait entrer diverses matières colorantes au moyen de procédés particuliers.

La principale fabrique est à Murano. Son commerce d'exportation dans tous les pays du monde est très-considérable et connu sous le nom de verroteries de **Venise**.

PERLES (Imitation des)

On attribue généralement l'art d'imiter les perles fines à un patenôtrier (*fabricant de chapelets*), qui vivait à Paris, en 1680, et qu'on nommait Janin, ou Jaquin, ou plutôt Jacquin. Cet industriel, que sa découverte éleva bientôt au rang d'artiste, étant un jour à sa maison de campagne de Passy, observa que des ablettes qu'il faisait laver dans un baquet, semblaient argenter l'eau au moyen de leurs petites écailles que le frottement détachait. Reconnaissant qu'elles avaient tout l'orient de la perle, il eut l'idée de l'appliquer, en le liant avec un mucilage, à l'intérieur de petites boules de verre soufflé, et donna à ce produit naturel et merveilleux le nom d'essence d'orient, terme assez impropre, mais rendant cependant bien son usage et son emploi.

On sait que l'ablette est un petit poisson blanc, bien connu des pêcheurs à la ligne; il se trouve abondamment dans les rivières de la Seine, de la Marne et autres en France, ainsi que dans plusieurs rivières de Suède, d'Allemagne et d'Italie. Dans le Loiret, les ablettes pullulent autour des moulins, où on les pêche au moyen de filets dont les mailles n'ont que $0,007^{mm}$ carrés.

Pour extraire l'orient provenant de la couleur des écailles de l'ablette, on les lave en les frottant assez fortement dans un vase de terre contenant de l'eau aussi pure que possible. On en presse les masses à travers un linge; puis on laisse reposer ces extraits de diverses qualités dans des vases en verre d'une bonne capacité; au bout de plusieurs jours, on décante tout le liquide et l'on recueille avec soin le précipité. L'essence d'orient bien pure, ainsi obtenue, exige souvent la dépouille de dix-sept à dix-huit mille ablettes pour en fournir 500 grammes.

On comprend que cette matière, toute animale, soit sujette à se décomposer promptement.

Divers procédés, tous chimiques, aident assez à

sa conservation; la plupart sont des moyens particuliers obtenus après de longues recherches, et sont en quelque sorte la propriété de certains fabricants et ouvriers. On comprendra notre réserve. Nous pouvons cependant parler de celui généralement connu et employé : c'est l'adjonction de l'ammoniaque liquide ou alcali volatil.

Nous allons décrire succinctement les différentes phases de la fabrication des perles fausses.

Le premier travail réside dans la bonne exécution, sous le rapport de la pureté et de la blancheur, des tubes de verre de toutes dimensions, afin de pouvoir produire des perles de toutes grosseurs. Ces tubes, dont l'extrême fusibilité est encore une qualité requise, arrivent à ce résultat par l'emploi du feu secondé par le souffle de l'homme.

Pour cela, on expose ce tube à la flamme de la lampe dite—d'émailleur, — et l'on a soin d'empêcher que la matière, en se fondant, ne vienne boucher l'orifice de l'extrémité échauffée; lorsque la fusion est assez avancée pour permettre le développement nécessaire, l'ouvrier le retire de la flamme, il porte vivement à sa bouche la partie opposée et souffle précipitamment et avec force à plusieurs reprises ,

27.

jusqu'à ce que les parties du verre ramollies par le calorique aient atteint la forme sphérique et le diamètre voulu. Il détache ensuite cette boule au moyen de deux ou trois coups d'une lime tranchante et n'a plus qu'à adoucir les arêtes de l'*œil* ou trou de la perle, ce qu'il obtient en la soumettant de nouveau à la flamme.

Ces opérations, très-longues à décrire, s'exécutent avec une vivacité surprenante, et dans les perles communes, un bon ouvrier peut en détacher jusqu'à six mille par jour.

Pour les perles dites en *grand beau*, le travail est plus compliqué, par conséquent plus long, et demande beaucoup de soins.

Pour imiter les perles fines dites — baroques, — l'ouvrier donne des imperfections à la forme sphérique en la pressant de divers côtés, quand le verre est encore chaud et flexible. On comprend que ces tours de main bien réussis dépendent de l'adresse de l'ouvrier et parfois du hasard.

Il s'agit maintenant d'annexer l'essence d'orient à la boule de verre pour obtenir l'imitation. La colle de poisson est alors indispensable pour la fixer, et c'est de la quantité à y mêler que dépend souvent la beauté des résultats. Une fois le mélange bien fait, on l'introduit dans la perle au moyen d'un chalumeau bien pointu que l'on trempe dans la liqueur, puis aspirant doucement, on en fait monter une partie dans le chalumeau, et enfermant sa pointe dans l'œil de la perle, on souffle légèrement, et l'intérieur du globule se tapisse de la liqueur orientée qui s'y attache partout également au moyen d'une petite secousse. On ballotte ensuite toutes ces perles dans une espèce de tamis, puis on les fait sécher à l'étuve, on les trempe ensuite dans l'alcool, et au bout de quelques minutes, elles sont de nouveau remises à l'étuve pour achever de les sécher.

Vient ensuite l'opération de la mise en cire; dans les perles dites — en grand beau, — on l'introduit au moyen d'un chalumeau; mais pour les ordinaires, on les place sur une écumoire que l'on plonge dans de la cire vierge fondue, celle-ci remplit l'intérieur des boules que l'on place alors sur une table; une ouvrière les en détache avec un couteau et les agite en tous sens pour empêcher l'adhérence, puis refroidies, on les nettoie en les tenant renfermées l'espace de quelques heures dans un linge mouillé, et en les frottant avec soin.

L'entière propreté obtenue, on les perce avec des aiguilles emmanchées ; les perles étant placées dans des vaisseaux de fer ou de terre légèrement chauffés, afin que le travail du perçage s'opère avec plus de facilité.

Les perles en grand beau se cartonnent, c'est-à-dire que l'on garnit l'intérieur de leur trou d'un tube en papier, afin que le fil qui doit servir à les mettre en rangs ne s'attache pas à la cire.

Les rangs de perles fausses sont de 0,40 cent. de longueur, et se vendent à la douzaine, qu'on nomme une masse ; les prix varient suivant les degrés de beauté et de grosseur. Les imitations baroques se vendent à la pièce.

En France, la fabrication des perles artificielles paraît s'être concentrée dans le département de la Seine ; nous avons décrit à l'article précédent les immenses progrès et les splendides travaux de cet art, qui occupe un grand nombre d'ouvriers et surtout d'ouvrières, et dont le chiffre seul de l'exportation dépasse un million, indépendamment de la consommation française très-active.

La chimie a cherché et paraît avoir trouvé le moyen d'imiter l'orient des perles.

Sans garantir ce procédé, nous croyons cependant devoir le décrire. Il consiste à piler séparément une partie de bismuth et deux parties de sublimé corrosif (*deutoxyde de mercure*); on place le mélange dans une cornue à laquelle on adapte un récipient. La distillation fournira une espèce de beurre gommeux, que l'on distillera une seconde fois ; cette seconde opération donnera une substance semblable à la première, et il restera au fond du vaisseau une poudre très-ténue, douce et gluante au toucher et d'une couleur parfaitement orientée. Une troisième opération donnera encore un plus beau résultat. Enfin, il faut réitérer la distillation jusqu'à ce que le beurre soit entièrement changé, partie en mercure coulant, partie en poudre orientée. Cette substance peut servir à imiter les perles fines ou à les représenter en peinture, ou enfin, à donner l'orient à tel ouvrage que ce soit.

PIERRE DE TOUCHE

Schiste noir, dur, rugueux, mais d'un grain très-fin et très-serré, et surtout susceptible, plus qu'aucun autre, de conserver les traces des métaux qu'on y frotte.

Cette substance minérale, nommée aussi cornéenne lydienne, est un peu attirable à l'aimant et répand une odeur argileuse lorsqu'on l'arrose avec de l'eau chaude. Elle prend assez bien le poli malgré les aspérités indispensables à son emploi. Inattaquable par les acides, son nom indique son usage. Sa pesanteur spécifique est de 2,415.

La pierre de touche venait anciennement de l'Asie Mineure, mais on la tire maintenant de Bohême,

de Silésie et de Saxe. Quoique sa couleur soit particulièrement noire, on en rencontre aussi d'un vert
extrêmement sombre.

Elle ne donne point d'étincelles avec l'acier et
entre parfaitement en fusion sans addition, mais à
un feu assez violent. Elle donne alors un verre en
scories noirâtres et verdâtres.

La pierre de touche est un peu plus dure que la
roche cornéenne proprement dite; elle ressemble
beaucoup au basalte, et se divise en fragments
rhomboïdaux. On la prépare généralement de forme
ovale un peu cabochonnée.

Les silex schisteux, les jaspes, les basaltes, les
trapp noirs, peuvent parfois la remplacer, mais
rarement avec avantage.

Elle est d'un grand emploi chez les marchands
d'or, essayeurs, joailliers et bijoutiers pour l'appréciation par comparaison des divers titres de l'or.

On comprendra que nous ayons parlé de cette
pierre, à cause de son indispensabilité pour les pro-
fessions auxquelles s'adresse notre ouvrage , sa
spécialité bien définie la rangeant dans la classe des
pierres utiles, mais non dans celles précieuses dans
l'acception du mot.

Un des plus beaux ouvrages d'art exécutés avec cette substance est une urne antique d'un ton grisâtre ; la pâte est mêlée de quartz blanc. Ce vase à doubles anses et goulots est orné de gravures représentant des guerriers à cheval qui combattent en passant une rivière.

Cette urne a $0,250^{mm}$ de haut sur $0,150^{mm}$ de diamètre. Elle est estimée 6,000 fr., d'après l'inventaire du Garde-Meuble de 1791.

PORPHYRE

Tel est le nom très-euphonique que les anciens
donnèrent à une roche composée, ayant une base
ou pâte dans laquelle sont disséminées une multitude de parties différentes, pour la couleur surtout,
de celle du fond.

Le porphyre ancien était rouge pourpre et composé de porphyre à base cornéenne et de porphyre
à base de feldspath. Cette pierre, remarquable par
sa dureté, la beauté et la diversité de ses couleurs,
sa pâte compacte et son grain fin, prend un poli
assez beau, quoique cependant au-dessous de ce
qu'il devrait être vu, sa dureté, mais très-durable.
Elle est aussi très-fusible et donne un verre coloré.

Les Romains estimaient singulièrement et mettaient en œuvre particulièrement les porphyres

rouges et serpentins qu'ils tiraient d'Égypte et d'Arabie. Beaucoup de tombes anciennes, des statues, des urnes, des bustes en porphyre existent encore dans certains musées. Ces objets d'art vinrent d'abord de l'Égypte, de la Grèce, et plus tard des Romains, grands imitateurs avant d'être devenus créateurs.

L'emploi du porphyre est moins fréquent de nos jours à cause de sa rareté et de la difficulté de la main-d'œuvre, dont les prix sont en raison.

On rencontre cependant encore des coffrets, des tabatières, des cachets, etc., en porphyre scié en plaques ou tourné. Quand la matière est belle, ces objets atteignent un certain prix.

De nos jours, on trouve sur les étagères de Susse, de Giroux, etc., quelques vases et coupes délicieusement et difficilement évidés et tournés, et que leur monture, souvent artistique, rehausse encore de mérite.

Le porphyre rouge, dit — purpurin, — originaire d'Arabie, fut ensuite trouvé en Suède et en Saxe. Dans ces contrées, il est rouge, brun, quelquefois noirâtre et entremêlé de grains blancs.

Celui dit — brocatelle d'Égypte, — et qu'il ne

faut pas confondre avec le marbre du même nom, est très-estimé lorsqu'il montre de nombreuses taches jaunes sur un fond blanc. Celui à fond rouge obscur est plus commun.

Le porphyre vert de Sibérie, que l'on trouve aussi en Auvergne, laisse distinguer des taches ou grains blanchâtres sur un fond verdâtre.

Le porphyre vert antique est devenu excessivement rare; il est parfaitement reconnaissable à des taches et carrés longs d'un blanc mat, souvent disposés en croix de Saint-André sur un fond vert foncé.

L'Italie, la France et quelques autres contrées de l'Europe fournissent maintenant des porphyres, dont quelques-uns peuvent rivaliser en dureté et en beauté avec ceux des anciens; mais la majeure partie est bien inférieure.

Ceux d'Italie particulièrement sont presque tous à pâte de pétro-silex primitif dans les différentes nuances du rouge et parfois du violet. Ils sont écailleux, très-durs, on y trouve des grains ou de quartz incolore transparent ou de feldspath en rhomboïde de couleur rougeâtre et souvent tout blanc.

L'espèce remarquable par ses taches vert clair sur

vert très-foncé est plutôt un serpentin dur qu'un porphyre.

La pesanteur spécifique des porphyres varie, suivant ses agrégats, de 2,69 à 2,77.

Cette pierre, que les anciens ont tant utilisée, nous paraît digne d'attention, et nous croyons que si l'industrie artistique trouvait des moyens de dompter au travail cette nature rebelle, et qu'on l'employât davantage, quelques recherches bien dirigées suffiraient pour en découvrir de nouveaux gîtes, parmi lesquels il pourrait s'en trouver de très-beaux.

Les porphyres actuels, à part quelques rares objets d'art, ne sont plus employés qu'à faire des petits mortiers, des pierres à porphyriser, des molettes, des pilons, etc., etc.

Les porphyres anciens avaient souvent des dimensions très-considérables, et les splendides colonnes de l'église Sainte-Sophie, à Constantinople, en sont la preuve.

Une des pièces les plus remarquables exécutées en porphyre est la table qui ornait la salle où se trouvaient les bijoux de la couronne de France. Elle est estimée 25,000 fr. dans l'inventaire de 1791.

PRASE

La prase, tant discutée, tant confondue par les
anciens et les modernes, est, pour nous, la prime
de l'émeraude occidentale. C'est, du reste, un quartz
vert.

Des échantillons rapportés des mines de Santa-Fé-
de-Bogota, et que nous avons examinés, ne nous
laissent aucun doute que la prase proprement dite
ne soit la gangue de l'émeraude.

Cette substance minérale est peu diaphane, demi-
transparente et peu dure. Elle prend un poli qui
serait parfait s'il n'était un peu gras. Ses couleurs
varient du vert d'asperge au beau vert de l'émeraude
et sont parfois troublées par des points blancs calcaires.

L'intérieur de la cristallisation est un peu confus

et ressemble à celle du verre de bouteille fondu en masse.

Quand la prase a des formes cristallines, ce qui arrive peu, vu qu'on la trouve plus souvent en masse, elle affecte le prisme à six pans et la pyramide à six faces. Les cristaux sont de moyenne grandeur ou petits, leur surface extérieure est rude et peu éclatante, mais à l'intérieur ils possèdent l'éclat du verre. Leur cassure est variable suivant la texture; elle est écailleuse, conchoïde ou imparfaite, tandis que la prase en masse est souvent formée de pièces de rapport, dont les unes sont grenues, ou scapiformes, ou cunéiformes, mais dont les faces, un peu rudes, sont striées en travers.

La prase est beaucoup moins sèche que l'émeraude, ce qui la rend plus onctueuse et par conséquent beaucoup moins cassante; les nombreux ouvrages que nous a laissés l'antiquité en sont la preuve évidente. D'ailleurs, les énormes dimensions de quelques-uns, dont les anciens historiens font mention, eu égard à la petitesse des cristaux ordinaires de l'émeraude, nous portent à croire que, s'ils ne confondaient pas ces deux substances minérales, ils en connaissaient les rapports.

La finesse extrême des particules de la prase et son peu de dureté l'ont rendue éminemment propre à la gravure et aux ouvrages de tour; aussi, tous nos musées possèdent-ils de nombreux chefs-d'œuvre obtenus avec cette substance.

On cite entre autres une coupe ovale renfermant une cristallisation indéterminée; elle est estimée 1,000 fr.

La taille en cabochon adouci est celle qui réussit le mieux sur la prase, aussi les plus beaux intailles connus ont-ils tous cette préparation.

On cite, en fait d'intaille sur prase, Diomède enlevant le Palladium. Cette gravure faisait partie de la collection du chevalier d'Azara, ambassadeur d'Espagne à la cour de France. Elle était, dit-on, de la main d'un artiste de premier ordre.

La Bibliothèque impériale, au cabinet des Antiques, possède une intaille sur prase représentant (disent quelques-uns), un Hercule à genoux portant le globe; pour nous, nous avons toujours cru reconnaître Atlas, mais ce n'est qu'une opinion personnelle et peu importante.

Cette gravure, du reste, fort bien traitée, n'a été faite que pour personnifier anatomiquement la Force.

Le travail est très-hardi, l'attitude naturelle, tout y respire la vigueur, les muscles sont tendus, et le rapport des deux jambes, dont l'une se roidit pour soulager l'autre, est parfait.

Il existait anciennement au même cabinet une prase représentant Bacchus placé sur un chariot traîné par deux amours. Cette pierre est maintenant à Vienne.

L'abbé Pullini possédait, gravé sur cette matière, un buste de l'empereur Septime Sévère. Cette pierre gravée d'une bonne grandeur, était, dit-on, l'ouvrage d'un des meilleurs artistes.

La prase, dont la pesanteur spécifique est de 2,67, donne à l'analyse :

Silice.	92,5
Alumine. . . -	0,5
Glucine. . . .	4,5
Magnésie. . . .	1,0
Oxyde de fer. . .	0,5
Oxyde de nickel. .	1,0

Indépendamment du Pérou, on en trouve en Saxe, en Bohême, en Finlande, en Écosse, en Sibérie, etc. La prase de Bohême est peu estimée à cause de son opacité.

En résumé, la prase, soit en masse, soit cristallisée, est à l'émeraude ce que sont les masses de quartz blanc parfois cristallisées à l'améthyste qu'elles semblent produire. La raison d'être de l'une et de l'autre est la même.

C'est toujours la même matière première pour les deux, mais la prase est encore plus loin de l'émeraude que le quartz de l'améthyste.

Les anciens ont quelquefois donné le nom de prase à une espèce d'agate verte. Il est évident qu'il y a eu confusion, l'opacité de l'agate ne pouvant se comparer à la translucidité de la prase, et d'ailleurs, les différences des degrés de dureté étant très-sensibles, et enfin, les lieux de gisements bien distincts.

PYROXÈNE

(Augite)

Substance minérale ainsi nommée parce qu'elle se rencontre accidentellement dans des terrains non volcaniques, quoiqu'elle en soit originaire.

On l'a longtemps confondue avec l'amphibole, dont elle a les formes cristallines et la même composition, mais dans d'autres proportions. Ce qui l'en distingue parfaitement est sa moindre vivacité d'éclat, son aspect plus vitreux et surtout cette circonstance, que le pyroxène possède la faculté d'être clivé dans trois sens différents, parallèlement à la base et aux pans de son prisme fondamental.

Ses couleurs sont le noir et le vert très-sombre; on en trouve aussi de blanc et de gris.

Le pyroxène est, le plus souvent, cristallisé en prismes rectangulaires obliques et modifiés, en prismes hexagones ou octogones et en prismes rhomboïdaux terminés par des sommets dièdres.

Tous ces cristaux sont généralement petits ; leur pesanteur spécifique est de 3,1 à 3,4, et leur constitution, assez variable, donne à l'analyse :

Silice.	48 à 52
Chaux.	13 — 24
Alumine.	3 — 5
Magnésie.	8 — 10
Oxyde de fer. . .	12 — 14
Oxyde de manganèse.	1 — 2

Les cristaux de pyroxène qu'on rencontre dans le basalte sont d'un plus beau vert et plus brillants que ceux trouvés dans les laves. Ils rayent facilement le verre et sont translucides, à cassure inégale et se brisent facilement.

Ceux fournis par l'Etna sont en cristaux d'un noir verdâtre, très-éclatants, à cassure conchoïde , mais imparfaite.

On n'est pas encore fixé si les cristaux de pyroxène ont existé avant l'éruption des volcans ou s'ils ont cristallisé après. La première hypothèse paraît plus probable.

Outre le pyroxène *augite*, que nous venons de décrire, il y a le pyroxène *sahlite*, constitué en cristaux et parfois en masses laminaires d'un vert de diverses nuances, et le pyroxène *diopside*, beaucoup plus rare, et que l'on trouve en cristaux transparents d'un gris verdâtre et quelquefois blancs.

Le pyroxène de tous genres est peu employé, bien qu'il serait facile de l'utiliser dans les parures de deuil.

QUARTZ

Le quartz est une des substances minérales les
plus répandues dans la nature; on a calculé que,
sous ses diverses formes, il entrait pour au moins
trois dixièmes dans la masse du globe.

Nous n'avons pas ici à examiner ses formes mul-
tiples; nous nous contenterons d'esquisser les variétés de quartz applicables à l'espèce des pierres
précieuses.

Pour nous, tous les cristaux, colorés ou blancs,
transparents, nommés généralement pierres occidentales, sont des quartz plus ou moins bien con-
stitués. L'oxyde de silicium, base des quartz, entrant

pour beaucoup dans la contexture de ces gemmes du second ordre, sera la règle invariable de nos diverses appréciations.

Laissant de côté les trente espèces classées par Jameson et autres, nous ne parlerons que des trois espèces principales, savoir : le quartz hyalin, comprenant l'améthyste et les cristaux de roche; le quartz agate et tous ses dérivés, et le quartz résinite, matrice ou mère de tous les genres opalins ou calcédonieux.

Les quartz en général affectent la forme d'un rhomboïde un peu obtus; la majeure partie cependant est composée d'un prisme hexaèdre régulier, avec deux pyramides droites à six faces, dont les bases se confondent avec celles de ce prisme. Ceci est pour les cristaux réguliers ou détachés de leur gangue, car on sait que la plus grande quantité de cette production minérale ne présente, le plus souvent, que des cristaux implantés, dont le sommet seul offre la pyramide.

Les quartz se reconnaissent à deux caractères faciles à constater : la dureté et l'infusibilité sans addition. Cette dernière propriété empêche qu'on ne puisse les confondre avec certains feldspaths colorés, dont l'aspect extérieur peut parfois induire en erreur les yeux les mieux exercés.

Les quartz, comme toutes les pierres composées de plusieurs substances hétérogènes, varient dans leurs pesanteurs spécifiques; ainsi, le quartz hyalin arrive de 2,58 à 2,67; le quartz agate, de 2,48 à 2,66, et le quartz résinite, de 2,04 à 2,66. Dans tous les cas, ils rayent le verre et étincellent sous le briquet. Nous avons cependant des variétés opalines tendres qui ne présentent point, ou bien peu, ces derniers caractères.

Leur réfraction est double, et, dans certains cas, ils offrent une phosphorescence assez sensible, surtout étant frottés mutuellement.

Les quartz hyalins donnent à l'analyse environ 93 de silice, 6 d'alumine et 1 de chaux. Leur pouvoir réfringent est de 0,541; à l'état de cristal de roche il est de 0,654 quand celui du diamant atteint 1,396.

Leur coloration est due à des oxydes métalliques de toutes natures, mais particulièrement au fer. Certains sont irisés et paraissent renfermer de l'air et de l'eau. La multitude des couleurs répandues dans les quartz hyalins leur a fait donner, bien à tort, des noms semblables à ceux de certains gemmes ; ainsi :

Le quartz jaune est communément nommé :			Topaze de Bohême.
Le quartz brun	—	—	Diamant d'Alençon ou topaze enfumée.
—	—	—	
Le quartz vert	—	—	Fausse émeraude.
Le quartz bleu	—	—	Saphir d'eau.
Le quartz violet	—	—	Améthyste occidentale.
Le quartz rose	—	—	Rubis de Bohême ou du Brésil.
—	—	—	
Le quartz rouge-brun	—	—	Hyacinthe de Compostelle.
Le quartz noir	—	—	Faux jais.
Le quartz blanc	—	—	Cristal de roche.

Les quartz agates se reconnaissent à leur demi-transparence, qui atteint parfois à l'opacité, surtout dans les morceaux épais. Leur cassure est plus ou moins terne et quelquefois écailleuse.

On comprend sous cette dénomination, les calcédoines, cornalines, sardoines, prases, jaspes, œil de chat, cacholong et silex. Nous en donnons l'historique à chaque spécialité.

Quant aux quartz résinites, ils comprennent principalement l'hydrophane, l'opale et le girasol, ainsi qu'on le voit à leur article respectif.

L'ancien Garde-Meuble possédait un vase de quartz

violet taillé à neuf pans, d'un diamètre de 0,90^{mm} sur 0,115^{mm} de hauteur; il est porté dans l'inventaire de 1791 pour la somme de 150 fr.

Un buste de femme en quartz violet à taches blanches, d'une hauteur de 0,110^{mm} avec le socle, est estimé 600 fr.

Nous avons vu deux vases, ayant une dimension d'environ 0,10 centimètres de diamètre sur 0,30 centimètres de hauteur, en quartz hyalin violet pâle, avec beaucoup de cristallisations blanches, ressemblant aux prismes d'améthystes occidentales. On en demandait 2,000 fr. de la paire.

RUBIS

Corindon hyalin d'un beau rouge sang de bœuf, trop souvent altéré par des reflets laiteux, qui, à part ses autres caractères physiques, le fait aisément reconnaître. Le velouté qui le distingue, joint à sa pesanteur spécifique bien supérieure aux autres gemmes, puisqu'elle atteint 4,2833, son extrême dureté, sa transparence et son beau poli en font la pierre précieuse la plus remarquable et la plus estimée après le diamant. Celui dont nous parlons constitue le rubis oriental, le seul vraiment estimé; l'autre variété s'en éloigne à beaucoup d'égards et se nomme rubis spinelle, et par une seconde décroissance en qualités, rubis balais.

Les rubis n'ont pas de formes bien déterminées, quelques-uns sont octogones, d'autres arrondis, beaucoup sont presque demi-cabochons, c'est-à-dire aplatis par un des côtés; la forme la plus commune est l'ovale imparfait.

Il est facile de reconnaître que les rubis d'Orient sont d'origine ignée, quoiqu'ils soient cependant susceptibles de clivage.

Les plus beaux rubis viennent de Ceylan, puis de l'Inde et de la Chine. Ils sont composés d'alumine presque pure colorée par l'oxyde de fer. Les rubis d'un certain poids étant très-rares, arrivent à dépasser le prix du diamant. Mais pour cela, ils doivent réunir une masse de qualités : couleur nettement accusée, limpidité parfaite, poli vif et velouté, forme pure et bonnes proportions. Ces dernières diffèrent cependant de celles du diamant, en ce sens qu'on doit donner beaucoup plus au-dessous de la pierre qu'au-dessus. Les gros rubis d'Orient sont excessivement rares, nous l'avons dit; cependant, Walhs en cite un superbe pesant 436 carats 1/2. Furetière en a vu un, à Paris, du poids de 240 carats, Tavernier en cite un de 50 carats, Chardin cite et parle avec admiration d'un rubis cabochon de très-belle couleur, de la grosseur et de la forme de la moitié d'un œuf, et sur lequel était gravé, vers la pointe, le nom de — Scheik Séphy.

Gustave III, roi de Suède, en possédait un de la grosseur d'un petit œuf de poule et de la plus belle eau. Il en fit présent à la czarine, en 1777, quand il fut à Saint-Pétersbourg. Enfin, on trouve dans l'inventaire des pierreries de la couronne de France de 1791, qu'elle possédait 81 rubis d'Orient de variable beauté, ainsi que le prouve cette nomenclature, si l'on fait attention aux évaluations et aux différences de poids.

Rubis d'Orient.

1 pesant	8 carats	3/16	estimé	4,000 fr.
1	7			8,000
1	5	6/16		1,200
1	5	8/16		4,000
1	4	2/16		1,200
1	3	12/16		1,800
1	3	4/16		3,000
1	2	8/16		300
1	3	2/16		200
1	3	2/16		200
1	2	5/16		600
1	1	15/16		150

1 pesant	3 carats	1/16	estimé	1,000
1	3	6/16		400
1	2	3/16		200
66	73	2/16		7,350

Rubis Spinelle.

1 pesant	56 carats	12/16	estimé	50,000 fr.
1	3	14/16		300
1	3	12/16		300

Rubis balais.

1 pesant	20 carats	6/16	estimé	10,000 fr.
1	12	6/16		3,000
1	8	1/16		800
1	8	»		600
1	12	»		800
1	4	2/16		50
1	3	5/16		50
1	3	6/16		72
1	4	1/16		150
1	5	4/16		400
1	4	5/16		200
1	5	9/16		200
1	5	2/16		200
1	3	10/16		50
44	26			1,032

On peut juger d'après ce tableau si varié en évaluation, en égard aux poids respectifs, des divers

degrés de beauté et de l'énorme différence de valeur
des rubis d'Orient, spinelle et balais.

Le rubis oriental a la réfraction double et subit la
plus grande violence du feu sans altération de forme
et surtout de couleur; cette dernière qualité semble
plutôt augmenter.

La gravure sur rubis oriental ne réussit pas bien,
vu son extrême dureté, et les deux que l'on voit au
Musée de minéralogie du Jardin des Plantes donnent une pauvre idée de ce travail ou plutôt en con-
statent la difficulté et presque l'impossibilité sur des
pierres de ce genre.

Le rubis spinelle, beaucoup plus commun, surtout en grandes pierres, est moins riche en couleur
et tire plutôt sur le rouge ponceau; sa dureté est
beaucoup moindre et sa pesanteur spécifique aussi,
puisqu'elle ne dépasse pas 3,7

Il diffère encore par sa réfraction simple et sa composition bien moins riche en alumine et qui offre de
la magnésie. Quant à sa coloration, elle est due à
l'acide chromique. Ses formes naturelles sont l'octaèdre régulier et parfois le tétraèdre, presque toujours
modifiées, mais présentant néanmoins plus de faces
indiquées que le rubis oriental.

On le trouve également dans l'Inde, en Chine et à Ceylan, ainsi qu'en Sudermanie. Les plus beaux viennent de Pégu et des montagnes de Cambaie.

Quoique d'un mérite bien inférieur au rubis oriental, on a pu voir dans le tableau ci-dessus que le rubis spinelle atteint encore de très-hauts prix.

Caire cite deux rubis spinelle gravés. Un représentant *Cérès debout*, un épi à la main, du musée d'Odescalchi, et une tête de philosophe grec sur un rubis spinelle de forme cœur, dans la collection du duc d'Orléans.

Le rubis balais, troisième et dernière qualité du rubis, est de couleur rouge clair ou rouge groseille, tirant parfois sur le vineux ou le violet. Ses diverses nuances sont très-rarement bien accusées; encore moins dur que le spinelle, il prend cependant un assez beau poli, qu'on peut attribuer à la finesse de sa pâte qui contient plus de magnésie que le spinelle. Du reste, à moins d'être d'une grandeur et d'une beauté hors ligne, il a peu de valeur. Le rubis balais, ainsi que le spinelle, n'offrent jamais de reflets laiteux. Sa pesanteur spécifique est de 3,646.

Nous n'admettons pas au nombre des rubis ceux désignés sous les noms de : rubicelle, rubace, rubis de roche, rubis rose, rubis du Brésil, de Sibérie, etc., etc.

Ce ne sont que des quartz, des feldspath colorés, des tourmalines ou des topazes brûlées.

Nous devons cependant dire ici un mot sur le rubace.

Ce n'est qu'une espèce de cristal de roche gercé et coloré en rose. Taillé et monté par les procédés ordinaires de la bijouterie, cette pierre présente un aspect assez peu agréable, quoique jouant ou plutôt miroitant beaucoup.

Les félures qui la distinguent et leur couleur rose sont factices et obtenues en faisant chauffer le cristal et le refroidissant dans un pourpre de Cassius ou dans une liqueur carminée.

La plus grande difficulté à vaincre, dit-on, est que la pierre ne soit félée que dans son intérieur, tout en laissant le passage libre au liquide colorant, ce qui nous paraît assez difficile à admettre.

C'est, du reste, peu heureux comme produit de l'art.

SAPHIR

Corindon hyalin présentant toutes les nuances de bleu, depuis le plus foncé jusqu'au plus faible. Il n'y en a qu'une véritable espèce qui vient de Ceylan et des Indes.

Sa dureté égale toujours celle du rubis oriental et souvent la surpasse. Sa puissance réfractive, quoique n'atteignant pas à beaucoup près celle du diamant, dépasse cependant de beaucoup celle d'autres substances qu'on pourrait lui comparer. Mesurée avec un prisme à angle de 20°, elle arrive à 14 1/2, tandis que le verre blanc ne marque que 10 1/2.

Le saphir oriental a une pesanteur spécifique de 4,01; il possède la double réfraction et tient le mi-

lieu entre le translucide et le transparent : cette
dernière qualité lui est acquise lorsqu'il est très-
mince et non laiteux, défaut que l'on rencontre souvent dans sa cristallisation.

Sa forme primitive paraît dériver du dodécaèdre
à faces triangulaires, mais ses morceaux sont le
plus souvent arrondis, ce que l'on a toujours attribué
aux frottements qu'ils éprouvent dans le lit des torrents, idée que nous ne pouvons admettre, puisque
ceux trouvés dans les fentes de rochers ou attachés
encore à leur gangue le sont également. Pour nous,
cette particularité se rencontrant dans la majeure
partie des corindons hyalins, quelle que soit leur
couleur, est le résultat et la preuve de leur origine ignée, ce qui n'exclut ni les apparences de
forme, ni la pureté de la cristallisation, ni la transparence.

Analysé, le saphir d'Orient est, comme le rubis,
composé d'alumine presque pure; sa coloration est
due également à l'oxyde de fer. On comprend peu
comment le même métal peut produire deux couleurs si différentes dans des pierres de même nature ; cependant, si l'on réfléchit que le rouge du
rubis se fonce au feu, tandis que le bleu du saphir

y disparaît, on peut attribuer cette différence si frappante à un plus ou moins grand degré d'oxygénation du métal, ce qui le rend plus fixe, et il est probable qu'avant la fusion des matières qui produisent ces deux corindons, ils sont semblables, et que ce n'est que la différence du calorique qui change les conditions de l'oxyde colorant.

D'un bleu entre l'indigo et le barbeau, c'est-à-dire ni trop foncé, ni trop clair, mais d'une couleur franche, le saphir oriental doit présenter à l'œil une limpidité parfaite, et, ce qui en fait l'excellence est le velouté admirable qu'il possède à un haut degré ; lorsqu'à ces qualités il réunit une certaine dimension, il peut dépasser le prix du diamant ; mais ces pierres sont excessivement rares, et très-recherchées des amateurs.

Leur taille est à peu près la même que celle du rubis, quoique cependant on étende plus la table et qu'on lui conserve moins d'épaisseur en dessous.

Le plus beau saphir connu vient d'Orient ; il en est fait mention dans l'inventaire des pierreries de la couronne de France, fait en 1791 ; son histoire est assez curieuse. Ce saphir, sans tache ni défauts, pèse 132 carats 1/16, il est de forme losange à six pans et poli à plat sur toutes les faces. Il est estimé 100,000 fr.

Ce merveilleux saphir fut trouvé au Bengale par un pauvre homme qui faisait le commerce de cuillers en bois ; aussi porta-t-il longtemps ce surnom. Il appartint ensuite à la maison Rospoli de Rome, à qui il fut acheté par un prince d'Allemagne, lequel le revendit à Perret, joaillier français, pour la somme de 170,000 fr. C'est de cette pierre qu'il est question dans le fameux procès du saphir. Considérant ses qualités et son poids hors ligne, nous pensons que ce saphir n'est pas estimé à sa valeur. Il est à présent au Musée de Minéralogie.

On voit dans la même collection un saphir très-précieux par la beauté de sa couleur et surtout sa grandeur ; de forme ovale, il présente une surface de $0,050^{mm}$ sur $0,036^{mm}$.

La couronne de France possède encore :

2 saphirs pesant		27 carats chaque estimés ensemble 18,000 fr.			
1	—	19	—	—	6,000
3	—	de 13 à 12	—	—	5,800
4	—	de 10 à 9	—	—	5,200
15	—	de 6 à 5	—	—	6,400
8	—	4	—	—	1,800
17	—	de 3 à 2	—	—	2,700
84	—	144 2/16	—	—	8,670

Citons encore, parmi les saphirs extraordinaires, les deux gros appartenant à miss Burdett Coutts, évalués 750,000 fr., et que nous avons tous admirés dans la vitrine de M. Hancock, à l'Exposition universelle de 1855.

La seconde espèce de saphir, qu'on pourrait appeler occidentale, se trouve en Silésie, en Bohême, en Alsace, au Brésil, à Expailly. Les uns sont d'un bleu verdâtre, et sont désignés sous le nom de *saphir plombé*. Les autres sont d'un blanc clair, mêlé de bleu céleste, qui forme une couleur mixte ; ils sont nommés *saphirs d'eau*. Ceux-ci se trouvent aussi à Ceylan, mais leur peu de couleur disparaît vite à un feu ordinaire. Ils sont tendres et leur pesanteur spécifique n'est que de 2,580.

Parmi ceux qu'on trouve dans le ruisseau d'Expailly, il en est d'un assez beau bleu, mais leur peu de dureté les fait aisément distinguer. On les nomme *saphirs de France*. Pour nous, ce ne sont que des variétés de quartz colorés en bleu. Ils sont sans valeur.

L'École des Mines de Paris possède une assez jolie collection de saphirs de diverses provenances et présentant des cristallisations variables, quoique paraissant toutes appartenir au dodécaèdre. Ils viennent de l'Inde, de Ceylan, du Groenland, d'Expailly, de la Haute-Loire, du volcan du Coupet, du Saint-Gothard, etc., etc. La plupart prouvent parfaitement leur origine ignée, d'autres sont dans une gangue alumineuse micacée et parfois dans des laves.

La gravure sur saphir présente encore plus de difficultés que celle sur rubis, le premier étant plus cassant et souvent plus dur. Cependant, on remarque au cabinet Strozzi, à Rome, un Hercule de profil, gravé par Cnéius, et qui n'est pas sans mérite. Le cabinet de France possède un saphir d'une belle couleur, représentant Pertinax gravé en intaille; le travail est parfait. On voit encore à Saint-Pétersbourg un saphir à deux teintes sur lequel l'artiste a gravé une tête de femme. Il a tiré un merveilleux parti des teintes et la draperie est du bleu le plus intense, quand la tête entière est à peine nuancée. Cette pierre appartenait aux Orléans. A Turin, on remarque dans la collection Genevosio, une tête de Tibère sur saphir blanc. Toutes ces gravures sur pierres si dures s'exécutent avec des pointes de diamants ou de l'égrisée.

SAPPARE

Nous faisons l'historique de cette substance parce qu'on la prépare dans l'Inde avec l'intention d'en faire une variété du saphir, ce qui pourrait induire le commerce en erreur.

Cette pierre, en effet, pourrait tromper, quoique n'ayant de commun avec le saphir que la couleur qui en approche, et encore imparfaitement, car sa nuance, qui est celle du bleu de Prusse, arrive souvent par transition au gris et au vert.

Cette substance minérale, infusible au chalumeau, transparente, offrant parfois des reflets nacrés, surtout taillée en cabochons ronds, a une pesanteur spécifique de 3,5 ; elle est d'une faible dureté, mais cependant rayant le verre par ses endroits aigus, et donne à l'analyse :

> Silice. . . 43
> Alumine. . 55,5
> Fer. . . . 0,5

Plus une trace de potasse.

On la trouve dans le granit et le schiste micacé des montagnes primitives, en masse ou disséminée, parfois en concrétions assez distinctes. Sa forme primitive paraît être un prisme oblique quadrangulaire dont les faces sont striées, brillantes et nacrées. Facile à casser, ce minéral possède pourtant un clivage double, est translucide et souvent très-transparent.

On le trouve en Asie, en Europe, dans le mont Saint-Gothard, en Angleterre, en Amérique, etc.

Comme nous l'avons dit, il nous arrive de l'Inde, généralement taillé et poli, quoique imparfaitement suivant l'usage asiatique, et nous est apporté comme une sous-espèce de corindon hyalin bleu.

Le sappare est du reste peu estimé, et pourtant,

si ce n'était son manque de dureté, certains de ses cristaux, par leur bonne couleur et leurs jeux de lumière, pourraient rivaliser d'aspect avec le saphir oriental.

Cet effet annoncé ne doit surprendre personne, car tous les connaisseurs savent que beaucoup de schorls, de toutes natures et de toutes couleurs, imitent parfois à s'y méprendre les plus belles pierres précieuses, d'autant plus que beaucoup ne sont pas accessibles à la lime, indice qui trompe souvent le vulgaire.

SARD-AGATE

Quelques auteurs ont cru devoir substituer à ce nom celui de cornaline-agate ; mais, outre qu'il ne remplit pas le même but, en ce sens qu'il est moins large, nous croyons devoir conserver l'ancienne dénomination, vu la facilité de sa liaison, d'autant plus que peu de considérations et de faits militent en faveur de la nouvelle.

La sard-agate est une pierre demi-transparente, dont le fond est rouge orangé, rouge pâle, rouge jaunâtre avec une couche supérieure d'agate blanche ; ses couches sont parfaitement régulières, d'ailleurs l'art du lapidaire y pourvoit en l'attaquant dans le sens le plus favorable.

On fait de très-beaux camées avec cette pierre, malgré que les deux pâtes soient également diaphanes, ce qui semblerait impliquer un désavantage; aussi l'on ne peut les employer qu'à certains sujets, tandis que l'onyx à fond opaque est propre à tout. Disons cependant que leur rareté dans un grand état de beauté les rend précieux.

Les plus belles sont moitié sardoine pure et agate ou cornaline claire et agate.

L'extrême difficulté de se procurer de ces pierres parfaites en a très-restreint l'emploi, et ce qu'on rencontre de gravé est souvent aussi mauvais sous le rapport naturel que sous celui de l'art. Cependant, on peut citer la Vénus de Florence, gravée sur sard-agate préparée pour bague, et dont le fini est parfait sous le rapport du gracieux des formes et des proportions. L'artiste a eu l'heureuse idée de prendre la pierre au rebours; ainsi, sur le fond blanc cristallin de l'agate il a admirablement fait ressortir les formes si pures de Vénus, dont la couleur de chair naturelle, provenant de la partie sarde, produit l'effet le plus saisissant. Le cabinet des Antiques, à la Bibliothèque, possède un camée de cette substance, représentant Vénus couronnant l'Amour.

Le ton des deux figures est pris sur la surface d'agate rougeâtre, tandis que le fond est de sardoine pâle transparente. La différence, quoique peu grande, est assez sensible pour ne pas échapper à l'œil de l'amateur éclairé.

Enfin, nous en connaissons une montée en épingle, appartenant à un amateur très-distingué de Paris. Elle représente une tête de Socrate supérieurement exécutée, tant sous le rapport de la gravure que sous celui de la franche utilisation des deux couches.

SARDOINE

—

Sans chercher ici à résoudre la question tant con-
troversée de l'étymologie du mot — sardoine — que
quelques-uns font venir de Sardes, demeure des rois
de Lydie, ou de la Sardaigne, où il s'en trouve, ou
de ce qu'elle a la couleur des sardines salées, ce qui
prouverait l'ancienneté de ce mets, nous ne nous
occuperons que de ses caractères physiques et de
l'emploi qu'on en a fait dans la joaillerie et dans les
arts somptuaires.

La sardoine est un quartz agate de couleur fauve,
ni jaune ni rouge et tenant cependant des deux. Sa
pesanteur spécifique est de 2,603.

Constituée par les mêmes principes que la cornaline, elle n'en diffère essentiellement que par la couleur et par un peu plus de finesse de pâte. Vue de face, la sardoine est fauve, riante, légère et parfaitement éclairée, tandis qu'inclinée, ses couleurs s'assombrissent.

La beauté de la sardoine gît dans la pureté et l'égalité de sa couleur, et si elle joint à cela la dureté, on la qualifie de sardoine orientale, suivant la règle adoptée pour désigner les pierres précieuses supérieures.

Celle-ci nous vient des Indes, de l'Arabie, de l'Égypte, de l'Épire, d'Arménie, etc., etc. Cette espèce est pommelée, très-agréablement nuancée, limpide jusqu'à presque la transparence et a tout l'aspect de la corne la plus pure.

La Bohême et la Silésie nous fournissent aussi des sardoines, mais bien inférieures ; elles sont sans prix et presque sans usage ; leur teinte enfumée, parsemée de taches sourdes bleuâtres, les rendent impropres à tout emploi.

La sardoine se taille généralement en goutte de suif ovale plus ou moins relevée suivant l'intensité ou la faiblesse de sa couleur.

Cette pierre a été employée dans beaucoup d'ouvrages d'art et souvent gravée. Pour ce dernier art on a presque constamment choisi celle dite — sablée. — C'est une espèce de sardoine d'une belle couleur, mais parsemée de petits points opaques, d'une couleur plus foncée, qui, s'ils étaient scintillants, lui donneraient presque l'apparence de l'aventurine.

Les intailles les plus célèbres exécutées sur sardoine, sont : Mars et Vénus surpris par les dieux, gravé par Valerio Vicentini.

Ce sujet, d'une grande dimension, parfaitement exécuté, présente neuf figures. Il faisait partie de la collection d'Orléans.

On cite encore les noces de Cupidon et de Psyché, sur sardoine gravée par Triphon. Cette belle pierre est à Londres dans la collection des héritiers de Jean Germain. Cet admirable morceau, quoique petit, n'en contient pas moins cinq figures. On y remarque surtout les visages de Cupidon et de Psyché, la tête recouverte d'un voile si délié que l'œil ne perd aucun trait.

L'inventaire des curiosités de la couronne de France de 1791 fait mention de deux vases en sardoine estimés 64,000 fr. ; six coupes estimées

167,500 fr.; deux tasses, 1,600 fr.; une burette,
1,500 fr. et une urne, 600 fr. Mais la pièce la plus
remarquable est une plaque de sardoine orientale
d'un gris jaunâtre mêlé de brun de dix-neuf centimètres de diamètre, sur laquelle on a gravé une
tête de Méduse au front ailé. Ce magnifique et unique morceau est évalué 12,000 fr.

Les anciens Étrusques faisaient grand cas d'une
espèce particulière de sardoine qu'ils surnommaient
—barrée. — En effet, au milieu de deux portions de
sardoine translucide, on rencontre une couche de
matière opaque blanche qui s'y trouve interposée.
Cet effet est très-curieux, surtout mis en œuvre.

On connaît en gravure sur cette singularité, Tidée
s'arrachant un bout de javelot de la jambe droite.
Son nom est écrit en étrusque.

Cette pierre, admirablement dessinée sous le rapport anatomique, marque cependant la roideur du
style étrusque; le revers présente un scarabée. Elle
est maintenant à Livourne.

En somme, cette pierre est très-anciennement
connue, puisqu'on raconte que Mithridate en avait
une collection de quatre mille, et il fallait qu'elle fût
bien estimée pour que le fameux Polycrate, tyran de

Samos, en jetât une dans la mer, comme ce qu'il avait de plus précieux, afin de faire un sacrifice à la fortune qui l'accablait de ses faveurs. On sait qu'elle fut retrouvée dans les entrailles d'un poisson qu'on lui servit à table. C'était réellement trop de bonheur.

On rencontre encore dans les vieux bijoux et les cachets antiques, des sardoines soit unies soit gravées; mais l'usage de cette pierre est tombé en désuétude, d'abord par le peu d'extension donné à la gravure sur pierres dures, ensuite parce qu'on en trouve plus de belles.

SARD-ONYX

Quelques auteurs ont prétendu confondre la sard-onyx avec la sardoine ; les différences de structure sont cependant assez grandes pour qu'on en fasse un genre à part. Et pourquoi faire des restrictions pour celle-ci lorsqu'ils ont été si prodigues pour d'autres substances dont ce n'était pas le cas ?

La sard-onyx est d'abord bien plus rare, surtout s'il s'agit de la multiplicité des couches, que l'on a vu aller jusqu'à dix ! Sa pesanteur spécifique est de 2,595.

Sans doute la matière lapidifique de la sardoine s'y rencontre souvent dessus et dessous, mais les couches intermédiaires, souvent calcédonieuses, agatisées, jaspées, blanches, grises, translucides, opaques, bleuâtres, jaunâtres, etc., ressortent évidemment de la matière principale, et, par l'arrangement successif de leurs lits, aident merveilleusement l'artiste à produire les beaux effets que l'on admire. Il y a telles de ces pierres, d'une dimension de 4 à 5 centimètres, qui valent, sans être gravées, jusqu'à 2,000 fr., et nous ne sachions pas que jamais la plus grande et la plus belle sardoine nue ait atteint ce prix. Il y a donc distinction forcée.

Les plus belles sard-onyx viennent de l'Orient; l'Écosse en renferme aussi, mais inférieures.

Le plus splendide camée qui existe sur sard-onyx est au cabinet impérial de Vienne. Il est attribué à Dioscoride. Quoique composé seulement de deux couches, dont l'une de la plus belle sardoine forme le fond, tandis que le sujet gravé est du plus beau blanc, cette pierre est peut-être l'unique dans son genre; elle a 0,187^{mm} de longueur sur 0,217^{mm} de largeur. Sur le fond reposent vingt figures admirablement sculptées, représentant l'apothéose d'Auguste.

Ce rare camée a appartenu à Philippe le Bel, qui en fit don aux religieuses de Poissy; mais il fut

volé par des partisans pendant nos guerres civiles,
puis porté en Allemagne, où il fut acquis par l'empereur Rodolphe II, qui le paya 12,000 ducats d'or.

Le trésor de la couronne de France possédait d'admirables ouvrages en sard-onyx, ainsi que le
mentionne l'inventaire de 1791.

Outre une masse de sard-onyx arrondie et sculptée, représentant le triomphe de Bacchus et d'Ariane,
estimée 7,000 fr., on y distinguait onze coupes,
estimées 277,300 fr.; une cuvette de 40,000 fr.;
trois burettes, ensemble 60,000 fr.; trois tasses, ensemble 13,350 fr.; deux chapelets, ensemble 4,000 fr.;
un flacon, 1,800 fr.; un buste, 300 fr., etc.

Nos musées et cabinets de minéralogie renferment
aussi de très-beaux morceaux de sard-onyx.

STRASS

Du nom d'un joaillier allemand du commencement du dernier siècle, qui, possédant quelques connaissances chimiques, imagina d'appliquer à l'imitation des pierres précieuses les procédés en usage alors pour la fabrication du verre, mais en les appropriant à leur nouvelle destination. Il peut donc être regardé comme inventeur.

Longtemps avant lui, divers essais avaient été tentés, mais seulement pour l'imitation du diamant, dont on avait espéré approcher en employant le cristal de roche, le saphir blanc, la topaze blanche, le jargon, les cailloux du Rhin, d'Alençon, du Brésil, de Bristol, etc. ; mais on n'avait pas encore essayé d'imiter le diamant en augmentant la densité du verre, et les pierres précieuses colorées en y introduisant des oxydes et principes colorants.

Le strass en général, base première des autres imitations, se compose avec la silice, la potasse, le borax, les divers oxydes de plomb et quelquefois même l'arsenic. On peut donc le nommer chimiquement silicate double de potasse et de plomb.

La silice peut se prendre dans le cristal de roche, dans le sable blanc ou dans le silex. Cependant le premier est préférable, surtout que, dans ses compositions, une des premières conditions est l'extrême pureté des matières ou ingrédients employés. Dans cette fabrication, plus importante et plus épineuse que ne le croit le vulgaire, la parfaite réussite, indépendamment du choix des matériaux, réside dans les soins à prendre et les précautions à observer. On ne doit d'abord se servir que de creusets éprouvés sous le rapport de leurs composants, de leur fixité au feu le plus violent et de leur impénétrabilité à l'action des oxydes métalliques. Toutes les matières destinées à être mises en fusion doivent préalablement être pulvérisées et même porphyrisées avec le plus grand soin. On ne doit pas oublier que les plus parfaits mélanges ne peuvent s'obtenir que par de nombreuses tamisations. Les tamis doivent toujours avoir le même emploi et ne jamais servir pour des ingrédients différents. Les matières, une fois bien mêlées, doivent être fondues dans le creuset placé dans le foyer d'un four cylindrique terminé en dôme. Sa hauteur doit être environ de 2^m30 sur 1^m30 de diamètre. Le chauffage, autant que possible, doit avoir lieu avec du bois bien sec fendu très-mince. La fonte doit se faire à un feu gradué et bien égal, surtout à son maximum de température; puis, une fois la fusion bien opérée, ce qui ne peut avoir lieu que dans un espace de temps de vingt à trente heures, on laisse refroidir le creuset très-lentement.

Les magnifiques travaux de Strass, de Douhaut-Wiéland, de Lançon père et fils, de Bouguignon, de Maréchal, de Loysel, de Bastenaire, de Savary et Mosback, de Bouillette et Yvelin, de Masson, etc., dont on a vu les glorieuses productions à toutes les plus belles expositions, et notamment à la dernière de 1855, ont certes révélé d'immenses progrès dans cet art, depuis Strass jusqu'à Savary.

Il est constant pour nous que leurs imitations de pierres précieuses, surtout pour de certaines couleurs, ne laissent rien à désirer, mais il en est aussi où l'imitation est loin d'être aussi parfaite. Aussi croyons-nous, et nous ne le disons que dans un but d'encouragement, que la coloration des verres est encore loin de sa perfection, malgré les magnifiques résultats obtenus et que chacun est à même d'apprécier.

Maintenant qu'il est parfaitement établi que les terres vitrifiables et les alcalis sont des oxydes métalliques, il ne s'agit donc, pour en obtenir de beaux effets, que de les combiner sagement et dans leur plus grand état de pureté avec les autres oxydes métalliques, produits de l'art, qu'on peut soumettre à la vitrification.

A notre sens, des essais doivent être tentés sur toutes les substances oxydables et vitrifiables, et la nomenclature en est longue : Les potassium, sodium, silicium, calcium, aluminium, bismuth, nickel, tungstène, tellure, molybdène, manganèse, platine, urane, titane, colombium, palladium, rhodium, iridium, céryum, baryum, strontium, etc., etc., puis les sels divers, fluates, phosphates, verre phosphorique, etc., etc.

Nous avons nous-même fait quelques essais pour l'imitation de l'opale et de la chrysoprase, et nous pouvons dire que pour la première le tungstate de chaux, et pour la seconde le chromate de potasse, nous ont donné de bons résultats.

Bien que les mélanges à faire soient généralement connus, nous croyons devoir en donner ici quelques-uns, ne fût-ce que pour éclairer les artistes qui, ne s'occupant que de la monture, ignorent la composition des masses.

Il est bien entendu que ceux que nous relatons sont dans le domaine public, chaque artiste ayant ses procédés, ses ingrédients et ses doses particulières.

Mélanges pour le strass.

	1	2	3	4
	gr.	gr.	gr.	gr.
Cristal de roche.	220,070	195,312	187,500	195,312
Mínium.......	342,177	» »	281,250	» »
Céruse (pure)..	» »	366,305	» »	366,305
Potasse (pure)..	116,965	68,440	105,523	68,440
Borax.........	15,072	19,800	11,772	19,585
Arsenic.......	» 660	» 660	» 330	» »

Strass ordinaire.

Litharge. 5,000

Sable blanc. 3,750

Potasse. . . . . » 500

30.

Strass Douhaut-Wieland.

Cristal de roche tamisé............................ 187,50

Minium très-pur................................... 289,65

Potasse très-pure................................. 105,45

Acide borique...................................... 11,70

Deutoxyde d'arsenic................................ » 32

Strass anglais.

Cailloux siliceux calcinés......................... 62,50

Potasse pure...................................... 31,25

Borax calciné..................................... 23,50

Belle céruse...................................... 7,85

Strass Bastenaire.

	1	2	3	4	5
Sable blanc, traité par l'acide chlorhydrique.	100	100	25	25	25
Minium (1re qualité)	40	140	50	60	55
Potasse blanche bien calcinée.	24	32	7	4	10
Borax calciné.	20	12	»	0	8
Nitrate de potasse cristallisé..	12	»	8	»	5
Peroxyde de manganèse.	0,4	»	»	0,10	»
Deutoxyde d'arsenic.	»	0,6	»	0,15	»

Strass colorés diversement.

TOPAZE N° 1.

Strass très-blanc................................. 54,087

Verre d'antimoine................................. 2,865

Pourpre de Cassius................................ 0,055

Autre.

Céruse de Clichy..............................	50	»
Cailloux calcinés et pulvérisés...............	50	»

Autre.

Sable blanc bien traité.......................	100	»
Minium.......................................	145	»
Potasse calcinée..............................	32	»
Borax *id*...............................	9	»
Oxyde d'argent...............................	5	»

SAPHIR.

Strass très-blanc.............................	250 »
Oxyde de cobalt pur..........................	3,740

Autre.

Strass très-beau..............................	31,25
Oxyde de cobalt très-pur.....................	0,11

ÉMERAUDE N° 1.

Strass..	250 »
Oxyde vert de cuivre pur.....................	2,310
Oxyde de chrôme.............................	0,110

Autre (ordinaire).

Strass..	500 »
Acétate de cuivre............................	3,960
Tritoxyde de fer..............................	0,825

Autre.

Strass..	31,25
Oxyde de cuivre précipité de son nitrate (par la potasse).....................................	21,65

Autre (Bastenaire).

Sable bien traité	10	10
Minium	15	15
Potasse blanche calcinée	3	5
Borax calciné	2	2
Oxyde jaune d'antimoine	0,5	»
Oxyde de cobalt pur	0,1	»
Oxyde vert de chrôme	»	0,25

Améthyste (Bastenaire).

Sable blanc	10
Minium	15
Potasse calcinée	3
Borax id	2
Peroxyde de manganèse	1
Pourpre de Cassius	0,12

	Claire.	Foncée.
Strass	500	250
Oxyde de manganèse	1,320	1,980
Oxyde de cobalt	0,055	1,320
Pourpre de Cassius	»	0,055

Aigue marine.

Strass	187,500
Verre d'antimoine	1,320
Oxyde de cobalt	0,082

Grenat syrien.

Strass	27,730	31,25
Verre d'antimoine	13,972	»
Pourpre de Cassius	0,110	0,14
Oxyde de manganèse	0,110	»

OBSERVATIONS.

Pour la topaze n° 1 on doit choisir le verre d'antimoine le plus transparent et le plus clair. Très-souvent ce mélange ne donne qu'une masse opaque,
translucide sur ses bords et offrant dans ses lames
minces une couleur rouge quand on les oppose
entre ses yeux et la lumière ; on peut alors en faire
du rubis. Pour l'obtenir, on prend une partie de
matière topaze mélangée avec huit parties de beau
strass ; on les fait fondre dans un creuset de Hesse
pendant trente heures à un feu bien égal au four à
potier, et il en résulte un beau cristal jaunâtre semblable au strass, qui produit, étant taillé, l'imitation
des plus beaux rubis d'orient.

On peut en faire d'une autre teinte en employant
les proportions suivantes :

Strass,	156,250
Oxyde de manganèse ,	3,960

Pour l'émeraude n° 1 on peut, en augmentant la
proportion de chrôme ou d'oxyde de cuivre, et en y
mélangeant de l'oxyde de fer, faire varier la nuance
verte et imiter le péridot ou l'émeraude foncée.

Nous ne saurions trop le répéter, l'imitation des

pierres précieuses est un grand progrès, nous l'avouons; mais on peut espérer à arriver encore à mieux avec de nouvelles combinaisons, un choix judicieux de matières premières bien pures, une bonne entente du coup de feu, beaucoup de patience pour le refroidissement toujours gradué jusqu'à l'insensibilité, et enfin essayer de nouvelles tailles pouvant augmenter le jeu et les effets de lumière.

La fabrication des pierres artificielles a, du reste, acquis un développement extrême; des fabriques immenses sont établies dans le Jura (à Septmoncel) et occupent plus d'un millier d'ouvriers à cette industrie, dont il se produit des quantités fabuleuses.

Plusieurs industriels de Paris perfectionnent à l'envi les procédés les plus parfaits et produisent des ouvrages vraiment surprenants.

M. Savary surtout, dans ses magnifiques collections qu'on croirait vraies, si elles étaient chez Poigneux ou chez Mellerio, et sa parfaite exécution des diamants célèbres, est arrivé à une hauteur que l'on ne pourra guère dépasser, et cependant nous savons que le temps est un grand progressiste.

La déclaration que nous avons faite dans notre avant-propos, sur la constitution de notre ouvrage essentiellement pratique, nous dispense d'expliquer la présence de cet article dans un traité de pierres précieuses.

Ce livre étant adressé à tout ce qui tient de près ou de loin aux arts de luxe et d'ornementation, nous n'avons pu omettre d'écrire ces quelques lignes sur un sujet qui, à tous égards, intéresse tous les arts somptuaires, indépendamment des progrès qu'il peut amener dans les produits résultant des combinaisons d'oxydes.

TOPAZE

La topaze de nos jours est la chrysolithe des anciens, aussi ne sommes-nous pas étonnés des éloges qu'ils lui ont donné.

La topaze se divise en deux espèces : celle orientale et celle occidentale ; cette dernière comprend quatre subdivisions : la topaze du Brésil, celle de Saxe, celle du Mexique, anciennement dite—d'Inde, — et celle de Sibérie.

La topaze orientale est un corindon hyalin coloré en beau jaune d'or, très-vif et très-satiné, d'une pesanteur spécifique de 4. Le plus souvent pur, mais contenant parfois de petits grains scintillants comme ceux de l'aventurine, ce qui lui constitue un défaut ; sa réfraction est double quoiqu'à un faible degré ; malgré que ses cristaux soient arrondis comme la majeure partie des autres corindons, on peut, cependant, reconnaître sa forme primitive qui est un prisme quadrangulaire à base de losange ; sa dureté égale presque celle des autres corindons.

On trouve cette belle espèce au Pégu, à Ceylan et en diverses parties des Indes orientales. Cette pierre, devenue assez rare, atteint un haut prix lorsqu'à la finesse et à la dureté de la pâte, elle joint une couleur bien franche et bien belle et de bonnes proportions de grandeur. Tavernier en cite une qu'il vit parmi les pierres précieuses du Mogol, d'un poids de 157 carats 3/4 et qui avait coûté 271,600 fr. Malgré notre admiration pour la topaze orientale, nous trouvons que c'est un peu cher, ainsi que les prix fixés aux topazes du Garde-Meuble de la couronne de France par l'inventaire de 1791.

La topaze, toute orientale qu'elle soit, ne peut jamais entrer en comparaison avec les rubis, les saphirs, les opales et même les émeraudes de haute qualité. Tous ceux qui se sont occupés du commerce des pierreries comprendront peu les évaluations suivantes, qui nous paraissent exagérées :

Une topaze d'Orient pesant	27 14/16	carats	estimée		6,000 f.
Deux	id.	13	chaq.	ensemble	2,400
Une	id.	11			500
Trois	id.	9	id.	id.	4,100
Trois	id.	8	id.	id.	1,400
Trois	id.	7	id.	id.	3,000
Quatre	id.	6	id.	id.	1,400
Trois	id.	5	id.	id.	1,000
Sept	id.	4	id.	id.	2,000
Six	id.	3	id.	id.	1,100
Trente-cinq	id.	01		id.	2,450

Nous le demandons, qui payerait une topaze de 7 carats 1,000 fr. et d'autres n'atteignant pas 2 carats 70 fr. ?

On en montre encore une très-belle au musée de minéralogie de Paris dont la couleur est des plus riches et des plus épurées ; parfaitement taillée, cette pierre produit les plus beaux jeux de lumière, ayant une surface de $0,023^{mm}$ sur $0,014^{mm}$.

La topaze du Brésil, la plus estimée de nos jours après celle que nous venons de décrire, est ordinairement d'un beau jaune surchargé, quoique très-limpide, et présentant un certain velouté ; son aspect lui est tellement particulier, qu'un connaisseur même très-faible ne peut s'y tromper. Une de ses

qualités physiques qui peut encore servir à déterminer sa nature, est, étant un peu chauffée, d'acquérir l'électricité vitrée et de la conserver parfois
au delà de 30 heures.

La topaze du Brésil est naturellement peu réfractive, elle raye assez profondément le cristal de roche
et est d'une pesanteur spécifique de 3,52. Une de
ses singularités les plus excentriques est de changer
sa couleur jaune en rose, lorsqu'elle est chauffée à
un certain degré, et de conserver cette couleur indé-
finiment.

Plus la pierre est jaune foncé, plus le rose est coloré et souvent vineux, ce qui la fait ressembler au
rubis balais, avec lequel, du reste, on la confond
souvent. Ce procédé fut découvert par Dumelle,
joaillier de Paris, en 1750, et l'année d'ensuite il en
donnait connaissance à l'Académie par l'entremise
de M. Guettard, l'un de ses membres. Son procédé
consistait à chauffer à un certain degré la topaze du
Brésil dans un bain de sable; pour nous, qui faisons aussi cette curieuse expérience, nous l'avons
bien simplifiée. Nous enveloppons hermétiquement
d'amadou la pierre à brûler en cerclant l'enveloppe
avec du fil fin de laiton; nous mettons le feu à l'a-

madou , et quand il est consumé , la topaze est devenue rose : ce n'est pas plus difficile que cela. Le poli n'est nullement altéré, les facettes sont toujours planes et l'on n'a qu'à essuyer la pierre pour lui rendre son jeu. Aussi sommes-nous certains que les soi-disant — rubis du Brésil — ne sont que des topazes bien réussies à cette opération. Le brut des topazes du Brésil vaut de 2 fr. à 100 fr. le kilo dans les petites pierres. La netteté et la couleur sont tout.

La topaze de Saxe est généralement d'un jaune pâle, tirant sur le serin ; quelques-unes ont assez d'éclat, mais elles sont rares. On les retire du rocher de Schnakeustein, de la vallée de Daneberg. Sa forme est un prisme quadrangulaire terminé par une pyramide tronquée dont les pans sont inégaux.

A moins d'être d'une grandeur et d'une beauté extraordinaire, la topaze de Saxe n'a aucune valeur et ne s'emploie guère que dans la joaillerie fausse. La couleur de cette pierre disparaît à mesure qu'on chauffe la pierre et reparaît à mesure qu'elle se refroidit, ce qui donnerait à penser qu'elle n'a pas de couleur pondérable, et que c'est seulement l'arrangement des molécules de sa cristallisation qui lui fait réfléchir les rayons jaunes.

Et il n'en peut être autrement, car la chaleur en la dilatant l'amène à la plus grande blancheur, et lorsque le refroidissement resserre ses molécules, elle reprend toute sa couleur ; il est évident qu'elles sont rentrées à leur place primitive ; et je ne sache pas qu'une couleur palpable pourrait revenir après son expulsion ou sa destruction par le calorique.

La topaze du Mexique est à peu près semblable à celle de Saxe en qualités et en défauts ; seulement elle est plus variable dans ses différentes teintes. Celle de Sibérie est fort limpide, d'un beau jaune jonquille quand elle est belle ; mais le plus souvent plutôt aigue marine que topaze, au moins en tant que la couleur. Aussi croyons-nous que les lithologistes sibériens se fourvoient. Celle-ci se trouve en cristaux limpides, très-éclatants, presque toujours roulés et donnant parfois d'assez belles pierres, mais rarement tous les beaux caractères de la topaze, surtout pour la couleur caractéristique.

Analysées, les diverses topazes donnent :

	Brésil.		Saxe.		Sibérie.
Alumine ,	58,38	25 »	57,45	68 »	59
Silice ,	34,01	22 »	34,24	31 »	35
Acide fluorique ,	7,79	53 »	7,54	1 »	5

On peut voir par ce petit tableau l'incertitude des analyses.

Il existe à la Bibliothèque Impériale plusieurs topazes gravées ; on cite : Philippe II et Don Carlos sur topaze blanche, gravé par Jacques de Trezzo, et, sur une fort grosse et fort jaune, un Bacchus indien ; celle-ci vient du Vatican. La maison d'Orléans avait un Mercure vu de profil sur une topaze orientale à 8 pans.

La collection Genevosio, à Turin, avait une intaille sur topaze, représentant la Victoire dans un char tiré par deux chevaux. Enfin Caire possédait une topaze orientale du poids de 29 carats, percée de part en part dans le sens de sa longueur avec ces mots en lettres arabes :

Il ne s'accomplira que par Dieu.

Ce devait être une amulette vulgairement nommée gri-gri par les Arabes.

TOURMALINE

Encore une pierre bien sujette à controverse.
Connue seulement en France depuis 1758, on avait
fait sur elle de longues dissertations à la docte Académie, dès 1717, avant même qu'une seule eût été
vue en France. Les deux premières que l'on apporta
le furent par un seigneur napolitain, le duc de Noya
Caraffa qui les avait achetées toutes taillées à Amsterdam. Aussi dès ces premiers temps, les noms ne
lui manquèrent pas; on la nomma : schorl électrique,
aphrisite, sibérite, aimant de Ceylan, daourite, in-
dicolite, rubellite, apyrite et enfin on crut reconnaître le lyncurium des anciens ; mais comme tout

finit par avoir sa place en ce monde, elle est devenue ce qu'elle est, la tourmaline.

Cette substance minérale a le précieux pouvoir d'être un peu de tout, surtout en fait de couleur; bicolore, elle se montre tour à tour, rose-jaune, vert-bleu, vert-rose; unicolore, on la voit vert poireau, vert émeraude de toutes nuances; vert bleuâtre, bleu saphir, noire, hyacinthe, rubis d'Orient, rubis balais, rubis spinelle, rouge grenat, topaze brûlée; en un mot, elle résume à elle seule toutes les pierres précieuses colorées et encore avec assez d'agréments. Il semble que la nature ait voulu prouver à l'homme qu'elle pouvait aussi imiter presque parfaitement ce qu'elle avait créé de plus parfait.

La tourmaline, de quelque couleur qu'elle soit, se trouve abondamment en gros canons tronqués, en concrétions prismatiques à neuf faces inégales, en petites masses compactes, en morceaux roulés, mais plus souvent en cristaux rhomboïdaux, aux Indes, à Ceylan, en Sibérie, au Brésil, en Italie, en Autriche, en Saxe, en Suède, aux États-Unis, au Groenland, en Espagne, en Angleterre, en France, aux Antilles, en Bavière, etc., etc. Les variétés noire et verte sont les plus abondantes.

La tourmaline est électrique au premier degré ; elle jouit de la double réfraction, mais un peu confusément, il semble que la seconde image ne soit que l'ombre de la première et non sa répétition. Sa pesanteur spécifique est de 3 à 3,4. Sa cassure est conchoïde et son aspect vitreux ; soumises au chalumeau, certaines variétés résistent, mais la plupart se changent en scories de la couleur qu'elles possédaient. Elle prend un assez beau poli, et quoique moins dure que le quartz, elle raye cependant le verre.

Cette substance, si répandue sur tous les points du monde, a été jusqu'ici peu employée ; elle présente pourtant certains caractères physiques qui eussent permis de l'utiliser plus qu'on ne le fait dans les parures et objets d'art et d'ornementation.

Il serait plus convenable, pour certains objets d'une valeur mixte, d'être enrichis de pierres naturelles, plutôt que de verreries coloriées, et cet emploi augmenterait les ressources de l'art du lapidaire.

Les diverses espèces de tourmaline soumises à l'analyse présentent :

	rouge.	noire.	bleue.	verte.
Silice,	43	36 75	45	40 »
Alumine,	47	34 50	49	39 »
Magnésie,	»	» 25	»	» »
Soude,	10	» »	»	» »
Potasse,	»	6 »	»	» »
Oxyde de fer,	»	21 »	»	12 50
Lithine,	»	» »	6	» »
Oxyde de manganèse,	»	traces	»	2 »
Chaux,	»	» »	»	3 84

Il est facile de se rendre compte, d'après la diversité de ces analyses, ou du peu de fidélité de la plupart d'entre elles, ou de l'espèce d'incertitude des savants à l'égard de cette pierre, qui possède cependant un caractère bien tranché : la faculté électrique extrême.

Pour nous, avec tout le respect que nous devons à la science, nous croyons sincèrement qu'il n'existe que deux espèces de tourmaline, et qu'on pourrait ramener à une seule, la verte, car des expériences faites avec soin par des procédés qui nous sont particuliers, nous ont convaincu que la tourmaline noire n'est que la tourmaline verte arrivée au plus haut degré d'intensité de couleur.

Nous avons vu à l'école des Mines de Paris, une tourmaline taillée en fragments de prismes à cinq pans, dont le milieu est rouge spinelle, tandis que les bords assez larges sont vert-émeraude.

Nous avons aussi remarqué un gros morceau taillé à facettes irrégulières et d'un très-joli rose; il est malheureusement givreux et fêlé comme une rubace....... qu'il est peut-être !

La tourmaline, pour l'aspect, peut quelquefois être confondue avec l'idocrase quoiqu'elle en diffère beaucoup sous d'autres rapports.

On n'emploie jusqu'à présent, dans la bijouterie, guère que la tourmaline verte, laquelle se vend de deux à trois francs le carat, et encore avec certaines conditions de grandeur et de beauté.

TURQUOISE

Pierre fine, opaque, d'un bleu de ciel plus ou
moins foncé, mais tellement caractéristique que
l'on dit :—bleu turquoise.—Il n'en existe que deux
espèces, mais parfaitement tranchées. L'une, alumineuse, que l'on désigne sous le nom d'orientale
ou de vieille roche, et l'autre, osseuse, désignée
comme occidentale ou de nouvelle roche. La turquoise orientale vient des Indes et principalement
de la Perse, où elle existe en filons orbiculaires,
souvent interrompus dans l'argile ferrugineuse ; et
en petits fragments dans des alluvions.

Sans aucune forme cristalline, on ne la trouve
qu'en masse disséminée, pierreuse, compacte ou
botryoïde, d'un beau bleu céleste, parfois nuancé,
mais légèrement de vert ; bien moins dure que le

quartz, elle raye cependant le verre , quoique se laissant attaquer par la lime et se polissant très-bien, malgré le mate opaque de sa masse. Mais le caractère qui après sa couleur la fait aisément distinguer de la seconde espèce, est son insolubilité dans l'acide azotique.

La pesanteur spécifique de la turquoise orientale est de 3,127. Analysée, elle offre :

Alumine.	73
Oxyde de cuivre. . .	4,5
Oxyde de fer. . . .	4
Eau..	18

La turquoise orientale, pour être estimée, doit avoir une couleur bleue bien franche et bien répandue également sur toute la pierre, au moins sur le dessus, car nous connaissons de ces pierres d'une très-grande valeur, dont le dessous est sillonné de cavernes grises et terreuses , parsemé de points blancs, gris ou noirs, qui ne lui retirent aucune valeur à cause que le dessus est parfait de couleur et de netteté. Disons qu'elle est très-rare en gros morceaux.

Une autre espèce de turquoise orientale, mais inférieure en ce sens qu'elle n'est point alumineuse ,

est également d'une couleur bleue, mais tirant plus
sur le vert; sa surface est lisse et elle raye légèrement le verre. Sa composition est due à des osse-
ments calcaires *agatisés* et coloriés par l'oxyde de
fer. Elle offre à l'analyse :

Phosphate de chaux. . . .	80
Carbonate de chaux. . . .	8
Phosphate de fer.	2
Phosphate de magnésie. . .	2
Phosphate de manganèse.. .	trace.

Elle résiste également aux acides.

La turquoise occidentale ou de nouvelle roche,
tire son origine d'os fossiles et principalement de
dents d'animaux, mais presque encore dans leur
état naturel et non *agatisés* comme la seconde espèce de turquoise orientale que nous venons de
décrire. Son principe colorant est l'oxyde de cuivre
et non l'oxyde de fer, comme quelques-uns l'ont
prétendu, et c'est sur des données certaines que
nous l'affirmons. Nous avons, dans une série d'expériences, soumis des dents d'herbivores à l'absorption des deux oxydes en dissolution liquide alcalinée;
celles soumises au bain d'oxyde de cuivre sont devenues du plus beau bleu turquoise, particulière-

ment la partie émaillée; tandis que celles baignées dans l'oxyde de fer n'avaient aucune coloration. Ces expériences nous ont convaincu qu'avec une matière première bien préparée on arriverait assez facilement à faire des turquoises de second ordre. On comprend par ce qui précède que la turquoise de nouvelle roche est nécessairement dissoluble dans les acides et soumise beaucoup plus que l'autre aux influences atmosphériques et aux émanations acides de la transpiration; aussi sa couleur tient-elle peu.

Notre bas Languedoc en recèle de cette espèce, mais leur couleur bleue passe souvent au vert sale par l'altération de l'oxyde colorant. Elle se dissout également dans les acides.

En général, les turquoises osseuses décolorées par le temps peuvent se revivifier par une immersion dans une dissolution particulière d'oxyde de cuivre; mais elles ne renaissent que pour quelques jours; aussi les nomme-t-on — turquoises baignées — et s'en tient-on bien en garde dans le commerce. Quant aux orientales qui s'altèrent, il suffit de les passer sur la meule pour user la superficie et raviver leur couleur.

Cependant cet accident paraît n'arriver, et c'est probable, qu'à la seconde espèce orientale dont nous avons parlé.

Toutes les turquoises se taillent en goutte de suif ronde ou ovale; on rencontre, mais rarement, quelques poires et quelques cabochons.

Cette pierre a cela de précieux pour la bijouterie et la joaillerie qu'elle s'associe très-bien avec le diamant, la perle et l'or de couleur. Les toutes petites turquoises se vendent au mille; un peu plus grosses, à la douzaine, et celles d'une certaine grandeur à la pièce. Le prix des orientales dépasse de beaucoup celui de la seconde espèce. Une turquoise orientale ovale de $0,012^{mm}$ sur $0,011^{mm}$ a été vendue chez M. Drée, 500 fr. ; une autre de même taille, mais moins belle, 241 fr. et une turquoise nouvelle roche de $0,10^{mm}$ sur $,009^{mm}$ d'un très-beau bleu de ciel n'a atteint que le prix de 121 fr.

Les Orientaux font souvent des intailles sur la turquoise; ce sont presque toujours des versets du Coran; les creux sont comblés avec de l'or, ce qui présente à l'œil une espèce de damasquinure. Anciennement les Grecs et les Romains l'ont gravée, mais le plus souvent en relief.

Le cabinet du duc d'Orléans possédait une Diane avec son carquois sur l'épaule, et Faustine la mère, toutes deux gravées sur turquoise. Caire a vu dans la collection Genevosio, à Turin, une amulette convexe d'un côté et plate de l'autre : la partie relevée représente Diane avec un voile sur la tête, tenant entre ses mains deux rameaux ; de l'autre côté, une espèce de sistre, une étoile et une abeille avec des mots grecs sur les deux faces. La galerie de Florence possède une tête de Tibère d'une belle exécution sur une turquoise grande comme une petite boule de billard.

La beauté du travail ne le cède pas à la rareté du volume de la pierre. Boëce de Boot cite une turquoise du cabinet du grand-duc de Toscane dont la grosseur surpasse celle d'une noix, et sur laquelle on a gravé en relief la tête de Jules César. C'est peut-être la turquoise — Tibère de Florence. — Il existe aussi quantité d'anciennes bagues à turquoises sur lesquelles sont gravées des phallum en relief ; on croit que c'était le distinctif des chevaliers romains.

Les turquoises s'imitent très-bien au moyen de l'émail bleu.

VARIOLITE

Pierre orbiculaire et aplatie, d'un vert foncé le plus souvent et tachetée de différents gris. Le fond de cette substance minérale paraît être la serpentine passant du beau vert de prairie au vert le plus sombre. D'une opacité absolue, la variolite est fort compacte et fort pesante, produit beaucoup d'étincelles avec l'acier, est extrêmement difficile à rompre et par suite très-rebelle à l'action réitérée de la meule, où elle prend cependant un poli très-vif, particuliérement aux endroits tachés, dont le brillant, produit sans doute par une certaine cristallisation, atteint parfois l'éclat des plus belles pierres orientales.

La plus grande singularité de cette pierre, et d'où

lui vient probablement son nom de variolite est
que souvent les taches que nous avons signalées, et
qui consistent en un point noir entouré d'un cercle
brun, saillissent tout autour de la pierre; il semble
que le ciment serpentin qui paraît les lier ait été
rongé par l'action du temps, tandis que les points
beaucoup plus durs y auraient résisté.

Disons ici que la variolite n'est pas constamment
de la couleur que nous avons indiquée comme la
plus répandue. Il en est aussi de blanches, de
rouges, de bleues, avec des nuances intermédiaires,
les points varient aussi; il y en a qui, outre le point
noir cerclé de blanc dont nous venons de parler, ont
en plus un second cercle blanchâtre qui fait parfaitement figurer de petits onyx. Toutes ces singularités et l'aspect particulier de la variolite, font comprendre qu'en des siècles d'ignorance, le vulgaire ait
cru à son efficacité contre l'affreuse maladie de la
variole, si heureusement paralysée et réduite à
l'impuissance par la belle initiative de Jenner.

La variolite venait anciennement des Indes, mais
depuis qu'on en a découvert dans diverses contrées
de l'Europe, notamment en France, en Piémont, en
Suisse, en Écosse, etc., etc., les arrivages se sont ra-

lentis, d'ailleurs, faute d'emploi. Les Hautes-Alpes en contiennent des morceaux énormes pesant plusieurs milliers, mais comme jusqu'à présent la variolite n'a servi que pour l'ornement de quelques cabinets ou à la fabrication de coffrets, tabatières, etc., etc., ces richesses naturelles se trouvent dédaignées.

Il est à regretter que les anciens graveurs sur pierres dures, qui se sont essayés sur tant de substances diverses, par amour pour leur art, n'aient pas connu la variolite. Cette pierre, par sa contexture spéciale, leur eût permis de représenter presqu'au naturel les plus curieux animaux de la race féline, ainsi que certains ophidiens ou sauriens. La spécialité de variolite couleur de biche, mouchetée de noir, eût très-bien réussi pour les quadrupèdes tigrés, etc., etc.

VERMEILLE

La vermeille est une variété du grenat, mais sa division en orientale et occidentale, la taille particulière qu'on lui donne, sa différence de ton avec le grenat proprement dit, motivent suffisamment que nous en fassions un article à part.

Ça été entre les savants un grand sujet d'échange de lettres et de récriminations que la vermeille, et cependant le plus humble ouvrier lapidaire ou joaillier ne s'y tromperait pas, tant il est que la pratique d'un art est bien au-dessus de toutes les théories.

La vermeille dite orientale, d'un rouge cramoisi, très-légèrement orangé, doit être rangée dans la classe des corindons hyalins, quand sa pesanteur spécifique arrive à 4,2 et que sa dureté, dans tous les cas, plus forte que celle du grenat, approche de celles du saphir et du rubis.

Mais il faut bien le confesser, cette pierre, si elle a existé, est devenue d'une telle rareté, bien qu'on ait prétendu que Pégu en fournissait jadis, que nous croyons qu'elle n'a jamais été réellement vue par personne, ou que l'on s'est trompé sur les caractères qu'on lui attribue.

Quant à la vermeille proprement dite, et que par opposition, nous nommerons occidentale, oh! celle-là est bien connue et les milliards employés dans ces derniers temps ne laissent aucun doute sur son existence.

La vermeille des joailliers (que les ouvriers nomment souvent au masculin), est d'un rouge cramoisi inclinant un peu au jaune, et non pas au noir ou au violet comme le commun des grenats.

La taille exceptionnelle qu'on lui donne et qui est absolument celle de la rose de Hollande, la fait merveilleusement scintiller ; ses formes pures, sans éclat, son rouge velouté, l'habitude que l'on a prise de la sertir côte à côte, c'est-à-dire en pavé, nous a produit quelques jolis bijoux, sinon sous le rapport de l'art, au moins sous celui de l'éclat.

La vermeille, du reste, n'étant jamais d'une grande dimension, est sans valeur réelle; mais son emploi pour entourages et masses pavées, quoique un peu ralenti aujourd'hui, finira par renaître.

Le plus beau morceau que nous connaissions est un grand vase en vermeille d'Allemagne, cité dans l'inventaire du Garde-Meuble; il a 0,560^{mm} de haut sur 0,210^{mm} de diamètre. Aussi est-il estimé 6,000 fr.

TABLE

DES

PESANTEURS SPÉCIFIQUES DES PIERRES PRÉCIEUSES.

(Celles variables présentent la moyenne.)

A.		C.	
Adulaire	2,5000	Cacholong	2,2000
Agate orientale	2,6901	Calcédoine commune	2,6160
— nuée	2,6253	— transparente	2,6640
— ponctuée	2,6070	— veinée	2,6060
— tachée	2,6324	— rougeâtre	2,6650
— veinée	2,6667	— bleuâtre	2,5810
— onyx	2,6375	Calcédonyx	2,6150
— herborisée	2,5891	Carbone	3,7820
— mousseuse	2,5991	Chrysobéryl	3,6800
— jaspée	2,6356	Chrysolithe ordinaire	2,7820
Aigue marine	2,7230	— du Brésil	2,6920
Alabandine	2,5710	Chrysoprase	2,5000
Alabastrite	2,7500	Colubrine	2,8800
Albâtre	2,3900	Corindon	3,8555
Ambre jaune	1,0825	Cornaline blanche	2,6300
Améthyste orientale	4,0000	— tachetée	2,6120
— occidentale	2,7000	— veinée	2,6230
Astérie (asbeste)	3,0730	— stalactite	2,5980
Aventurine orientale	2,6545	— rouge simple	2,6130
B.		Cristal de roche (Madagascar	2,6530
Béryl	3,5489	— Brésil	2,6530
Boort	3,6100	— Carthagène	2,6570

Cristal de roche violet. 2,6540
— jaune............ 2,6540
— noir............ 2,6540
— rose. 2,6700
— d'Europe 2,6550
Cymophane........... 3,7337

D.

Diallage.. 3,0500
Diamant blanc orient¹. 3,5210
— rose   *id*.. 3,5310
— orange   *id*.. 3,5500
— vert   *id*.. 3,5240
— bleu   *id*.. 3,5250
— blanc Brésil. 3,4440
— *jaune   *id*... 3,5190

E.

Émeraude orientale.. 3,1000
— du Pérou.. 2,6950
Émeri (Corindon gra-
nulaire) 4,0000
Épidote............. 3,4200
Euclase 2,9000

F.

Feldspath........... 2,5700

G.

Girasol............ 4,0000
Grenat syrien...... 4,0000
— de Bohême.... 4,1888
— dodécaèdre.... 4,0630
— volcanique à 24
faces............. 4,4680

H.

Hématite........... 4,3600

Hyacinthe orientale.. 4,3659
— occidentale 4,3800
Hydrophane.. 2,3000

I.

Iris 2,6400

J.

Jade vert........... 2,9660
— olive........... 2,9829
— blanc........... 2,9502
— néphrétique..... 2,8940
Jais................ 1,3000
Jaspe universel...... 2,5630
— égyptien........ 2,6129
— grammatias..... 2,6228
— vert foncé...... 2,6258
— sanguin........ 2,6277
— héliotrope...... 2,6330
— agaté.......... 2,6608
— rouge. 2,6612
— noirâtre....... 2,6719
— vert-brun...... 2,6814
— panthère....... 2,6839
— brun.......... 2,6911
— sinople........ 2,6913
— veiné......... 2,6955
— térébenthiné ... 2,7101
— violet........ 2,7111
— fleuri rouge, vert
et gris........ 2,7323
— nué........... 2,7454
— fleuri rouge, vert-
jaune......... 2,7492
— gris-blanc..... 2,7640

L.

Labrador........... 2,6500
Lapis.............. 2,8630

M.

Malachite............... 3,6600
Marbre................. 2,7500
Marcassite   ferrugi-
      neuse.......... 3,0000
 —   cuivreuse..... 4,9540

O.

OEil de chat.......... 2,5950
Olivine................ 3,2400
Oniculo............... 3,5900
Onyx................. 2,6760
Opale................ 2,1140

P.

Péridot. 3,2000
Perle................. 2,6840
Pierre de touche..... 2,4150
Porphyre rouge. 2,7650
 —   vert........... 2,6760
 —   rouge (Dau-
       phiné)....... 2,7930
 —   rouge(Cordoue) 2,7540
 —   vert   *id.*.... 2,7280
Prase................. 2,6700
Pyroxène. 3,2550

Q.

Quartz cristallisé..... 2,6550
 —   en masse...... 2,6420

Quartz brun cristallisé 2,6470
 —   laiteux........ 2,6520
 —   gras.......... 2,6460

R.

Rubis oriental........ 4,2833
 —   spinelle....... 3,7600
 —   balais......... 3,6460

S.

Saphir oriental...... 3,9949
 —   blanc......... 3,2860
 —   d'Expailly.... 4,0000
 —   Brésil ..,.... 3,1310
Sappare. 3,5000
Sardoine............. 2,6030
 —   pâle......... 2,6060
 —   tachetée.... 2,6210
 —   noirâtre 2,6280
Sardonyx........... 2,5950

T.

Topaze orientale..... 4,0110
 —   du Brésil..... 3,5300
 —   de Saxe...... 3,5640
Tourmaline......... 3,2000
Turquoise orientale.. 3,1270

V.

Vermeille............ 4,2000

FIN.

Paris. — Typ. Morris et comp., rue Amelot, 64.

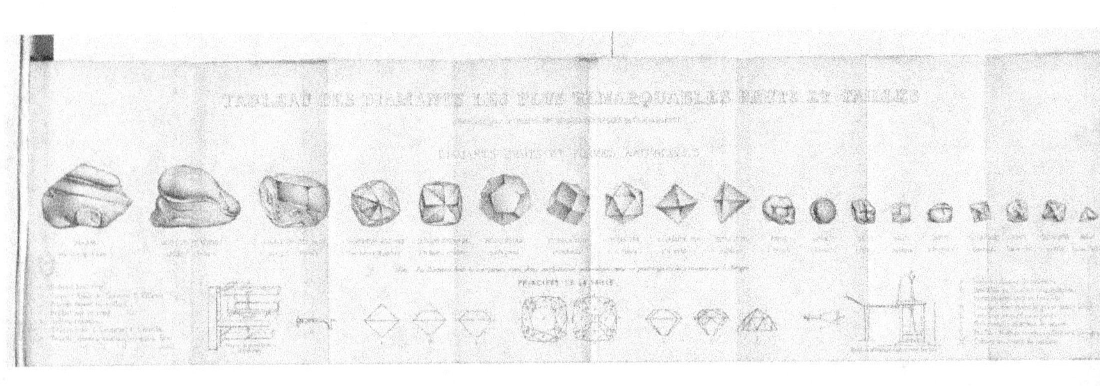

TABLEAU DES DIAMANTS LES PLUS REMARQUABLES BRUTS ET TAILLÉS

DIAMANTS BRUTS EN FORMES NATURELLES

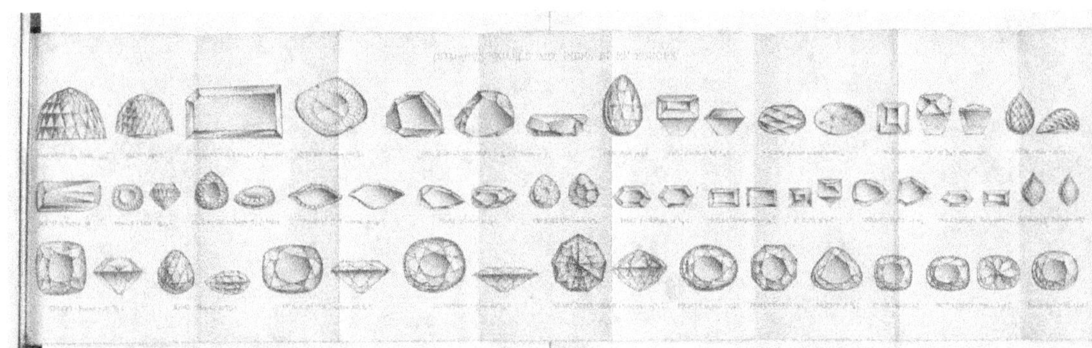

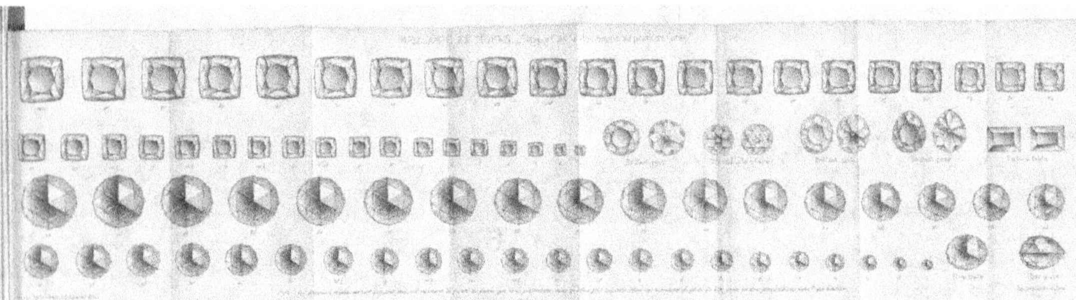